ハッブル
HUBBLE
宇宙望遠鏡
SPACE
25年の軌跡
TELESCOPE

沼澤茂美　脇屋奈々代　共著

発売＝小学館
発行＝小学館クリエイティブ

はじめに

地球の上空600kmの周回軌道を回りながら観測を続けるハッブル宇宙望遠鏡は、打ち上げ後25年を経過して今なお第一線で活躍しています。

　ハッブル宇宙望遠鏡（HST）は宇宙に置かれた口径2.4mの望遠鏡です。1990年にスペースシャトルによって打ち上げられ、現在まで25年以上にわたって観測を続けています。その成果は素晴らしく、それまでの宇宙観測のデータをすべて塗り替えてしまったといっても過言ではありません。その間に天文学はかつてないめざましい発展を遂げたといえるでしょう。

　一般に望遠鏡は、その対物レンズ、あるいは対物鏡の口径によって理論的な性能が決定されます。端的にいえば、大きな望遠鏡ほど性能がよいのです。地上には口径10m以上の望遠鏡をはじめとして、HSTの2.4mの口径をしのぐ巨大な望遠鏡がたくさんありますが、HSTがこれほどまでの卓越した成果を上げているのは、それが宇宙に置かれた望遠鏡であるからにほかなりません。地球の大気は、地球上の生命にとって必要不可欠なものですが、逆に天体観測においてはあまり歓迎できる存在ではないのです。大気中の水分は可視光よりも長い波長の光や短い波長の光を吸収し、観測を困難にしてしまいます。そして、大気のゆらぎが、望遠鏡の分解能に制限を与えるのです。

　真空の宇宙から比べれば、地球の大気はひじょうに密度の高い気体の層です。大気の気温差は気流をもたらし、それは地球上のあらゆるところを覆っています。空気の密度の差、その流れは光の進路を歪め、そして拡散させます。最もわかりやすいのは、日だまりの景色に見ることができる陽炎でしょう。星空を眺めたときに星々がきらきらと瞬いて見えるのも、上空の気流の影響によるものです。空気のゆらぎは天体からの光を歪め、ぼかすのです。

　私たちは、このような気流による天体のゆらぎの量を「シーイング」といって、経験的な基準に基づいて数値化しています。10段階に分類し、最悪が1で、最良が10という具合です。10はほとんど星が瞬かない状態で、そのようなときに望遠鏡を土星に向けてみると、まるで写真を天に貼りつけたように微動だにしない像が観測できます。美しいリングはシャープなエッジを伴い、環を分離している黒い筋模様も複数わかるでしょう。本体の模様すらよくわかります。しかし、このような完璧な大気条件は、一生のうちに何度も体験できるものではありません。シーイングは場所や地形の条件、気象条件、また季節にも関連して変化しますが、日本はあまり条件のよい場所ではないのです。

　当然ながら世界の大型望遠鏡が設置される場所は、シーイングのよさや水蒸気量などが考慮され、気流と晴天率の安定した高高度の場所が選定されます。それでも、ベストの条件の日が多いわけではありません。私はこれまで、世界有数の観測地といわれるハワイのマウナケア天文台群やチリのラスカンパナス天文台、オーストラリアのサイディングスプリング天文台に長期間滞在し、大小の望遠鏡をのぞいたり、撮影を行ったりしてきましたが、完璧なシーイングというものに出会ったのは、1回か2回しかありません。

　観測者の間では、シーイングの善し悪し、つまり、どれくらい詳しいところまで見えるか、もしくはどれくらい気流によって天体像がぼかされているのかを表すのに、「シーイングサイズ」という物理量を使います。これは見かけのぼけ量を角度で示すもので、秒という単位を用います。1度（°）よりも小さい単位は分（′）を使いますが、皆さんがいつも見ている月の直径が約30分（月を2つ並べた幅が1°）です。分より小さい単位が秒（″）です。1分は60秒ですから、1秒は月の直径の1/30のさらに1/60という微小な大きさです。

　日本国内では、シーイングサイズが1秒以下の場所はめったにありません。国内の平均的なシーイングサイズは、肉眼で望遠鏡をのぞいた場合は2秒程度で、写真撮影では5～10秒になります。これはとても重要なことを意味します。もし、シーイングサイズが望遠鏡の分解能よりも大きい場合、いくら分解能が優れた高性能な望遠鏡を使っても、その能力を発揮することができないのです。実際、口径8cmの小口径望遠鏡の理論的な分解能は1.5秒、口径20cmでは0.6秒、口径35cmでは0.3秒です。シーイングサイズ2秒の条件下では、口径8cmの望遠鏡も20cm以上の望遠鏡も天体の細部

地上には、ハッブル宇宙望遠鏡をしのぐ大型望遠鏡がいくつもありますが、地球の大気の影響を受け、光学的性能をフルに発揮することはできません。

左は実際の色で再現したM16（p58）の創造の柱です。右はHSTの画像で、特別な配色でカラー化され、人々にひじょうに強い印象を与えました。

の見え方には差がなく、高価な大型の望遠鏡を使う意味がなくなります。

その端的な例を紹介しましょう。私は、1999年にマウナケア天文台群のすばる望遠鏡にビデオカメラを取りつけて生中継をするという、NHKの仕事に従事したことがあります。日本が誇るすばる望遠鏡の口径は8.2mで、その光学的理論分解能は0.015秒（総合星像分解能は赤外光で0.2秒と表記されています）です。個人が所有する小型望遠鏡とは比較にならない映像が撮れると考えるのはごく当たり前でしょう。しかし、そのときに向けた木星や土星のイメージは、口径20cm望遠鏡のものと大差ないものでした。このときのマウナケア天文台群のシーイングサイズは1.5秒程度でしたので、理論的に正しい結果となったわけです。このことから、望遠鏡を宇宙に上げることがいかに意味のあることかわかると思います。

さて、大気のない宇宙では望遠鏡の光学的な理論性能が常に発揮されることが想像できます。それを証明してくれたのが数々の宇宙観測望遠鏡であり、傑出して私たちに驚異的な宇宙の姿を提供し続けているのは、HSTにほかなりません。HSTの主鏡口径は2.4mで、その理論分解能は0.043秒に達します。得られる画像、それは撮影するカメラの分解能にもよりますが、コンスタントに理論値に等しい結果を出し続けています。

圧倒的な解像度だけが、HSTの性能のすべてではありません。大気による散乱や、大気光、オーロラなどの大気現象の影響を受けないため、宇宙のバックグラウンドは暗く、地上ではとらえられないような淡い光を検出できます。そして紫外域から赤外域までの幅広い波長域の光を観測できます。

HSTの素晴らしい画像を特徴づけているものに、その艶やかな色彩があります。

HSTは多くの撮像装置（観測装置）を搭載していますが、それらの撮像機器（カメラ）は、すべて光の強度を検出する、いわばモノクロセンサーなのです。センサーの前にさまざまなフィルターを当てて撮像し、それをもとにカラー化しています。私たちがふだん使用しているデジタルカメラは、センサー直前に貼りつけられたRGB（赤、緑、青）のフィルターによってカラー画像をつくりだしていますが、HSTはひじょうにたくさんのフィルターを用いて撮影します。それらを組み合わせることによって、あの艶やかな色がつくりだされます。実際の色とはかけ離れた色で再現されることもありますが、人々の視線を集め、天体画像を芸術の域にまで押し上げた功績は大きいものがあります。

さて、本書は、1990年からの25年間にHSTによって撮影され、一般公開された画像の中から250余点を厳選し、解説とともにまとめたものです。本書の最大の特徴は、HSTの美しい画像をより美しく伝えることにあります。画像は細かな部分まで適切に調整を施し、掲載する大きさに最適化してあります。メインとなる第1章から第5章までは画像が主体です。その画像の背景にある天文学的な意味合いがわからなくても、そこから感じとれるものは少なくないでしょう。解説は必要最小限にとどめ、天文学的な系統的な解説は巻末にまとめています。

最後になりましたが、本書の画像を提供していただいたSTScI（宇宙望遠鏡科学研究所）、NASA（アメリカ航空宇宙局）、ESA（欧州宇宙機関）ならびに他の関係機関、研究者の皆様、本書の企画を立ち上げ完成へと導いていただいた小学館クリエイティブの宗形康氏、デザイナーの大崎善治氏、また、本書の制作に携われたすべての方々に心より感謝申し上げます。

2015年10月27日
日本プラネタリウムラボラトリー
沼澤茂美

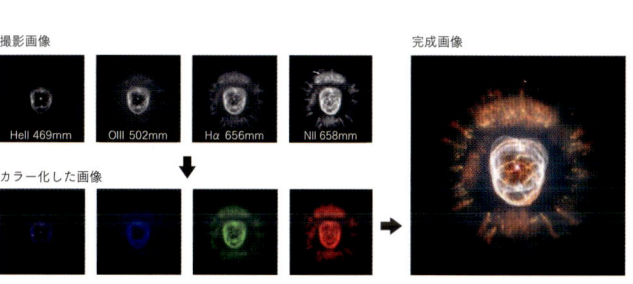

エスキモー星雲（p103）のカラー画像をつくるために使用されたモノクロ画像は4枚です。それぞれに色情報を配分して、美しいカラー画像が完成します。

目次

はじめに………2
CREDIT………6
宇宙の空間的スケールとHSTの観測範囲………8
宇宙の時間スケールとHSTの観測範囲………10
天体の種類………12

第1章
惑星とその変化

月面のクローズアップ………16
赤い惑星・火星の変化………18
準惑星ケレス………24
小惑星ベスタ………25
巨大惑星・木星の大気………26
ガリレオ衛星………30
SL-9彗星の衝突………31
美しい環をもつ土星………34
氷の惑星・天王星………40
最果ての惑星・海王星………42
冥王星………43
太陽系外縁天体………45
太陽系の放浪者・彗星………46
彗星—小惑星遷移天体………50
太陽系外惑星………52

第2章
星のゆりかご

星が誕生する場所・暗黒星雲………56
暗黒星雲のしずく………57
M16の創造の柱………58
三裂星雲の中心部………60
干潟星雲の中心付近………62
モンキー星雲の内部………63
馬頭星雲の内部に迫る………64
オリオン大星雲………66
M43の星形成の現場………71
イータ・カリーナ星雲………72
若い星団と星形成領域………77
大規模な暗黒星雲の蒸発………78
噴き出すジェット………80
星の宝石箱………81

ハービッグ・ハロー天体／
　オタマジャクシのような原始星………82
大質量星の集団………83
モンスター星の正体………84
光のこだま ライトエコー………85
ライトエコーがつくりだす不思議な星雲………86
バブル星雲の一部………87
バーナードのメローペ星雲／
　謎に包まれた反射星雲の空洞………88
星が生み出す宇宙の渦巻………89
タランチュラ(毒グモ)星雲………90
小マゼラン銀河の星形成領域………93
小マゼラン銀河の中の創造の柱………94
M33の巨大星形成領域………96
はるか彼方の散光星雲………97
球状星団………98

第3章
美しき残光

キャッツアイ星雲のディテール………102
エスキモー星雲………103
みずがめ座の巨大惑星状星雲………104
南のリング星雲………107
こと座のリング星雲………108
砂時計星雲………111
宇宙に羽ばたく蝶の羽根………112
土星状星雲………114
バタフライ星雲………115
超新星の残骸 カニ星雲………118
カシオペヤ座A………119
天女の羽衣 網状星雲………120
大マゼラン銀河の超新星残骸………122
宇宙に浮かぶシャボン玉………123
小マゼラン銀河の超新星残骸………124
歴史的超新星爆発のその後………125

第4章
銀河の海原

ピンホイール銀河と呼ばれる渦巻銀河………128
棒状構造をもつ銀河………129
アンドロメダ大銀河のディテール………130
最も整った形の渦巻銀河………135
細い腕をもつ銀河………136
星形成が活発なM66銀河………140

2つに見えていた単独銀河………141
最も美しい棒渦巻銀河………142
中心部にリング構造をもつ銀河………144
不規則な中心核をもつ銀河／
　うみへび座の明るい銀河M83………145
暗黒帯がみごとな渦巻銀河………147
ソンブレロ銀河………152
暗黒帯が印象的なレンズ状銀河………154
超光度赤外線銀河／
　巨大球状星団とブラックホール………155
巨大な楕円銀河 NGC 1132………156
中程度の楕円銀河／
　暗黒帯をもつ楕円銀河………157
大マゼラン型矮小銀河………158
近距離にある若い銀河／
　星の密度が低い矮小銀河………159
矮小楕円銀河／淡く小さな矮小銀河………160
形の歪んだ伴銀河………161
暗黒帯が美しいレンズ状銀河………163
構造が見えない渦巻銀河／
　暗黒帯の見えないレンズ状銀河………164
明るい中心核をもつレンズ状銀河／
　ねじれた暗黒帯をもつ銀河………165
爆発銀河 M82………166
裂けた銀河 ケンタウルス座A………168
異常な楕円銀河／スターバースト銀河………169
ブラックアイ銀河 M64………170
フィラメントに囲まれた銀河／
　シェル構造をもつ銀河………171
銀河中心核の超巨大ブラックホール………172
尾を引く銀河………173
子持ち銀河 M51………174
触角銀河………176
バラのような姿の銀河………177
オタマジャクシ銀河………178
変形する巨大銀河／合体しつつある銀河………179
Arp 274／NGC 2207／IC 2163………180
Arp 142／セイファートの六つ子／NGC 7714………181
マウス銀河………182
偶然がつくった絶景／重なり合う銀河………184
謎のリング銀河………186
直径15万光年のリング………187
車輪銀河／数字の10の形………188
銀河中心部のリング／極リング銀河………189

第5章
はるか遠方の宇宙

ステファンの五つ子………194
コンパクト銀河群／変形しない銀河………195
じょうぎ座銀河団………196
巨大楕円銀河と銀河団………197
かみのけ座銀河団………198
巨大楕円銀河と重力レンズ効果………200
パンドラ銀河団………201
スペースインベーダー………202
巨大な銀河団と重力レンズ………203
ヘビのような虚像／
　宇宙の深淵で見つかったドラゴン………204
宇宙に浮かび上がる「スマイル」／
　繭に包まれた銀河団………205
最も美しい重力レンズ………206
強力な重力レンズ効果を示す銀河団………208
円弧状をしたたくさんの銀河の虚像………209
重力レンズがつくった超新星の四重像………210
5つのクエーサーの虚像………211
遠方の銀河の吹雪………212
重力レンズとダークマター………214
四つ葉のクローバー天体／アインシュタイン・リング………216
クエーサーの正体………218
GOODS CDF-S………220
ハッブル・ウルトラ・ディープ・フィールド（HUDF）2014
　………221
宇宙初期の銀河………222

解説とデータ

太陽系………224
太陽系外惑星………228
銀河系天体………229
局部銀河群………233
銀河宇宙………234
ダークマターとダークエネルギー………238
ハッブル宇宙望遠鏡の履歴………240
ハッブル宇宙望遠鏡の歴史………242
ハッブル宇宙望遠鏡の性能と観測装置………246

天体DATA………248
索引………252

CREDIT

ページ	画像タイトル	クレジット
16	コペルニクス・クレーター	John Caldwell (York University, Ontario), Alex Storrs (STScl), and NASA
17	アリスタルコス・クレーター	NASA, ESA, and J. Garvin (NASA/GSFC)
18	火星	NASA and The Hubble Heritage Team (STScl/AURA) 解説: J. Bell (Cornell U.), P. James (U. Toledo), M. Wolff (SSI), A. Lubenow (STScl), J. Neubert (MIT/Cornell)
19	火星の2つの面	NASA, J. Bell (Cornell U.) and M. Wolff (SSI) 画像処理と画像解析サポート: K. Noll and A. Lubenow (STScl); M. Hubbard (Cornell U.); R. Morris (NASA/JSC); P. James (U. Toledo); S. Lee (U. Colorado); and T. Clancy, B. Whitney and G. Videen (SSI); and Y. Shkuratov (Kharkov U.)
20	火星の模様	NASA, ESA, the Hubble Heritage Team (STScl/AURA), J. Bell (Cornell University), and M. Wolff (Space Science Institute, Boulder)
21	砂嵐	NASA, ESA, The Hubble Heritage Team (STScl/AURA), J. Bell (Cornell University) and M. Wolff (Space Science Institute)
21	砂嵐発生の前	NASA, ESA, The Hubble Heritage Team (STScl/AURA)
	砂嵐発生時	NASA, ESA, The Hubble Heritage Team (STScl/AURA), J. Bell (Cornell Univ.) and M. Wolff (Space Sci Inst.)
22–23	最接近時の火星の大きさ	NASA, ESA, and Z. Levay (STScl)
24	ケレスの白黒画像	NASA, ESA, J. Parker (Southwest Research Institute), P. Thomas (Cornell University), and L. McFadden (University of Maryland, College Park)
24	ケレスのカラー画像	NASA, ESA, J. Parker (Southwest Research Institute), P. Thomas (Cornell University), L. McFadden (University of Maryland, College Park), and M. Mutchler and Z. Levay (STScl)
25	ベスタ	NASA, ESA, and L. McFadden (University of Maryland)
25	ベスタのカラー画像	NASA, ESA, and J.-Y. Li (University of Maryland, College Park), and L. McFadden (NASA GSFC)
26	木星	NASA, ESA, and A. Simon (Goddard Space Flight Center) 解説: C.Go
27	1994年の木星	NASA ,ESA, H. Weaver and E. Smith (STScl) and J. Trauger and R. Evans (Jet Propulsion Laboratory)
	2007年の木星	NASA ,ESA, and the Hubble Heritage Team (AURA/STScl)
	2009年の木星	NASA ,ESA, H. Hammel (Space Science Institute, Boulder, Colo.), and the Jupiter Impact Team
	2010年の木星	NASA ,ESA, M.H. Wong (University of Califoria, Berkeley), H.B. Hammel (Space Science Institute, Boulder, Colo.), A.A. Simon-Miller (Goddard Space Flight Center), and the Jupiter Impact Science Team
28	メタンの雲の高さ	NASA, ESA, I. de Pater and M. Wong (University of California, Berkeley)
28	赤外線で見た木星	NASA, ESA, and E. Karkoschka (University of Arizona)
29	オーロラ	John Clarke (University of Michigan), and NASA
29	衛星と衛星の影	NASA, ESA, Hubble Heritage Team
30	木星の裏側に回るガニメデ	NASA, ESA, and E. Karkoschka (University of Arizona)
30	ガリレオ衛星	K. Noll (STScl), J. Spencer (Lowell Observatory), and NASA
31	彗星の衝突痕	H. Hammel, MIT and NASA/ESA
32	彗星の破片	Dr. Hal Weaver and T. Ed Smith (STScl), and NASA
32	刻まれた衝突痕	Hubble Space Telescope Comet Team and NASA
33	衝突痕の変化	H. Hammel, MIT and NASA
33	2009年の衝突	NASA, ESA, M. H. Wong (University of California, Berkeley), H. B. Hammel (Space Science Institute, Boulder, Colo.), I. de Pater (University of California, Berkeley), and the Jupiter Impact Team
34–35	環を持つ惑星	NASA, ESA and E. Karkoschka (University of Arizona)
36–37	環の傾きの変化	NASA and The Hubble Heritage Team (STScl/AURA) 解説: R.G. French (Wellesley College), J. Cuzzi (NASA/Ames), L. Dones (SwRI), and J. Lissauer
38	土星のオーロラ	NASA, ESA, J. Clarke (Boston University), and Z. Levay (STScl)
39	土星と衛星	クレジット: NASA, ESA, and the Hubble Heritage Team (STScl/AURA) 解説: M.H. Wong (STScl/UC Berkeley) and C. Go (Philippines)
39	タイタン	NASA/JPL/STScl
40	天王星の向きの変化	NASA, ESA, and M. Showalter (SETI Institute)
40	天王星の雲	NASA, ESA, L. Sromovsky and P. Fry (University of Wisconsin), H. Hammel (Space Science Institute), and K. Rages (SETI Institute)
41	天王星と海王星	NASA and Erich Karkoschka, University of Arizona
42	海王星の季節変化	NASA, L. Sromovsky, and P. Fry (University of Wisconsin-Madison)
42	海王星の色	NASA, ESA, E. Karkoschka (University of Arizona), and H.B. Hammel (Space Science Institute, Boulder, Colorado)
43	冥王星と衛星	NASA, ESA, and M. Showalter (SETI Institute)
43	冥王星とカロン	Dr. R. Albrecht, ESA/ESO Space Telescope European Coordinating Facility; NASA
44	冥王星表面	NASA, ESA, and M. Buie (Southwest Research Institute)
44	冥王星の季節変化	NASA, ESA and M. Buie (Southwest Research Institute)
45	エリス	NASA, ESA, and M. Brown (California Institute of Technology)
45	1998WW31	NASA, G. Bernstein and D. Trilling (University of Pennsylvania)
46	百武彗星C/1996 B2	Hal Weaver (Applied Research Corp.), HST Comet Hyakutake Observing Team and NASA
46	ヘール・ボップ彗星C/1995 O1	H. Weaver (Johns Hopkins University) and NASA
47	リニア彗星 C/1999 S4核の分裂	NASA, Harold Weaver (the Johns Hopkins University), and the HST Comet LINEAR Investigation Team
48	73P/シュワスマン・ワハマン第3彗星	NASA, ESA, H. Weaver (APL/JHU), M. Mutchler and Z. Levay (STScl)
49	アイソン彗星C/2012 S1	NASA, ESA, and the Hubble Heritage Team (STScl/AURA)
49	サイディング・スプリング彗星C/2013 A1	NASA, ESA, J.-Y. Li (PSI), C.M. Lisse (JHU/APL), and the Hubble Heritage Team (STScl/AURA)
50	P/2010 A2	NASA, ESA, and D. Jewitt (UCLA)
50	P/2013 P5	NASA, ESA, and D. Jewitt (UCLA)
51	P/2013 R3	NASA, ESA, and D. Jewitt (University of California, Los Angeles)
52	デブリ円盤 (残骸円盤)	NASA, ESA, G. Schneider (University of Arizona), and the HST/GO 12228 Team
52	死んだ星が惑星を形成	NASA, NOAO, ESA, the Hubble Helix Nebula Team, M. Meixner (STScl), and T.A. Rector (NRAO)
52	惑星を持つ星HR8799	NASA, ESA, and R. Soummer(STScl)
53	円盤と惑星を持つ星	NASA, ESA and P. Kalas (University of California, Berkeley and SETI Institute)
56	NGC 281内の暗黒星雲	NASA, ESA, and The Hubble Heritage Team (STScl/AURA)
57	NGC 2944内のグロビュール	NASA and The Hubble Heritage Team (STScl/AURA)
58	創造の柱	NASA, ESA, and the Hubble Heritage Team (STScl/AURA)
59	取り残された濃い領域	NASA, ESA, and The Hubble Heritage Team (STScl/AURA)
60	三裂星雲中心部	NASA, ESA, and The Hubble Heritage Team (AURA/STScl)
61	角を出したカタツムリ	NASA and Jeff Hester (Arizona State University)
62	M8中心部	NASA, ESA, J. Trauger (Jet Propulson Laboratory)
63	モンキー星雲NGC 2174	NASA, ESA, and the Hubble Heritage Team (STScl/AURA)
64–65	馬頭星雲の詳細構造	NASA, ESA, and the Hubble Heritage Team (STScl/AURA)
66–67	オリオン大星雲M 42	NASA, ESA, M. Robberto (Space Telescope Science Institute/ESA) and the Hubble Space Telescope Orion Treasury Project Team
68–69	オリオン大星雲中心部	NASA, ESA, M. Robberto (Space Telescope Science Institute/ESA) and the Hubble Space Telescope Orion Treasury Project Team
70	原始惑星系円盤	Mark McCaughrean (Max-Planck-Institute for Astronomy), C. Robert O'Dell (Rice University), and NASA
70	しずく型の原始惑星系円盤	NASA, ESA, J. Bally (University of Colorado, Boulder), H. Throop (Southwest Research Institute, Boulder), and C. O'Dell (Vanderbilt University)
71	M43	ESA/Hubble & NASA
72–73	イータ・カリーナ星雲中心部	NASA, ESA, N. Smith (University of California, Berkeley), and The Hubble Heritage Team (STScl/AURA)
74	ミスティック・マウンテン	NASA, ESA, and M. Livio and the Hubble 20th Anniversary Team (STScl)
75	可視光で見た柱状暗黒星雲	NASA, ESA, and the Hubble SM4 ERO Team
75	赤外線で見た柱状暗黒星雲	NASA, ESA, and the Hubble SM4 ERO Team
76	人形星雲	NASA, ESA, and J. Hester (Arizona State University)
76	イータ・カリーナ星	Jon Morse (University of Colorado), and NASA
77	散開星団Westerlund 2と散光星雲Gum 29	NASA, ESA, the Hubble Heritage Team (STScl/AURA), A. Nota (ESA/STScl), and the Westerlund 2 Science Team
78–79	NGC 3324	NASA, ESA, and The Hubble Heritage Team (STScl/AURA) 解説: N. Smith (University of California, Berkeley)
80	sh2-106	NASA & ESA
81	散開星団NGC 3603	NASA, ESA, and the Hubble Heritage (STScl/AURA)-ESA/Hubble Collaboration
82	ハービッグ・ハロー天体	NASA, ESA, and P. Hartigan (Rice University)
82	宇宙のキャタピラー　IRAS 20324+4057	NASA, ESA, the Hubble Heritage Team (STScl/AURA), and IPHAS
83	トランプラー 16	NASA, ESA and Jesús Maíz Apellániz (Instituto de Astrofísica de Andalucía, Spain)
84	Pismis 24とNGC 6357	NASA, ESA, and J. Maíz Apellániz (Instituto de Astrofísica de Andalucía, Spain)
85	ライトエコー　とも座RS星	NASA, ESA, and the Hubble Heritage Team (STScl/AURA)-Hubble/Europe Collaboration
86	ライトエコー　V838 Mon	NASA, ESA, and The Hubble Heritage Team (STScl/AURA) 解説: H.E. Bond (STScl)
87	NGC 7635	NASA, Donald Walter (South Carolina State University), Paul Scowen and Brian Moore (Arizona State University)
88	IC 349	NASA and The Hubble Heritage Team (STScl/AURA) 解説: George Herbig and Theodore Simon (Institute for Astronomy, University of Hawaii)
88	NGC 1999	NASA and The Hubble Heritage Team (STScl)
89	IRAS 23166+1655	ESA/NASA & R. Sahai
90–91	タランチュラ星雲中心部分	NASA, ESA, D. Lennon and E. Sabbi (ESA/STScl), J. Anderson, S. E. de Mink, R. van der Marel, T. Sohn, and N. Walborn (STScl), N. Bastian (Excellence Cluster, Munich), L. Bedin (INAF, Padua), E. Bressert (ESO), P. Crowther (Sheffield), A. de Koter (Amsterdam), C. Evans (UKATC/STFC, Edinburgh), A. Herrero (IAC, Tenerife), N. Langer (AifA, Bonn), I. Platais (JHU) and H. Sana (Amsterdam)
92	散開星団NGC 2074	NASA, ESA, and M. Livio (STScl)
92	星形成領域N11	NASA, ESA and Jesús Maíz Apellániz (Instituto de Astrofísica de Andalucía, Spain)
92	散開星団NGC 265	European Space Agency & NASA 解説: E. Olszewski (University of Arizona)
92	散開星団NGC 290	European Space Agency & NASA 解説: E. Olszewski (University of Arizona)
93	NGC 346	NASA, ESA and A. Nota (ESA/STScl)
94–95	NGC 602	NASA, ESA, and the Hubble Heritage Team (STScl/AURA)-ESA/Hubble Collaboration 解説: A. Nota (ESA/STScl) and L. Carlson (JHU)
96	NGC 604	NASA and The Hubble Heritage Team (AURA/STScl) 解説: D. Garnett (U. Arizona), J. Hester (ASU), and J. Westphal (Caltech)
97	緑のハニー天体	NASA, ESA, W. Keel (University of Alabama), and the Galaxy Zoo Team
98	NGC 104中心部拡大	NASA and Ron Gilliland (Space Telescope Science Institute)
99	NGC 121	ESA/Hubble & NASA 解説: Stefano Campani
99	NGC 104	NASA, ESA, and the Hubble Heritage (STScl/AURA)-ESA/Hubble Collaboration 解説: J. Mack (STScl) and G. Piotto (University of Padova, Italy)
99	M92	ESA/Hubble & NASA Acknowledgement: Gilles Chapdelaine
99	M15	NASA, ESA
102	キャッツアイ星雲	NASA, ESA, HEIC, and The Hubble Heritage Team (STScl/AURA) 解説: R. Corradi (Isaac Newton Group of Telescopes, Spain) and Z. Tsvetanov (NASA)
103	エスキモー星雲	NASA, Andrew Fruchter and the ERO Team [Sylvia Baggett (STScl), Richard Hook (ST-ECF), Zoltan Levay (STScl)]
104–105	らせん星雲　NGC 7293	NASA, NOAO, ESA, the Hubble Helix Nebula Team, M. Meixner (STScl), and T.A. Rector (NRAO).
106	コホーテク星雲　K 4-55	NASA, ESA, and the Hubble Heritage Team (STScl/AURA) 解説: R. Sahai and J. Trauger (Jet Propulsion Laboratory)
106	NGC 6369	NASA and The Hubble Heritage Team (STScl/AURA)
106	スピログラフ星雲　IC 418	NASA and The Hubble Heritage Team (STScl/AURA) Acknowledgment: Dr. Raghvendra Sahai (JPL) and Dr. Arsen R. Hajian (USNO)
106	NGC 6751	NASA, The Hubble Heritage Team (STScl/AURA)
107	NGC 3132	The Hubble Heritage Team (STScl/AURA/NASA)
108–109	リング星雲 M57	NASA, ESA, C.R. O'Dell (Vanderbilt University), and D. Thompson (Large Binocular Telescope Observatory)
110	青い雪だるま　NGC 7662	Bruce Balick and Jason Alexander (University of Washington), Arsen Hajian (S. Naval Observatory), Yervant Terzian (Cornell University), Mario Perinotto (University of Florence), Patrizio Patriarchi (Arcetri Observatory) and NASA/ESA
110	NGC 6826	Bruce Balick (University of Washington), Jason Alexander (University of Washington), Arsen Hajian (U.S. Naval Observatory), Yervant Terzian (Cornell University), Mario Perinotto (University of Florence, Italy), Patrizio Patriarchi (Arcetri Observatory, Italy) and NASA
110	IC 3568	Howard Bond (Space Telescope Science Institute), Robin Ciardullo (Pennsylvania State University) and NASA
110	Hen-1357　アカエイ星雲	Matt Bobrowsky (Orbital Sciences Corporation) and NASA
111	砂時計星雲	Raghvendra Sahai and John Trauger (JPL), the WFPC2 science team, and NASA
112	M2-9	ESA/Hubble & NASA 解説: Judy Schmidt
113	エッグ星雲 CRL 2688	NASA and The Hubble Heritage Team (STScl/AURA) 解説: W. Sparks (STScl) and R. Sahai (JPL)
113	レッド・レクタングル	NASA; ESA; Hans Van Winckel (Catholic University of Leuven, Belgium); and Martin Cohen (University of California, Berkeley)
113	Mz 3　アリ星雲	NASA, ESA and The Hubble Heritage Team (STScl/AURA)
114	土星状星雲NGC 7009	Bruce Balick (University of Washington), Jason Alexander (University of Washington), Arsen Hajian (U.S. Naval Observatory), Yervant Terzian (Cornell University), Mario Perinotto (University of Florence, Italy), Patrizio Patriarchi (Arcetri Observatory, Italy), NASA
115	バタフライ (蝶) 星雲	NASA, ESA and the Hubble SM4 ERO Team
116	NGC 2440	NASA, ESA, and K. Noll (STScl)
116	NGC 7027	H. Bond (STScl) and NASA
116	NGC 5189	NASA, ESA and the Hubble Heritage Team (STScl/AURA)
116	SuWt 2	NASA, NOAO, H. Bond and K. Exter (STScl/AURA)
116	NGC 6537	ESA & Garrelt Mellema (Leiden University, the Netherlands)
116	NGC 2346	NASA and The Hubble Heritage Team (AURA/STScl).
117	IC 4406	NASA and The Hubble Heritage Team (STScl/AURA)
117	IC 4593	NASA, ESA, and The Hubble Heritage Team (STScl/AURA)
117	PN G054.2-03.4　ネックレス星雲	NASA, ESA, and the Hubble Heritage Team (STScl/AURA)
117	NGC 5315	NASA, ESA, and The Hubble Heritage Team (STScl/AURA)
117	ヒトデ星雲　He 2-47	NASA, ESA, and The Hubble Heritage Team (STScl/AURA)
117	NGC 5307	NASA, ESA, and The Hubble Heritage Team (STScl/AURA)
118	カニ星雲中性子星	エックス線: NASA/CXC/ASU/J. Hester et al. / 可視光: NASA/HST/ASU/J. Hester et al.
118	カニ星雲フィラメント構造	NASA and The Hubble Heritage Team (STScl/AURA) 解説: W. P. Blair (JHU)
119	カシオペヤ座 A	NASA, ESA, and the Hubble Heritage (STScl/AURA)-ESA/Hubble Collaboration 解説: R. Fesen (Dartmouth College) and J. Long (ESA/Hubble)
120	網状星雲	NASA, ESA, and the Hubble Heritage (STScl/AURA)-ESA/Hubble Collaboration 解説: J. Hester (Arizona State University)
121	NGC 2736	NASA and The Hubble Heritage Team (STScl/AURA) 解説: W. Blair (JHU) and D. Malin (David Malin Images)
121	SN 1006の超新星残骸	NASA, ESA, and the Hubble Heritage Team (STScl/AURA) 解説: W. Blair (Johns Hopkins University)
122	N 49、DEM L 190	NASA and The Hubble Heritage Team (STScl/AURA) 解説: Y.-H. Chu (UIUC), S. Kulkarni (Caltech), and R. Rothschild (UCSD)
123	可視光とエックス線で見たSNR 0509-67.5	研究内容クレジット: NASA, ESA, and B. Schaefer and A. Pagnotta (Louisiana State University, Baton Rouge) NASA, ESA, CXC, SAO, the Hubble Heritage Team (STScl/AURA), and J. Hughes (Rutgers University)
123	可視光で見たSNR 0509-67.5	NASA, ESA, and the Hubble Heritage Team (STScl/AURA) 解説: J. Hughes (Rutgers University)
124	E0102	NASA, ESA, and the Hubble Heritage Team (STScl/AURA) 解説: J. Green (University of Colorado, Boulder)
125	SN 1987A	NASA, ESA, P. Challis and R. Kirshner (Harvard-Smithsonian Center for Astrophysics)
128	M101	European Space Agency & NASA
129	NGC 1672	NASA, ESA
130–131	アンドロメダ銀河	NASA, ESA, J. Dalcanton, B.F. Williams, and L.C. Johnson (University of Washington), the PHAT team, and R. Gendler
132–133	アンドロメダ銀河の周辺部	NASA, ESA, J. Dalcanton, B.F. Williams, and L.C. Johnson (University of Washington), the PHAT team, and R. Gendler
134	ESO 498-G5	ESA/Hubble & NASA
134	NGC 3344	ESA/Hubble & NASA
135	M74	ESA/Hubble & NASA
136–137	M81	NASA, ESA, and The Hubble Heritage Team (STScl/AURA)
138	M106	NASA, ESA, the Hubble Heritage Team (STScl/AURA), and R. Gendler (for the Hubble Heritage Team) 解説: J. GaBany
138	NGC 2841	NASA, ESA, and the Hubble Heritage (STScl/AURA)-ESA/Hubble Collaboration 解説: M. Crockett and S. Kaviraj (Oxford University, UK), R. O'Connell (University of Virginia), B. Whitmore (STScl), and the WFC3 Scientific Oversight Committee
139	M65	ESA/Hubble & NASA
139	NGC 3370	NASA, The Hubble Heritage Team and A. Riess (STScl)
139	NGC 4603	Jeffrey Newman (Univ. of California at Berkeley) and NASA
139	NGC 3982	NASA, ESA, and the Hubble Heritage Team (STScl/AURA) 解説: A. Riess (STScl)
140	M66	NASA, ESA and the Hubble Heritage (STScl/AURA)-ESA/Hubble Collaboration. 解説: Davide De Martin and Robert Gendler
141	NGC 2442/2443	NASA, ESA
142–143	NGC 1300	NASA, ESA, and The Hubble Heritage Team (STScl/AURA) Acknowledgment: P. Knezek (WIYN)
144	NGC 1097	ESA/Hubble & NASA 解説: E. Sturdivant
145	NGC 1073	NASA & ESA
145	M83	NASA, ESA, and the Hubble Heritage Team (STScl/AURA)

		解説：William Blair (Johns Hopkins University)
146	NGC 6217	NASA, ESA and the Hubble SM4 ERO Team
146	M77	NASA, ESA & A. van der Hoeven
146	NGC 1084	NASA, ESA, and S. Smartt (Queen's University Belfast)
		解説：Brian Campbell
146	NGC 7479	ESA/Hubble & NASA
147	NGC 634	ESA/Hubble & NASA
148	NGC 4402	NASA & ESA
148	NGC 4217	ESA/Hubble & NASA
		解説：R. Schoofs
149	NGC 4710	NASA & ESA
149	NGC 7814	ESA/Hubble & NASA
		解説：Josh Barrington
149	ESO 121-6	ESA/Hubble & NASA
150	NGC 7090	ESA/Hubble & NASA
		解説：R. Tugral
150	NGC 5793	ESA/Hubble & NASA NASA, ESA, and E. Perlman (Florida Institute of Technology)
		解説：Judy Schmidt
150	NGC 4522	ESA/Hubble & NASA
151	NGC 6503	NASA, ESA
151	NGC 4634	ESA/Hubble & NASA
151	NGC 660	ESA/Hubble & NASA
152–153	ソンブレロ銀河　M104	NASA and The Hubble Heritage Team (STScI/AURA)
154	NGC 5866	NASA, ESA, and The Hubble Heritage Team (STScI/AURA)
		解説：W. Keel (University of Alabama, Tuscaloosa)
155	NGC 5010	ESA/Hubble & NASA
155	ESO 243-49	NASA, ESA and S. Farrell (University of Sydney, Australia and University of Leicester, UK)
156	NGC 1132	NASA, ESA, and the Hubble Heritage (STScI/AURA)-ESA/Hubble Collaboration
		解説：M. West (ESO, Chile)
157	M60	NASA, ESA
157	NGC 4696	ESA/Hubble and NASA
158	NGC 4449	NASA, ESA, A. Aloisi (STScI/ESA), and
		The Hubble Heritage (STScI/AURA)-ESA/Hubble Collaboration
159	DDO 68	NASA, ESA
		解説：A. Aloisi (Space Telescope Science Institute)
159	NGC 2366	NASA & ESA
160	UGC 5497	ESA/Hubble & NASA
160	PGC 39058	ESA/Hubble & NASA
161	NGC 5474	ESA/Hubble & NASA
162	NGC 2787	NASA and The Hubble Heritage Team (STScI/AURA)
		解説：M. Carollo (Swiss Federal Institute of Technology, Zurich)
162	NGC 524	ESA/Hubble & NASA
		解説：Judy Schmidt
162	NGC 6861	ESA/Hubble & NASA
		解説：J. Barrington
162	NGC 4526	ESA/Hubble & NASA
		解説：Judy Schmidt
163	NGC 7049	NASA, ESA and W. Harris (McMaster University, Ontario, Canada)
164	NGC 4452	ESA/Hubble & NASA
164	IC 335	ESA/Hubble & NASA
165	NGC 4762	ESA/Hubble & NASA
165	ESO 510-G13	NASA and The Hubble Heritage Team (STScI/AURA)
		解説：C. Conselice (U. Wisconsin/STScI)
166–167	M82	NASA, ESA, and The Hubble Heritage Team (STScI/AURA)
		解説：J. Gallagher (University of Wisconsin), M. Mountain (STScI), and
		P. Puxley (National Science Foundation)
168	NGC 5128	NASA, ESA, and the Hubble Heritage (STScI/AURA)-ESA/Hubble Collaboration
		解説：R. O'Connell (University of Virginia) and the WFC3 Scientific Oversight Committee
169	NGC 1316	NASA, ESA, and The Hubble Heritage Team (STScI/AURA)
		解説：P. Goudfrooij (STScI)
169	NGC 1569	NASA, ESA, the Hubble Heritage Team (STScI/AURA), and A. Aloisi (STScI/ESA)
170	ブラックアイ　M64	NASA and The Hubble Heritage Team (AURA/STScI)
		解説：S. Smartt (Institute of Astronomy) and D. Richstone (U. Michigan)
171	NGC 1275	NASA, ESA, and the Hubble Heritage (STScI/AURA)-ESA/Hubble Collaboration
		解説：A. Fabian (Institute of Astronomy, University of Cambridge, UK)
171	ESO 381-12	NASA, ESA, P. Goudfrooij (STScI)
172	M51の中心核	H. Ford (JHU/STScI), the Faint Object Spectrograph IDT, and NASA
172	NGC 4261の中心部	Walter Jaffe/Leiden Observatory, Holland Ford/JHU/STScI, and NASA
172	NGC 6251の中心部	Philippe Crane (European Southern Observatory) and NASA
172	NGC 7052の中心部	Roeland P. van der Marel (STScI), Frank C. van den Bosch (Univ. of Washington), and
		NASA
173	ESO 137-001	NASA, ESA
		解説：Ming Sun (UAH), and Serge Meunier
173	ESO 137-001の長い尾	NASA, ESA
		解説：Ming Sun (UAH), and Serge Meunier
174–175	NGC 5194	NASA, ESA, S. Beckwith (STScI), and The Hubble Heritage Team (STScI/AURA)
176	触角銀河　NGC 4038／39	NASA, ESA, and the Hubble Heritage Team (STScI/AURA)-ESA/Hubble Collaboration
		解説：B. Whitmore (Space Telescope Science Institute)
177	Arp 273	NASA, ESA, and the Hubble Heritage Team (STScI/AURA)
178	UGC 10214	NASA, Holland Ford (JHU), the ACS Science Team and ESA
179	NGC 6872	ESA/Hubble & NASA
		解説：Judy Schmidt (geckzilla.com)
179	NGC 3256	NASA, ESA, the Hubble Heritage (STScI/AURA)-ESA/Hubble Collaboration, and
		A. Evans (University of Virginia, Charlottesville/NRAO/Stony Brook University)
180	Arp 274	NASA, ESA, M. Livio and the Hubble Heritage Team (STScI/AURA)
180	NGC 2207／IC 2163	NASA and The Hubble Heritage Team (STScI)
181	Arp142	NASA, ESA and the Hubble Heritage Team (STScI/AURA)
181	セイファートの六つ子	NASA, J. English (U. Manitoba), S. Hunsberger, S. Zonak, J. Charlton, S. Gallagher (PSU),
		and L. Frattare (STScI)
		科学データ・クレジット：NASA, C. Palma, S. Zonak, S. Hunsberger, J. Charlton,
		S. Gallagher, P. Durrell (The Pennsylvania State University) and
		J. English (University of Manitoba)
181	NGC 7714	ESA, NASA
		解説：A. Gal-Yam (Weizmann Institute of Science)
182–183	NGC4676	NASA, Holland Ford (JHU), the ACS Science Team and ESA
184–185	2MASX J00482185-2507365	NASA, ESA, and The Hubble Heritage Team (STScI/AURA)
		解説：B. Holwerda (Space Telescope Science Institute) and
		J. Dalcanton (University of Washington)
184	NGC 3314	NASA, ESA, the Hubble Heritage Team (STScI/AURA)-ESA/Hubble Collaboration, and
		W. Keel (University of Alabama)
186	HOAG天体	NASA and The Hubble Heritage Team (STScI/AURA)
		解説：Ray A. Lucas (STScI/AURA)
187	AM 0644-741	NASA, ESA, and The Hubble Heritage Team (AURA/STScI)
		解説：J. Higdon (Cornell U.) and I. Jordan (STScI)
188	車輪銀河	Kirk Borne (STScI), and NASA
188	Arp 147	NASA, ESA, and M. Livio (STScI)
189	NGC 7742	The Hubble Heritage Team (AURA/STScI/NASA)
189	NGC 4650A	The Hubble Heritage Team (AURA/STScI/NASA)
190	NGC 2623	NASA, ESA and A. Evans (Stony Brook University, New York, University of Virginia &
		National Radio Astronomy Observatory, Charlottesville, USA)
190	HCG90	NASA, ESA, and R. Sharples (University of Durham)
190	IC 2184	ESA/Hubble & NASA
191	さまざまな衝突銀河	NASA, ESA, the Hubble Heritage (STScI/AURA)-ESA/Hubble Collaboration, and
		A. Evans (University of Virginia, Charlottesville/NRAO/Stony Brook University)
194	ステファンの五つ子	NASA, ESA, and the Hubble SM4 ERO Team
195	HCG 16	NASA, ESA, ESO, J. Charlton (The Pennsylvania State University)
		解説：Jean-Christophe Lambry, Marc Canale
195	HCG 7	ESA/Hubble & NASA
196	じょうぎ座銀河団	ESA/Hubble & NASA
197	Abell 2261	NASA, ESA, M. Postman (Space Telescope Science Institute, USA),
		T. Lauer (National Optical Astronomy Observatory, USA), and the CLASH team
198–199	かみのけ座銀河団	NASA, ESA, and the Hubble Heritage Team (STScI/AURA)
		解説：D. Carter (Liverpool John Moores University) and
		the Coma HST ACS Treasury Team
200	Abell 1413	ESA/Hubble & NASA
		解説：Nick Rose
201	Abell 2744	NASA, ESA, and J. Lotz, M. Mountain, A. Koekemoer, and the HFF Team (STScI).
202	Abell 68	NASA & ESA.
		解説：N. Rose
203	Abell 1689	NASA, ESA, and B. Siana and A. Alavi (University of California, Riverside)
204	MACS J1206.2-0847	NASA, ESA, M. Postman (STScI) and the CLASH Survey Team
204	Abell 370	NASA, ESA, the Hubble SM4 ERO Team, and ST-ECF

205	SDSSCGB 8842.3とSDSSCGB 8842.4	NASA & ESA
		解説：Judy Schmidt (geckzilla.org)
205	SDSS J1531+3414	NASA, ESA/Hubble and Grant Tremblay (European Southern Observatory)
		解説：M. Gladders & M. Florian (University of Chicago, USA), S. Baum, C. O'Dea and
		K. Cooke (Rochester Institute of Technology, USA),
		M. Bayliss (Harvard-Smithsonian Center for Astrophysics, USA),
		H. Dahle (University of Oslo, Norway), T. Davis (European Southern Observatory),
		J. Rigby (NASA Goddard Space Flight Center, USA),
		K. Sharon (University of Michigan, USA), E. Soto (The Catholic University of America, USA)
		and E. Wuyts (Max-Planck-Institute for Extraterrestrial Physics, Germany).
206–207	Abell 2218	NASA, ESA, and Johan Richard (Caltech, USA)
		解説：Davide de Martin & James Long (ESA/Hubble)
208	RCS2 032727-132623	NASA, ESA, J. Rigby (NASA Goddard Space Flight Center),
		K. Sharon (Kavli Institute for Cosmological Physics, University of Chicago), and
		M. Gladders and E. Wuyts (University of Chicago)
209	Abell 1703	NASA, ESA, and Johan Richard (Caltech, USA)
		解説：Davide de Martin & James Long (ESA/Hubble)
210	MACS J1149.5+223	NASA, ESA, S. Rodney (John Hopkins University, USA) and the FrontierSN team;
		T. Treu (University of California Los Angeles, USA),
		P. Kelly (University of California Berkeley, USA) and the GLASS team;
		J. Lotz (STScI) and the Frontier Fields team; M. Postman (STScI) and the CLASH team; and
		Z. Levay (STScI)
210	超新星レフスダール	NASA, ESA, S. Rodney (John Hopkins University, USA) and the FrontierSN team;
		T. Treu (University of California Los Angeles, USA),
		P. Kelly (University of California Berkeley, USA) and the GLASS team; J. Lotz (STScI) and
		the Frontier Fields team; M. Postman (STScI) and the CLASH team; and Z. Levay (STScI)
211	SDSS J1004+4112	ESA, NASA, K. Sharon (Tel Aviv University) and E. Ofek (Caltech)
212–213	MACS J0717.5+3745	NASA, ESA and the HST Frontier Fields team (STScI)
214	MCS J0416.1–2403	ESA/Hubble, NASA, HST Frontier Fields
		解説：Mathilde Jauzac (Durham University, UK and
		Astrophysics & Cosmology Research Unit, South Africa) and
		Jean-Paul Kneib (École Polytechnique Fédérale de Lausanne, Switzerland)
215	質量の分布	ESA/Hubble, NASA, HST Frontier Fields
		解説：Mathilde Jauzac (Durham University, UK and
		Astrophysics & Cosmology Research Unit, South Africa) and
		Jean-Paul Kneib (École Polytechnique Fédérale de Lausanne, Switzerland)
216	クエーサーのアインシュタイン・クロス	NASA, ESA, and STScI
216	J1000+0221	NASA/ESA/A. van der Wel
216	H-ATLAS J142935.3-002836	NASA/ESA/ESO/W. M. Keck Observatory
217	コズミック・ホースシュー	ESA/Hubble & NASA
217	8つのアインシュタイン・リング	NASA, ESA, and the SLACS Survey team: A. Bolton (Harvard/ Smithsonian), S. Burles (MIT),
		L. Koopmans (Kapteyn), T. Treu (UCSB), and L. Moustakas (JPL/Caltech)
218	3C273	NASA/ESA and J. Bahcall (IAS)
219	クエーサーの前身	NASA, Kirk Borne (Raytheon and NASA Goddard Space Flight Center, Greenbelt, Md.),
		Luis Colina (Instituto de Fisica de Cantabria, Spain), and
		Howard Bushouse and Ray Lucas (Space Telescope Science Institute, Baltimore, Md.)
219	過去のクエーサーの残光	NASA, ESA, Galaxy Zoo team & W. Keel (University of Alabama, USA)
220	GOODS CDF-S	NASA, ESA, the GOODS Team and M. Giavalisco (STScI)
221	HUDF2014	NASA, ESA, H. Teplitz and M. Rafelski (IPAC/Caltech), A. Koekemoer (STScI),
		R. Windhorst (Arizona State University), and Z. Levay (STScI)
222	オタマジャクシ銀河	NASA, A. Straughn, S. Cohen, and R. Windhorst (Arizona State University), and
		the HUDF team (Space Telescope Science Institute)
224	太陽系中心部	Shigemi Numazawa
225	オールトの雲	Shigemi Numazawa
	HSTが捉えた金星の雲	L. Esposito (University of Colorado, Boulder), and NASA
226	カメラの違いによる土星WFPC	NASA, ESA, and STScI
	カメラの違いによる土星ACS	NASA, ESA and E. Karkoschka (University of Arizona)
	土星探査機カッシーニ	NASA/JPL
	火星ローバー「キュリオシティ」	NASA/JPL-Caltech
227	ケレス	NASA/JPL-Caltech/UCLA/MPS/DLR/IDA
	ケレスの謎の光点	NASA/JPL-Caltech/UCLA/MPS/DLR/IDA
	謎のピラミッド/アフナ山	NASA/JPL-Caltech/UCLA/MPS/DLR/IDA/LPI
	チュリュモフ・ゲラシメンコ彗星	ESA/Rosetta/NAVCAM, CC BY-SA IGO 3.0
	雪の岩山	ESA/Rosetta/MPS for OSIRIS Team MPS/UPD/LAM/IAA/SSO/INTA/UPM/DASP/IDA
	冥王星	NASA/Johns Hopkins University Applied Physics Laboratory/Southwest Research Institute
	衛星カロン	NASA/Johns Hopkins University Applied Physics Laboratory/Southwest Research Institute
	冥王星の大気	NASA/Johns Hopkins University Applied Physics Laboratory/Southwest Research Institute
228	オシリス	NASA, ESA, and G. Bacon (STScI)
		科学的データ：J. Linsky (University of Colorado, Boulder, Colo.)
	乾ききった惑星	NASA, ESA, and G. Bacon (STScI)
	OGLE-2005-BLG-390Lb	NASA, ESA and G. Bacon (STScI)
	太陽系近傍の星の分布	Shigemi Numazawa
229	銀河系の形状	Shigemi Numazawa
	銀河系天体の位置	Shigemi Numazawa
230	星の一生	Shigemi Numazawa
231	M 16の全体像	T.A.Rector (NRAO/AUI/NSF and NOAO/AURA/NSF) and B.A.Wolpa (NOAO/AURA/NSF)
	干潟星雲M8の全体像	NOAO/AURA/NSF
	三裂星雲M20の全体像	Todd Boroson/NOAO/AURA/NSF
	イータ・カリーナ星雲	Nathan Smith, University of Minnesota/NOAO/AURA/NSF
	網状星雲全体像	T.A. Rector (University of Alaska Anchorage) and WIYN/NOAO/AURA/NSF
	土星状星雲	Shigemi Numazawa
232	ハローの構造	Shigemi Numazawa
	球状星団M22	NOAO/AURA/NSF
	中心核ブラックホール	Shigemi Numazawa
233	局部銀河群	Shigemi Numazawa
	大マゼラン銀河	Shigemi Numazawa
	小マゼラン銀河	Shigemi Numazawa
234	ハッブルの分類	NASA, ESA, M. Kornmesser
	宇宙の階層構造	Shigemi Numazawa
235	アンドロメダ大銀河の全体像	NASA, ESA, Digitized Sky Survey 2 (Acknowledgement: Davide De Martin)
	触角銀河NGC 4038／39	Robert Gendler
	NGC 5128	ESO
	M51の中心核ブラックホール	NASA, ESA, S. Beckwith (STScI), and The Hubble Heritage Team (STScI/AURA)
		H. Ford (JHU/STScI), the Faint Object Spectrograph IDT, and NASA
236	銀河の分布	J. Richard Gott III , Mario Juric　, David Schlegel ,Fiona Hoyle ,Michael Vogeley,
		Max Tegmark ,,Neta Bahcall , Jon Brinkmann
	ラニアケア超銀河団	Brent Tully (U Hawaii), Helene Courtois (U Lyon I), Yehuda Hoffman (Hebrew U), and
		Daniel Pomarede (CEA/Saclay)
	宇宙の泡構造	Shigemi Numazawa
237	宇宙の大きさ	Shigemi Numazawa
	銀河の進化	Shigemi Numazawa
238	宇宙のエネルギー	Shigemi Numazawa
	重力レンズ	Shigemi Numazawa
	重力レンズの仕組み	Shigemi Numazawa
239	宇宙の歴史	NASA, ESA, and A. Feild (STScI)
	遠方の超新星	NASA, ESA, and A. Riess (STScI)
	ダークエネルギーと宇宙の未来	NASA/STScI
240	ハッブル宇宙望遠鏡	NASA
	ライマン・スピッツァー	NASA
	完成した主鏡	NASA
	鏡筒の組み立て	NASA
241	打ち上げ	NASA Marshall Space Flight Center
	軌道へ投入されるHST	NASA/ESA
	ピンボケの星	NASA
	HSTの主な構造	Shigemi Numazawa
242	改修前後の画像比較	NASA
	WFPC1の交換	NASA
	WFPC2	NASA
	WFPC2の画像レイアウト	Robert O'Dell, Kerry P. Handron (Rice University, Houston, Texas) and NASA/ESA
243	M100銀河の中の星	NASA/ESA, STScI
	HST観測機器の履歴	Shigemi Numazawa
	ハッブル宇宙望遠鏡の実績	NASA
244	HSTの外観	NASA/ESA
	観測装置の焦点面レイアウト	NASA
	HSTの解像度	Shigemi Numazawa
245	巨大なCCDセンサー	NASA/ESA and the ACS Science Team
	WFC3	NASA
	NICMOS・近赤外カメラ及び多天体分光器	HST:AURA/STScI/NASA
	フィルターワーク	HST:AURA/STScI/NASA
	観測機器と観測波長域	Shigemi Numazawa

宇宙の空間的スケールとHSTの観測範囲

0光年　1　10　100　1000　1万

超新星残骸

球状星団

散開星団

星の誕生

近傍の恒星系

銀河系

散光星雲

反射星雲

惑星状星雲

太陽系

惑星とその変化	星のゆりかご	恒星／星雲／星団
太陽系の天体／系外惑星	美しき残光	死をむかえた星

10万　　　　100万　　　　1000万　　　　1億　　　　　10億　　　　100億光年

アンドロメダ銀河

大小マゼラン銀河

銀河群

銀河団

宇宙の誕生
ビッグバン

宇宙の晴れ上がり

宇宙の空間的スケールと HSTの観測範囲

　本書はハッブル宇宙望遠鏡（HST）によって観測された天体を5つの種類に区分し、宇宙全体の姿を紹介しています。この図は、本書で紹介した天体が広大な宇宙のどのあたりに位置するのかを示しています。

　距離目盛りの0点、つまり出発点は地球です。図の目盛りが10倍ずつ変化していることに注意してください。距離の単位は「光年」といい、光が1年間に進む距離、約9兆5000億kmを1光年と定めています。また、光年という単位を使うことにより、距離と時間が同じ意味を持つことになります。たとえば、「距離1光年の天体」の場合、今見ているその天体の姿は、1年前に光がその天体を出発したときの姿になります。従って、観測される天体の現在の姿は見ることができません。宇宙では、遠方の天体ほど過去の情報を私たちに教えてくれます。

　図の下には、本書で分類している天体がだいたいどの範囲になるかを示しています。第1章「惑星とその変化」では太陽系内の天体といくつかの系外惑星を取り上げています。第2章と第3章は銀河系内の天体で、ほぼ共通した領域にあります。第4章「銀河の海原」は銀河系の外に広がる個々の銀河のようすを紹介しています。そして、第5章「はるか遠方の宇宙」では銀河群や銀河団の姿や、最近発見されたダークマター、クエーサーや宇宙初期の頃の銀河を紹介しています。

　ハッブル宇宙望遠鏡は約130億光年の天体まで観測していますが、宇宙の年齢は138億年と考えられていますから、宇宙が誕生してから8億年後の若い宇宙までを観測することができます。

銀河の海原
さまざまな銀河／相互作用する銀河

はるか遠方の宇宙
銀河群／銀河団／遠方の宇宙

宇宙の時間スケールと
HSTの観測範囲

現在の宇宙の年齢は約138億歳、誕生後8億年の宇宙まで観測することができます。

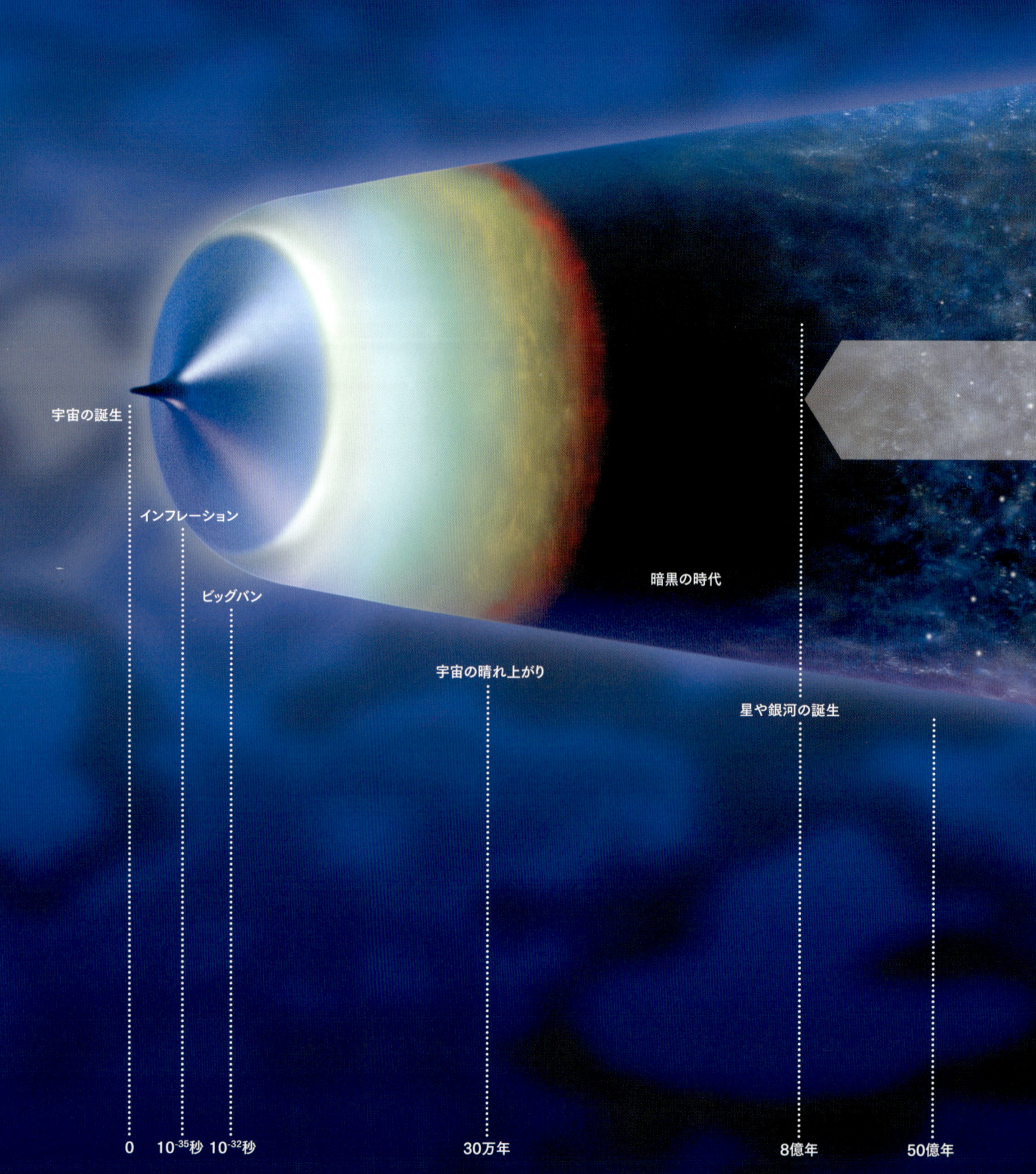

宇宙の誕生

インフレーション

ビッグバン

宇宙の晴れ上がり

暗黒の時代

星や銀河の誕生

0　　10^{-35}秒　10^{-32}秒　　　　　　　　　　30万年　　　　　　　　　　　　8億年　　　　50億年

加速度的膨張

ハッブル宇宙望遠鏡が観測できる範囲

現在

100億年　　138億年

宇宙の時間スケールと HSTの観測範囲

　宇宙の誕生から現在までの宇宙の変化を表した図です。宇宙は今から約138億年前、目に見えない小さな点として誕生しました。その直後、インフレーションによって一瞬にして巨大化しました。どれくらいまで大きくなったかは諸説ありますが、直径1cm以上になったとも、現在観測可能な宇宙ほど大きくなったともいわれています。

　その後、インフレーションによって蓄積されたエネルギーで超高温超高密度になった宇宙は火の玉となってビッグバンを起こし、膨張しながら冷えてゆきました。約38万年後には原子が形成され、光が自由に飛び回ることができるようになりましたが、この時期を「宇宙の晴れ上がり」と呼び、このときの光が「宇宙背景放射」として、電波で観測されています。

　私たちは、光や電波を使った観測で宇宙の晴れ上がりより前のようすを観測することはできません。そして、宇宙の晴れ上がりの時期を過ぎると宇宙は光り輝く天体、おそらく星が誕生するまでの間、暗黒の時代が続きます。もし光を出す天体が存在していれば、いつの日か、その光を捉えることができるはずです。

　物質が生成され、ダークマターの集まったところに普通の物質が集まり、星や銀河がつくられていきましたが、最初の星が宇宙に輝き始めたのがいつなのかは、まだはっきりわかっていません。ただHSTは宇宙誕生から約8億年後の天体の光を捉えています。

　誕生して間もない頃の若く小さな銀河は衝突合体して大きな銀河へと成長していったと考えられており、50億年後から100億年後の期間は、衝突合体により活発になった銀河中心核ブラックホールが激しく物質を噴き出し、クエーサーがたくさん存在する時代を迎えました。そして、クエーサーの時代がそろそろ終わりに近づいた、今から約50億年ほど前、ビッグバン以来、ゆっくりになりつつあった宇宙の膨張が加速を始め、現在に至っています。

天体の種類

本書に掲載された天体の種類を各章別に分類しました。

［第1章］ 惑星とその変化

太陽系内の天体と、太陽系外の恒星のまわりを回る惑星、及びちりの円盤についての画像を紹介しています。太陽及び太陽に近い惑星「水星」は、強力な光による事故を防ぐためHSTを向けることができません。

●太陽系内の天体

惑星
太陽のまわりを回る天体です。太陽に近いほうから水星、金星、地球、火星、木星、土星、天王星、海王星の8つです。本書では火星～海王星を紹介しています（金星は巻末の解説ページに記載されています）。

衛星
惑星や準惑星、微小天体の周囲を回る天体です。現在400個ほど見つかっています。本書では地球の月、木星のガリレオ衛星、土星のタイタン、冥王星の5衛星を紹介しています。

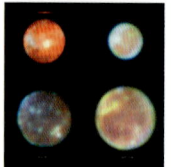

準惑星
太陽のまわりを回っているものの、惑星よりひと回り小さく、太陽を回る同じ軌道上にほかの天体が存在する天体です。現在、5個見つかっています。本書ではケレス、冥王星、エリスの3つを紹介しています。

小惑星
主に火星軌道と木星軌道の間にある、岩石を主成分とした微小天体です。現在約70万個発見されていますが、本書ではベスタのみ紹介しています（同じ小惑星帯にあるケレスは準惑星に分類されます）。

太陽系外縁天体
海王星軌道の外側にある微小天体で、カイパーベルト天体（太陽から30～100天文単位付近の範囲）と、散乱円盤天体（太陽から50～数百天文単位付近の範囲）、オールトの雲（内側は太陽から数百天文単位、外側は太陽から5万天文単位〈一説では10万天文単位〉までの範囲を球状に取り巻く理論上の天体）の3つに分けられます。いずれも主に氷でできた微小天体です。

彗星
本体（核）は最大でも直径60kmほどで、多くは10km以下の氷とちりの塊です。細長い軌道をもち、太陽に近づくと核のまわりに巨大な「コマ」を形成し、また、太陽とは反対方向へ伸びる「尾」を形成します。

彗星―小惑星遷移天体
最近発見されている、彗星のような尾をもつ小惑星（小惑星どうしの衝突によって破片が飛び散り尾を形成している）や、コマや尾を形成する成分が枯れて小惑星のように見える彗星をこのように呼びます。

●太陽系外惑星

太陽系外惑星
太陽以外の星のまわりを回る惑星で、1992年に最初の1個が発見されて以来、現在約2000個が見つかっています。本書では、HSTが検出した系外惑星の中から、直接撮影された画像を紹介しています。

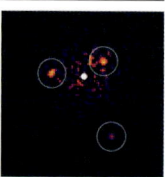

デブリ円盤
惑星はガスとちりから形成されますが、まず直径約200mの塊がたくさん形成され、それらが衝突合体しながら惑星を形成していきます。その後にとり残された塊が衝突してつくられたちりの円盤がデブリ円盤です。

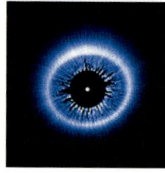

［第2章］ 星のゆりかご

恒星の一生のうち、誕生から死の直前までのさまざまな状態の画像、さまざまな恒星、球状星団を含む銀河系内天体と、近隣の銀河の中に見られる天体を紹介しています。

暗黒星雲
冷たく濃いガスとちりの雲で、可視光を放っていません。光り輝く散光星雲や天の川の光が背景にあるとき、それらの光を遮って黒いシルエットとして姿を現します。赤外線を使うと見ることが可能です。

グロビュール
直径数光年ほどの小さな密度の高い暗黒星雲です。多くの場合、内部では星が形成されています。

星形成領域
星が形成されている領域で、ガスとちりからなる雲（星間分子雲）が高密度に集まった領域です。本書では、星がすでに形成され、散光星雲や反射星雲を形成しているところが掲載されています。

原始惑星系円盤
原始星をとり巻く濃いちりの円盤で、オリオン大星雲内にたくさん発見されています。内部では、私たちの地球や木星、土星のような惑星がつくられていると考えられています。

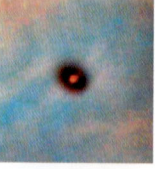

原始星
太陽のように中心核で熱核融合反応が起き、エネルギーを生成しているのではなく、ガスとちりの雲が星になるために収縮を続けている段階の天体です。収縮のエネルギーで輝いています。

ハービッグ・ハロー天体
星の誕生現場でしばしば発見される天体で、数年で明るさや形、位置が変化します。原始星から噴き出すジェットの通り道が輝いて見えるものや、ジェットの先端が周囲の物質と衝突して輝いているものです。

散光星雲
ガスとちりの雲で、内部で誕生した星の紫外線を浴びて高温となり、自ら光を出して光り輝いています。

反射星雲
ガスとちりの雲が高温の星の光を反射して輝くもので、多くの場合、散光星雲のすぐそばに存在しています。

恒星
中心核で熱核融合反応を起こし、エネルギーを生成して輝く天体です。現在、太陽の0.08倍～265倍の質量の星が見つかっていますが、150倍以上の星は安定して存在できないという説があります。一般に「星」といえば「恒星」のことを指します。

変光星
周期的に、または不規則に明るさを変える星です。星自身が原因で明るさが変わるものと、連星系の一方の星が他方を隠すなど、星の本質とは異なる原因で明るさが変わって見えるものがあります。

連星
2個以上の星が重力で結びつき、共通重心のまわりを回っているものです。

ライト・エコー
変光星の光や星の爆発などの光が周囲にあるガスとちりの雲を照らし出す現象で、光源近くから遠いほうへとさざ波が広がるように明るい範囲が移動していきます。

散開星団
数十から数百個の星が重力で結びつき、直径50光年くらいの範囲に集まっている星の集団です。渦巻銀河の渦巻部分を形成しています。時間とともに重力的な結びつきは弱まり、散在してゆきます。

球状星団
数万～100万個以上の星が100光年程度の領域に球状に集まった天体です。通常、球状星団を構成する星はほとんどが年老いています。大型で中心に「中間質量ブラックホール」をもつものもあります。

［第3章］ 美しき残光

恒星の一生の最後の段階で生じるイベントと、それによって形成される天体について紹介しています。特に、多彩な姿を見せる惑星状星雲を多く取り上げています。

超新星爆発
大きく分けて2種類あります。ひとつは、太陽質量の8倍以上の単独の星が一生の終わりに大爆発を起こす現象です。もうひとつは、近接連星を形成する白色矮星が大爆発する現象です。

惑星状星雲
太陽の0.5～8倍の質量の星が一生の終わりに外層部のガスを放出し、それが中心にある白色矮星の放つ紫外線を受けて高温となり光輝く星雲です。

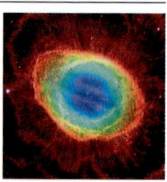

超新星残骸
超新星爆発によって吹き飛ばされた星の破片が輝いて見えているもので、爆発による衝撃波が周辺の星間物質と衝突して加熱し輝かせているものがあります。

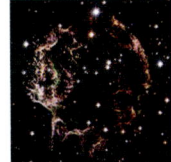

白色矮星
星の中心部で核融合反応の燃料が枯渇しエネルギーを生成できなくなり、小さく縮んだ天体です。とても高密度で、質量は太陽くらいですが、直径は太陽の1/100程度しかありません。1cm^{3}あたりの質量は約1トンになります。

中性子星
太陽の8〜30倍の質量の星が超新星爆発するとき、星の中心核は逆に、爆発的な勢いで収縮し、白色矮星よりもさらに高密度の、中性子だけからできた中性子星となります。1cm^{3}あたりの質量は約10億トンです。

ブラックホール
太陽の30倍以上の質量の星が超新星爆発したとき、その中心核は止めどなく収縮し、ある限界を超えるとブラックホールが形成されます。中性子星の40倍も密度が高く、直径は5〜6kmほどです。

［第4章］
銀河の海原

銀河系外のさまざまな姿の銀河を、ハッブルの分類に沿ってまとめています。また、複数の銀河によって相互作用を及ぼし合い、変形した銀河を紹介しています。

銀河系
私たちの太陽と約2000億個の星が形成する直径10万光年の巨大な天体です。大量のガスやちりからなる星間物質やダークマターを含んでいます。棒渦巻銀河だと考えられています。

銀河
たくさんの恒星やガスとちりからなる星間物質、ダークマターから形成される天体です。天体の種類としては、宇宙で最も大きな単位になります。全宇宙には数千億〜1兆個の銀河があると考えられています。

伴銀河
銀河系のような大きな銀河の重力に捉えられ、その銀河の周囲を周回している小さな銀河です。私たちの銀河系は26個の伴銀河をもっていますが、天の川の星間物質に遮られて発見できないものもあります。

渦巻銀河
中心に明るく膨らんだ楕円形のバルジをもち、その周囲に渦巻く腕をもつ銀河です。渦巻部分には星間物質を大量に含み、現在も星の形成が起きています。渦巻銀河の天体は中心核のまわりを回転運動しています。

棒渦巻銀河
渦巻銀河と似ていますが、中心核バルジを貫く棒状の構造があるものです。渦巻腕は棒状構造の先から始まっています。

レンズ状銀河
渦巻銀河や棒渦巻銀河の腕がない状態の銀河です。上から見ると楕円銀河のように見え、横から見ると渦巻銀河と同じように黒い暗黒帯が見えます。星々は渦巻銀河同様、中心核のまわりを回転運動しています。

楕円銀河
楕円形に星が集まり、中心部ほど密集していますが、目立った構造は見られません。比較的年老いた星ばかりで、若い星や星間物質はほとんど含まれていません。内部の星々はランダムに運動しています。

不規則銀河
もともと特定の形をもたない銀河か、衝突や接近遭遇によって重力の影響を受けて形が変形した銀河です。

特異銀河
不規則銀河のうち、銀河どうしの衝突や接近遭遇によって形が変形した銀河を、このように呼びます。

リング銀河
土星のように、赤道上空に星が形づくるリング構造をもつ銀河です。

極リング銀河
リング銀河とは異なり、垂直方向のリングをもつ銀河です。

セイファート銀河
AGN（活動銀河中心核）の1種で、可視光で非常に明るく小さな中心核をもつ銀河です。渦巻銀河の約1%がセイファート銀河です。

電波銀河
AGNの1種で、強い電波を放つ銀河です。

スターバースト銀河
大質量の星が、ひじょうに速いペースで形成されている銀河です。

銀河中心核ブラックホール
ほとんどの銀河の中心には、太陽の数百万〜数十億倍の質量をもつ超巨大ブラックホールがあります。銀河系中心のブラックホールは静かですが、大量の物質を吸い込み、莫大なエネルギーを放っているのがAGNです。

［第5章］
はるか遠方の宇宙

銀河群や銀河団を中心に、ハッブル宇宙望遠鏡がその限界に挑戦した遠方の宇宙を紹介しています。特に重力レンズ現象を記録した画像を多く掲載しました。

コンパクト銀河群
直径数十万光年の範囲に数個の銀河が集まっています。小さな範囲に押し込められた銀河は、互いに重力の相互作用で形が変形したり、スターバーストを起こしています。

銀河群
数百万光年の範囲に数十個の銀河が集まっているもので、重力的に結びついています。

銀河団
数千万光年の範囲に数千個の銀河が集まっているものです。銀河団内には、目には見えない高温ガスやダークマターが存在することがわかっています。

超銀河団
銀河群や銀河団がいくつか集まり連なって形づくる、直径1億光年ほどの大きさの構造です。

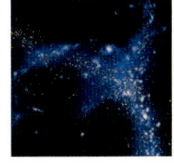

グレート・アトラクター
みなみのかんむり座からじょうぎ座の方向2億5000万光年にある強い重力源です。2014年、グレート・アトラクターは直径約5億2000万光年のラニアケア超銀河団の中心で、銀河系もその一員だと発表されました。

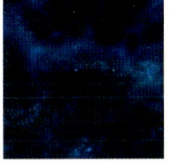

重力レンズ
遠方の天体と地球の間に銀河や銀河団のような大質量をもつ天体がある場合、後方の天体からの光が間の天体の重力の影響で曲げられ、単独または複数の虚像が形成されます。これを重力レンズと呼びます。

アインシュタイン・リング
後方の天体と大質量をもつ天体、そして地球が一直線上に並んだとき、重力レンズによって、後方の天体からの光はリング状に曲げられ、重力源のまわりをとり巻きます。

クエーサー
銀河の中心核が異常に活発な活動を示す銀河を、活動銀河中心核（AGN）といいますが、クエーサーはAGNのなかでもけた違いに活動的で、1光年にも満たない中心から銀河系100個分ものエネルギーを放っています。

原始銀河
ひじょうに遠方、従ってこの宇宙がとても若かった頃に存在した小さく不規則な形をした銀河です。これらがいくつも合体し、銀河系のような大きな銀河が形成されたと考えられています。

ダークマター
光も電波も出してない天体で、目で見ることはできませんが、質量をもっているため、重力を及ぼし、重力レンズなどの観測からその存在や分布を調べることができます。

第1章
Chapter One

惑星とその変化

Planets And Their Change

太陽系の天体は私たちにとって最も身近な天体です。ハッブル宇宙望遠鏡（HST）が観測できる対象は、太陽と水星を除いたほとんどの天体に及びます。太陽の強烈な光はHSTの機器を破壊する恐れがあるため、太陽からの離角が45°以内に向かないように制御されています。最も内側の軌道を回る惑星水星は、その範囲内にあるため観測が不可能です。また、金星も太陽の近くに位置しますが、最も太陽から離れたときの離角が47°に達するため、そのわずかな期間に観測が可能となります。

第1章では、地球の衛星である月をはじめとして、接近時の彗星や火星以遠の太陽系天体、太陽系外の恒星系に見つかった惑星について紹介しています。

月は、微小天体を除けば地球に最も近い天体です。HSTの高解像度カメラは月面上の約85mまで識別できる分解能をもっています。地球のすぐ外側の軌道を公転する火星は、2年2か月ごとに訪れる接近の時期に詳しい観測が行われてきました。しかし、現在火星には複数の軌道探査衛星と、表面にも探査ローバーが活躍しているためか、2007年以降の観測データは公開されていません（ただし、2014年10月にサイディングスプリング彗星が火星に接近した際に、かなり遠方に位置する火星を撮影しています）。

ほかにも、最近、探査機が継続的な観測を行った天体は、準惑星ケレス、土星、チュリュモフ・ゲラシメンコ彗星、水星に及び、2016年には大型の探査機ジュノーが木星の周回軌道に入る予定です。また、2015年7月に冥王星を通過したニューホライズンズの活躍も記憶に新しいところです。天王星や海王星の継続観測や突発的な現象、それに前触れもなく出現する大彗星のイベントに関しては、ハッブル宇宙望遠鏡に頼る部分は少なくありません。また、土星や木星についても地球軌道からの観測、突発現象に対する対応において、HSTの活用の重要性は小さくありません。

太陽系外惑星については、HSTの高解像度カメラによって、直接撮影された惑星と恒星をとり巻くちりの円盤の画像を掲載していますが、これらの鮮明な画像はHSTの傑出した成果のひとつといえるでしょう。

The Moon
月面のクローズアップ

種類：衛星　地球からの平均距離：38万4000km
質量：地球の0.0123倍　直径：3475km（赤道部）　衛星数：0

HSTの月面上での分解能は約85mになります。月面全体を撮影するには、約130枚の画像をつなぎ合わせなければなりません。

コペルニクス・クレーター
右下に明るく見えている大きなクレーターがコペルニクス・クレーターで、月面上にある無数のクレーターのなかでも最も美しい対象のひとつです。直径は約93kmあり、10億年以上前に小惑星が衝突してできました。クレーターから放射状に広がるレイ構造がよくわかります。

アリスタルコス・クレーター
右下にすり鉢状に見えているクレーターが、直径約40kmのアリスタルコス・クレーターで、月面で最も明るく輝いて見えます。画像の中央から左上方向に向かって、まるでヘビのような形に見えているのはシュレーター谷です。このあたりでは、謎の発光現象やガスの放出がしばしば目撃されています。

Mars
赤い惑星・火星の変化

種類：岩石惑星（地球型惑星）　太陽からの平均距離：1.52天文単位
質量：地球の0.107倍　直径：6779km（赤道部）　衛星数：2

地球のすぐ外側の軌道を公転する火星は、2年2か月ごとに接近します。ダイナミックに変化する大気環境などの詳細な観測が行われてきました。

多くの雲が発生した火星
2001年の接近のときに撮影された画像です。この頃の火星は北半球がちょうど秋分の時期で、上の北極の部分にはまだ極冠が発達していませんが、広い領域に雲が発生しています。下の南極部分にはまだ白い極冠が大きく残っており、これから夏にかけて縮小していきます。

※1天文単位：太陽と地球の平均距離（1億4959万7870km）

火星の2つの面
Two surfaces of Mars

火星は2年2か月ごとに地球に接近しますが、2003年の接近は、6万年に1度という記録的な大接近（p22–23）でした。そのため、ハッブル宇宙望遠鏡による観測は、それまでになく精度の高いものとなりました。ふたつの画像は半日をおいて撮影されたもので、火星はその間に約半回転自転しています。下に白く輝く部分が南極冠です。

右上に見える暗い三角状の部分は「大シルチス」と呼ばれており、右下の大きく明るい色の部分は「ヘラス盆地」です。中央の暗い色の領域にある白く縁取りされた丸い部分は「ホイヘンス・クレーター」です。

中央右よりに見える瞳のような巨大な地形は「太陽湖」。左上の明るい領域の中に、さらに明るく見える斑点状の部分が、太陽系で最も高いとされる火山「オリンポス山」です。

火星の模様

2007年12月の接近時に撮影された画像です。北半球が春分の頃にあたります。北極には極冠が広がり、その上を雲が覆っているのがわかります。ここに掲載した画像は、それぞれ中央経度が約90°異なっており、4枚でほぼ全域をカバーしています。

中央付近はクリュセ平原で、1976年にバイキング1号が着陸した場所です。中央左にはマリネリス渓谷が見えます。

中央やや右上に、すそ野の直径が約600kmもある火山オリンポス山が淡く見えています。

右上に伸びる黒い模様は大シルチス、左へ伸びるのが子午線湾です。右下に見える丸い平坦な部分がヘラス盆地です。

中央やや上にある明るく丸い形はユートピア平原で、1976年にバイキング2号が着陸した場所です。

砂嵐

2005年10月27日に発生した砂嵐を28日に捉えた画像です。中央やや上の、周囲より少し明るい部分が砂嵐の領域です。時には砂嵐が火星全体を覆い尽くし、何か月も表面の模様が見えなくなることもありますが、このときは1週間ほどで終息しています。下に砂嵐部分の拡大画像を示しました。

砂嵐発生の前と発生時の比較

左は2001年6月、右は2005年10月28日に撮影された同じ場所の画像です。右の画像の中央で明るく見えているのは砂嵐です。砂嵐は1500kmの長さがありましたから、直線距離にして北海道の札幌から九州の宮崎くらいの長さになります。地球では考えられないほど大規模な砂嵐です。

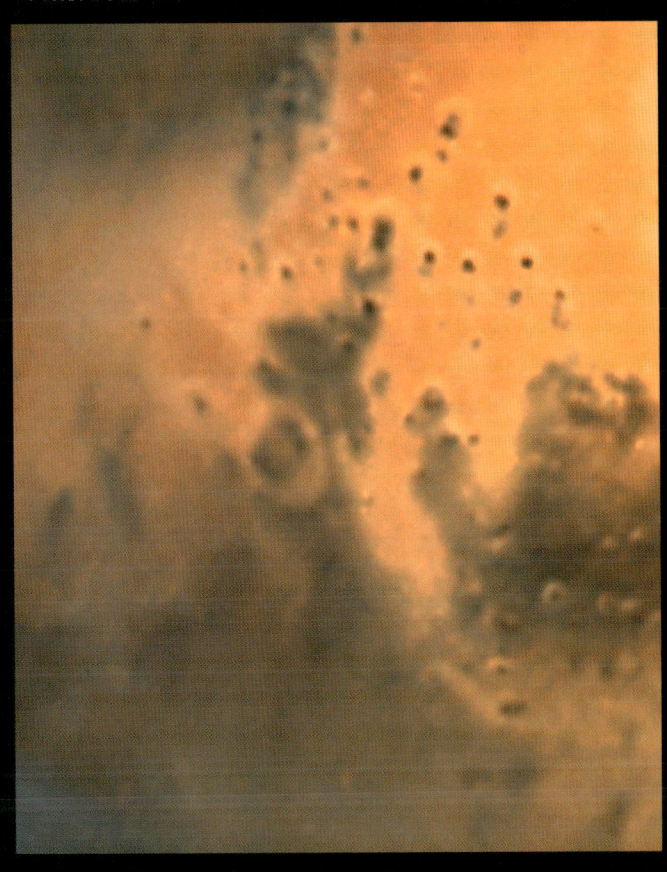 

最接近時の火星の大きさ
火星は地球の軌道のすぐ外側を回っていて、火星と地球は約2年2か月ごとに出会います。地球の軌道がほとんど円形なのに対して火星の軌道は少し細長い楕円形ですから、火星が軌道上のどこにいるときに地球と接近するかによって、接近時の距離が変化します。これは1995年から2007年までの接近時に撮影された画像を同じ比率で並べたものです。観測史上まれに見る大接近だった2003年8月27日の地球と火星の距離は5576万kmで、最も遠い接近だった1995年2月13日の距離はその約2倍の1億200万kmでした。

1995年2月

1997年3月

1999年4月

2001年6月

2003年8月

2005年10月

2007年12月

Dwarf Planet Ceres
準惑星ケレス

種類：準惑星（小惑星帯）
太陽からの平均距離：2.77天文単位
質量：地球の0.000159倍
直径：952.4km（赤道部）
衛星数：0

小惑星帯のなかで最大の天体の表面に、奇妙な光り輝く斑点が発見されました。探査機が観測を続ける現在でも、その正体は謎に包まれています。

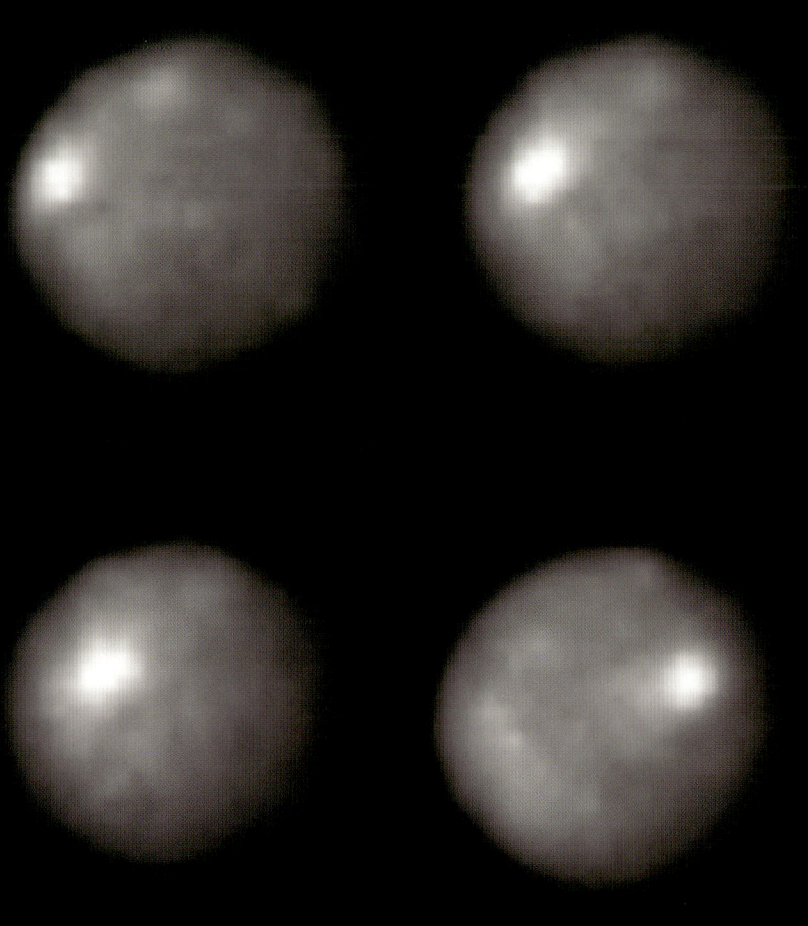

ケレスの白黒画像
明るさの変化から、表面に凹凸があることがわかりますが、輝くような白い部分がとても目立っています。この部分は氷か塩ではないかと考えられています。ケレスには、大気とは言い難いほど希薄なガスがとり巻いています。氷は短期間に昇華してしまい、すぐに消えてしまいますから、このガスの原因は最近衝突した彗星によるものか、また、内部から水が噴き出したことが原因かもしれません。

ケレスのカラー画像
ケレスは約9時間の周期で自転しています。つまりケレスの1日は約9時間しかないのです。これらはハッブル宇宙望遠鏡を使って約1時間半ごとに撮影した画像です。表面の詳しい地形は見えませんが、ピンク色の場所、白い場所、青い場所があるのがわかります。色の違いは表面を覆う物質が違うことを示していると考えられています。

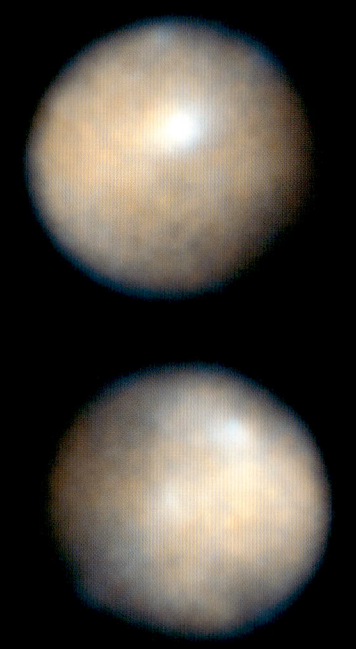 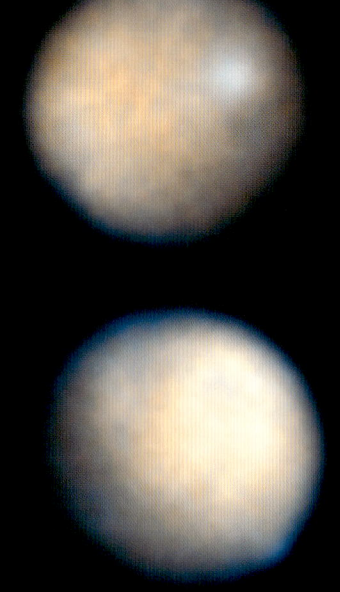 

小惑星ベスタ

Asteroid Vesta

種類：小惑星
太陽からの平均距離：2.36天文単位
質量：地球の0.0000434倍
直径：530km（赤道部）
衛星数：0

ケレスに次ぐ大きさをもつ小惑星帯の天体ですが、その表面はとても明るく、地球から見たときの見かけの明るさはケレスをしのぎます。

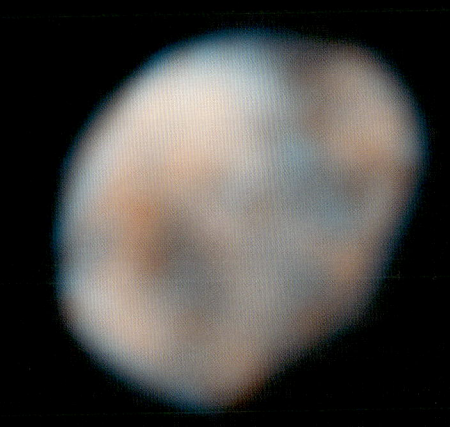

初めての詳細画像
小惑星ベスタに向かって打ち上げられた小惑星探査機ドーンの探査を手伝うために撮影された画像です。大小の窪地や標高の高い場所があることがわかります。

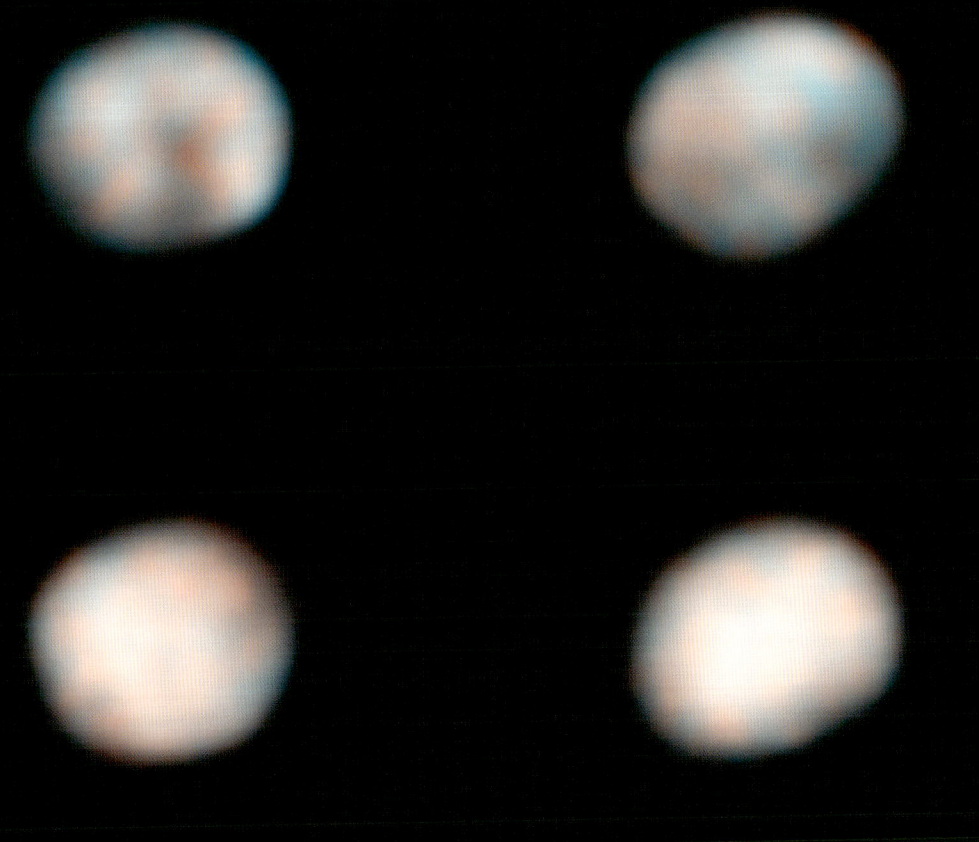

ベスタのカラー画像
小惑星ベスタは、直径がケレスの約半分しかない小さな天体です。上下がつぶれて、ミカンのような形をしています。これは、北極と南極に巨大な天体が衝突したことが原因だと考えられています。

Jupiter
巨大惑星・木星の大気

種類：巨大ガス惑星（木星型惑星）　太陽からの平均距離：5.20天文単位
質量：地球の318倍　直径：13万9822km（赤道部）　衛星数：79

太陽系最大の惑星である木星の表面は、絶えず変化する分厚い大気に覆われています。HSTは、25年間に起こったさまざまな変化を克明に記録してきました。

木星
木星は、惑星のなかでは表面（雲）のようすをいちばん観察しやすい天体です。2本の暗い色の縞模様と、オレンジ色の楕円形をした模様「大赤斑」は、小型の望遠鏡でも簡単に観察できます。大赤斑は巨大な高気圧の嵐で、その大きさは地球よりも大きく、少なくとも350年前から存在していることがわかっています。

木星の変化

地球の雲は太陽の熱により形成されますが、木星の雲は太陽からの熱よりも、木星内部から放出される熱の影響を大きく受けて、激しく変化しています。1994年、2007年、2009年、2010年の木星表面のようすを比べると、模様が大きく変わっているのがわかります。

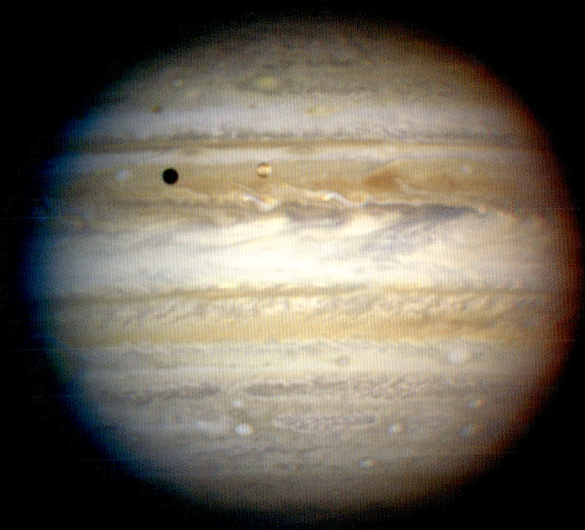
1994年

2007年

2009年

2010年

メタンの雲の高さ

木星の大気の成分はほとんど水素ガスですが、メタンガスも少量含まれています。メタンは燃料用のガスとして知られていますが、この画像は、メタンが発する特有の光を使って撮影されました。暗い部分は低い高度の雲で、明るい部分は高いところの雲です。この画像から、大赤斑（右下の大きな楕円形の部分）が周囲より高く盛り上がった雲であることや、極地方に高々度の霞が発生していることがわかります。

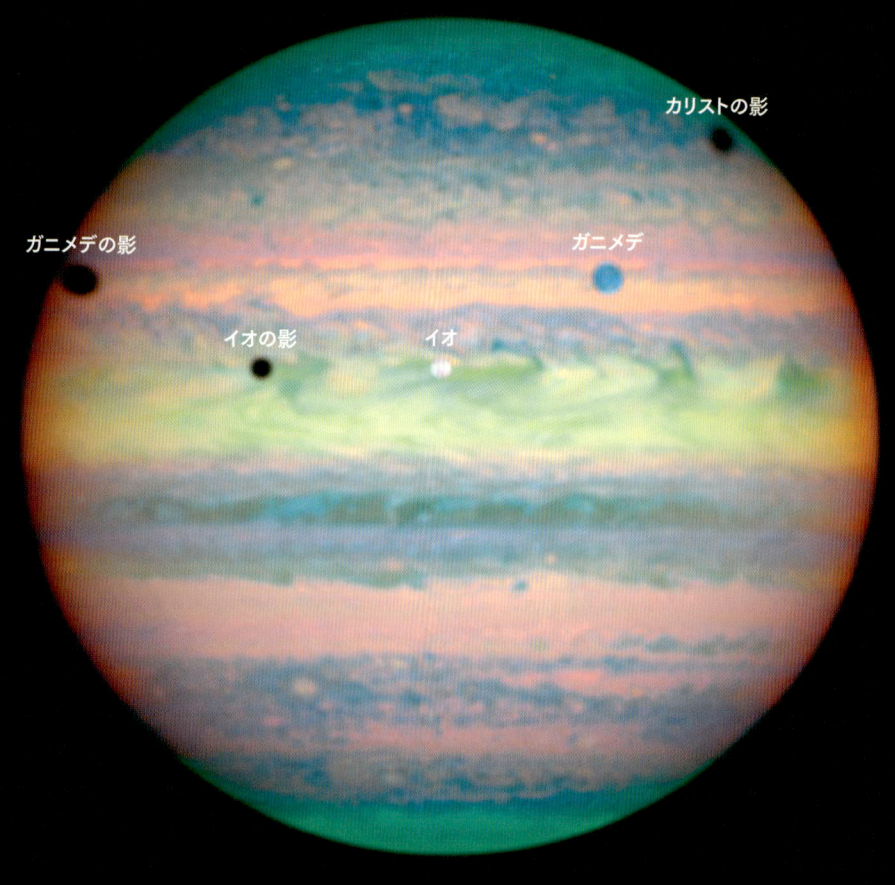

赤外線で見た木星

赤外線を使うと雲の温度がわかり、高度も測定することができます。低い雲ほど暖かく、高い雲ほど冷たいからです。この画像では、黄色い部分は最も高いところにある雲で、ピンク色の部分はそれより低い高度に位置し、青がいちばん低いところの雲です。上下の青緑の部分は極地方に発生した霞を示しています。ほぼ中央の白い丸は衛星イオで、その右上の青い丸は衛星ガニメデです。いちばん左の黒い丸はガニメデの影、次がイオの影、いちばん右が衛星カリストの影です。

オーロラ

地球と同じように、木星の極地方にもオーロラが発生します。木星のオーロラは普通の光（可視光）ではほとんど見えませんが、強い紫外線を放っているので、紫外線を使えば撮影できます。出現した位置がわかりやすいように可視光の画像と重ねています。地球のオーロラも宇宙から見るとこのような形に見えます。

衛星と衛星の影

約6年ごとに木星の赤道面が地球の方向を向くため、衛星が木星のほぼ中央を通過する現象が見られます。この画像は2015年1月24日に撮影されました。左は衛星カリストとイオに加えて3つの衛星の影が木星面に見えており、右は衛星エウロパ、カリスト、イオの3つと2つの衛星の影が見えています。

木星の裏側に回るガニメデ
木星の右下に見えているのは衛星ガニメデで、これから木星の背後に隠されるところです。イオは1.77日、エウロパは3.55日、ガニメデは7.15日、カリストは16.69日で木星のまわりを公転しているため、このような現象はしばしば目撃されます。

Galilean Satellites
ガリレオ衛星

木星には79個の衛星がありますが、17世紀の科学者ガリレオ・ガリレイによって発見された明るい4つの衛星は「ガリレオ衛星」と呼ばれています。

イオ

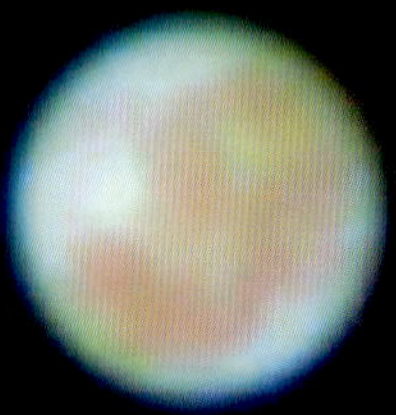

エウロパ

ガリレオ衛星
ガリレオ衛星はそれぞれ特徴のある表面をもっています。イオは表面がドロドロに溶けたマグマで覆われていますし、エウロパは厚い氷の表面の下に暖かい海が広がっています。ガニメデは太陽系内最大の衛星で、エウロパのように氷の表面の下に海があると考えられています。カリストはクレーターに覆われた氷の衛星です。

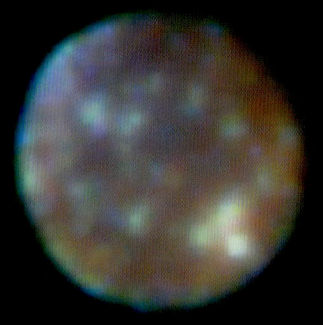
カリスト

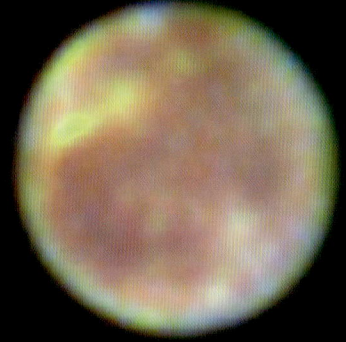
ガニメデ

30　第1章　惑星とその変化

SL-9 Comet Collided with Jupiter
SL-9彗星の衝突

1994年7月、約20個に分裂した彗星のかけらが、次々に木星に衝突するという未曾有の宇宙イベントが発生し、克明な記録がなされました。

彗星の衝突痕
画像の中央やや下に見える暗い色の丸とそれを囲む三日月型の模様は、シューメーカー・レビー第9（SL-9）彗星が木星に衝突したときにできた痕です。直径約1〜2kmほどの彗星の破片が木星の大気に突入し、内部で爆発しました。これにより噴き上げられた木星内部の物質と彗星の破片によって痕は形成されています。地球1個分ほどの大きさがあります。その左に見える小さな黒い点も、別の破片の衝突痕です。

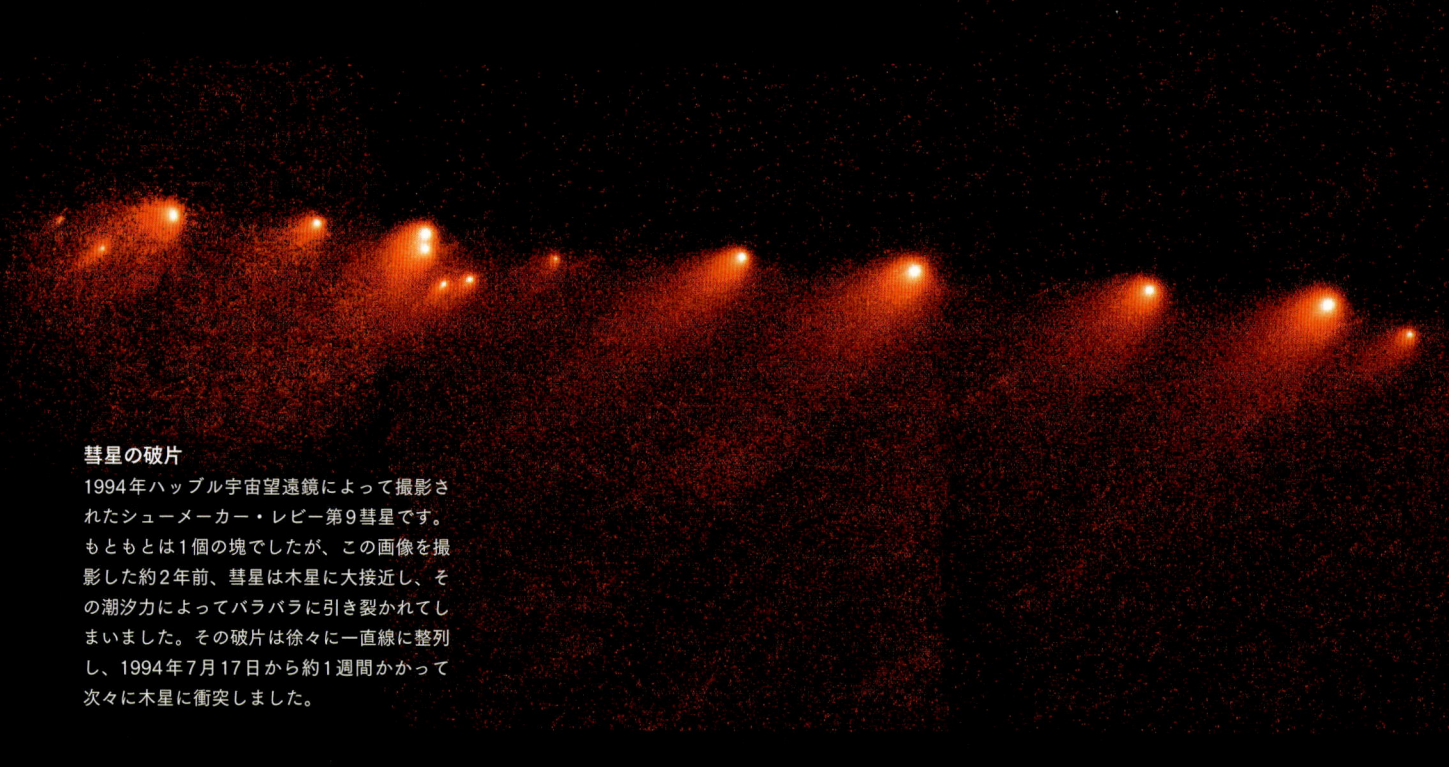

彗星の破片
1994年ハッブル宇宙望遠鏡によって撮影されたシューメーカー・レビー第9彗星です。もともとは1個の塊でしたが、この画像を撮影した約2年前、彗星は木星に大接近し、その潮汐力によってバラバラに引き裂かれてしまいました。その破片は徐々に一直線に整列し、1994年7月17日から約1週間かかって次々に木星に衝突しました。

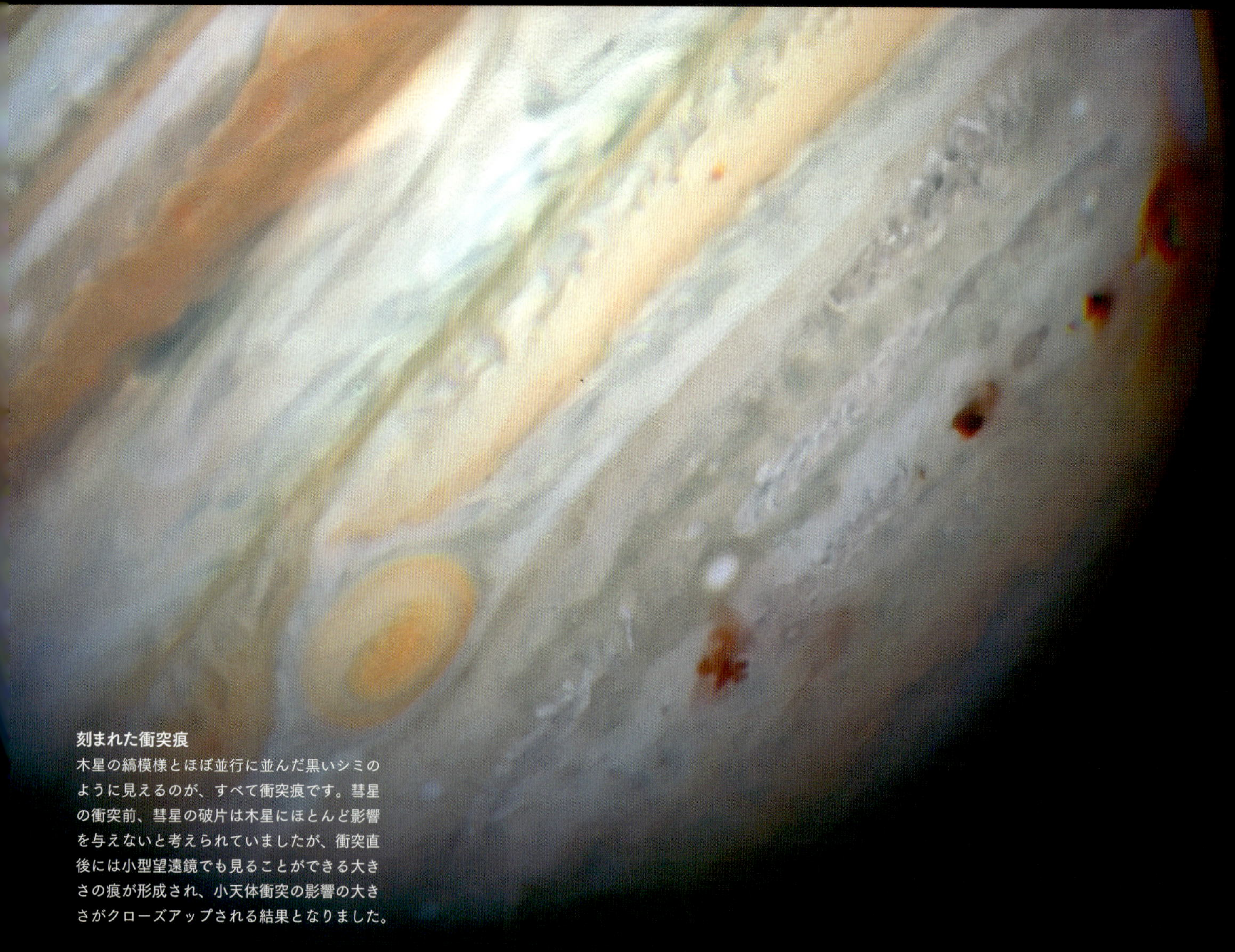

刻まれた衝突痕
木星の縞模様とほぼ並行に並んだ黒いシミのように見えるのが、すべて衝突痕です。彗星の衝突前、彗星の破片は木星にほとんど影響を与えないと考えられていましたが、衝突直後には小型望遠鏡でも見ることができる大きさの痕が形成され、小天体衝突の影響の大きさがクローズアップされる結果となりました。

1994年7月18日

1994年7月23日

1994年7月30日

1994年8月24日

衝突痕の変化
SL-9彗星が衝突した痕は木星上空の大気の流れによって吹き流され、次第に形が変化していきました。ハッブル宇宙望遠鏡は衝突から半年以上にわたって観測を続け、木星大気についての貴重なデータを収集しました。

7月23日

8月3日

8月8日

9月23日

11月3日

2009年の衝突
1994年にSL-9が木星に衝突したとき、「1000年に1度の大事件だ」といわれました。しかし、2009年7月に再び木星に小天体が衝突して、衝突痕が形成されているのが発見されました。痕は地球の半径より大きい8000kmの長さがありました。直径約500mの小惑星が衝突したものだろうと考えられています。
右の四角は衝突痕が木星大気の流れによって形を変えていく様を捉えています。

Saturn
美しい環をもつ土星

種類：巨大ガス惑星（木星型惑星）　太陽からの平均距離：9.54天文単位
質量：地球の95.2倍　直径：11万6464km（赤道部）　衛星数：85

1990年の稼働以来、バージョンアップされてき
たカメラによって、探査機が撮影した画像に匹敵
するほどの素晴らしいイメージを見せてくれます。

環をもつ惑星

土星は太陽系の惑星のなかでは2番目に大きく、直径は地球の約10倍あります。環をもった独特の姿は小型の望遠鏡でも簡単に見ることができます。この環の正体は無数に集まった直径数mから数μm（マイクロメートル）の大きさの氷やちりです。

第1章　惑星とその変化

環の傾きの変化
地球から見ると、土星の環は約30年の周期で傾きが変わって見えます。左下から右上へ1996年、1997年、1998年、1999年、2000年に撮影された画像です。土星の南半球が次第によく見えるようになっています。その後、やがて環の傾きは次第に小さくなり、再び横を向き、次は北半球が見えるようになります。

地球や木星と同じように、土星の極地方にもオーロラが発生します。これは南極付近に発生したオーロラで、2004年1月24日、26日、28日に撮影されました。地球のオーロラは10分から数時間ほどしか続きませんが、土星のオーロラは数日間輝き続けます。この画像は、紫外線で撮影したオーロラの画像を土星の画像に重ねてあります。

オーロラ

地球や木星と同じように、土星の極地方にもオーロラが発生します。これは南極付近に発生したオーロラで、2004年1月24日、26日、28日に撮影されました。地球のオーロラは10分から数時間ほどしか続きませんが、土星のオーロラは数日間輝き続けます。この画像は、紫外線で撮影したオーロラの画像を土星の画像に重ねてあります。

土星と衛星
土星の環がほぼ真横を向いたときは、環の明るさに邪魔されず衛星を観測するチャンスです。また、大型の衛星は環と同じく土星の赤道上空を回っているので、土星の前面を通過する現象が見られます。上の画像では、タイタン、ディオネ、ヤヌス、エンケラドスが捉えられています。下の画像は約2時間15分後に撮影されたもので、衛星が左から右へ移動しているのがわかります。

タイタンの影
タイタン
ディオネ
エンケラドス
ヤヌス

ディオネの影
ディオネ
タイタン
エンケラドスの影
エンケラドス
ミマス

衛星タイタン
土星には85個の衛星がありますが、そのなかで最も大きいのがタイタンです。直径は約5150kmで、惑星である水星よりひと回り大きく、厚い大気に覆われていて可視光で表面を見ることができません。これは赤外線を使って撮影した画像で、表面の大まかな地形が捉えられています。最も明るい部分は「ザナドゥ」と名づけられ、大小の山々がそびえている場所です。

39

Uranus

氷の惑星・天王星

種類：巨大氷惑星（天王星型惑星）　太陽からの平均距離：19.2天文単位
質量：地球の14.5倍　直径：5万724km（赤道部）　衛星数：27

天王星は氷とメタンやアンモニアなどのガスでできた惑星です。直径は地球の約4倍で、木星型惑星と地球型惑星のちょうど中間的な大きさです。

横倒しの惑星

天王星の最大の特徴は、自転軸が横倒しのまま太陽のまわりを公転していることです。天王星にも土星と同じく、赤道上空に淡い環があります。p36-37の土星の環の傾きとこの画像を比べると、天王星が90°傾いているのがわかるでしょう。2003年には天王星の南半球が地球からよく見えていますが、2007年には環がほぼ真横を向いています。

2003年

2005年

天王星の雲

天王星の雲の模様は目立ちませんが、木星と同じように縞模様があり、時折小さな明るい雲の発生が捉えられています。画像中央の右寄りに、細長い楕円形の暗い色の模様が見えますが、これは上層部の雲に開いた穴だと考えられています。

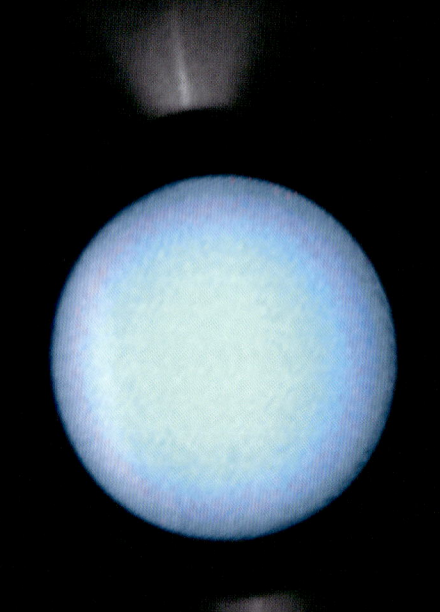

2007年

天王星

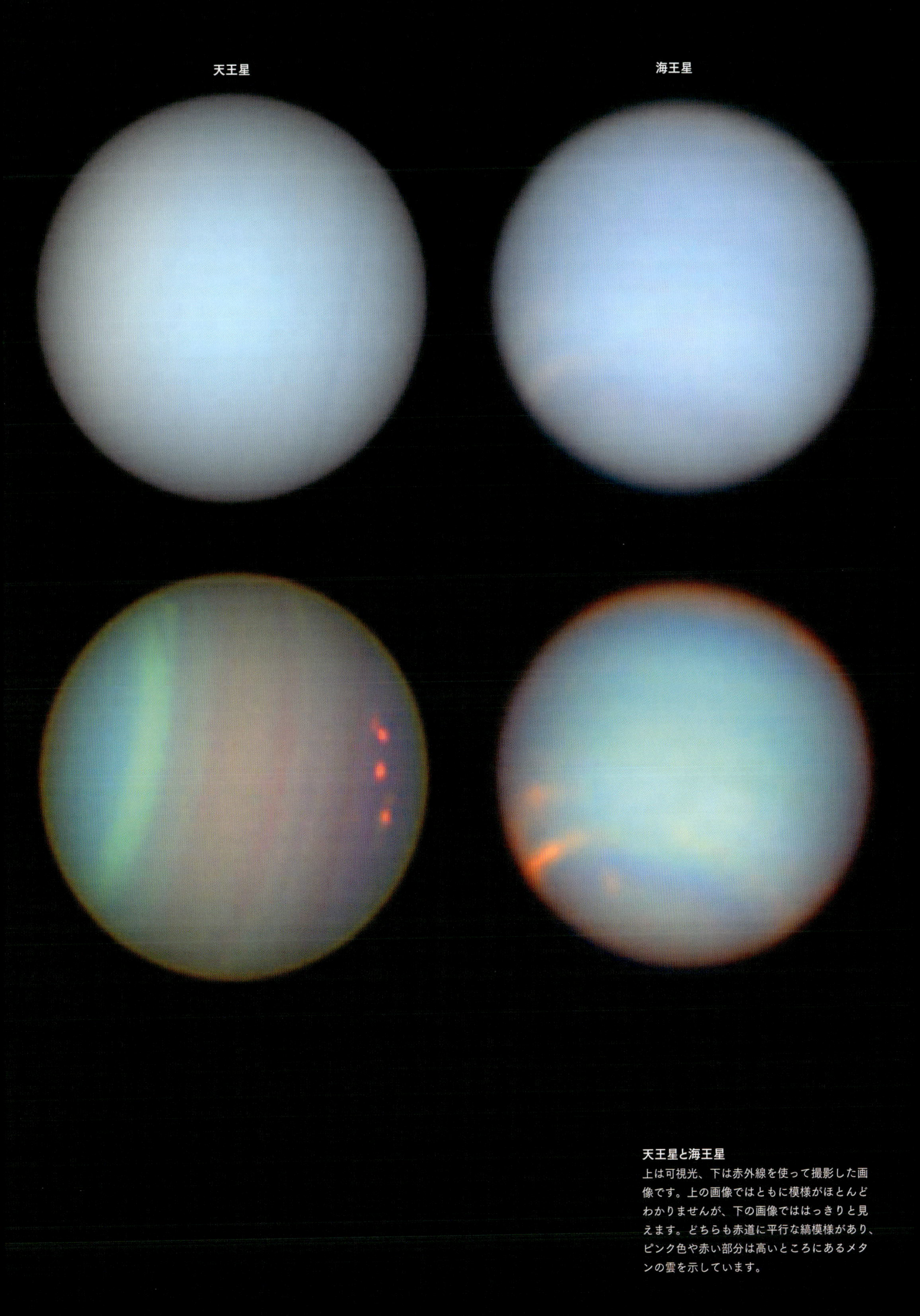

海王星

天王星

天王星と海王星
上は可視光、下は赤外線を使って撮影した画像です。上の画像ではともに模様がほとんどわかりませんが、下の画像でははっきりと見えます。どちらも赤道に平行な縞模様があり、ピンク色や赤い部分は高いところにあるメタンの雲を示しています。

Neptune
最果ての惑星・海王星

種類：巨大氷惑星（天王星型惑星）　太陽からの平均距離：30.1天文単位
質量：地球の17.1倍　直径：4万9244km（赤道部）　衛星数：14

大きさも組成も天王星によく似た惑星です。太陽から受け取る熱量がわずかでありながら、季節による模様の変化などが観測されています。

1996年

1998年

2002年

季節変化
海王星が太陽から受け取る熱量は地球の約1/1000しかありませんが、内部は熱いことがわかっており、海王星の雲の変化は内部から放出される熱によるものだと考えられてきました。しかし、ハッブル宇宙望遠鏡を使って撮影された画像は、季節変化があるらしいことを示しています。画像は上から下へ1996年、1998年、2002年に撮影されたもので、太陽の方向を向いた南半球の雲の量が目に見えて増加しています。これらの海王星画像は上が南です。

海王星の色
上の画像は海王星の本当の色を示しています。左下は雲の模様が見やすくなるように処理をした画像、右下はメタンを含む雲のようすがわかるように特別なフィルターをつけて撮影した画像です。北極（上）地方が明るく見えているのは高高度の霞がかかっているためです。

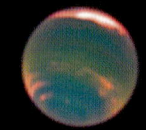

42　第1章　惑星とその変化

Pluto
冥王星

種類：準惑星（カイパーベルト天体）　太陽からの平均距離：40.5天文単位
質量：地球の0.002倍　直径：2302km（赤道部）　衛星数：5

20世紀に発見されて以来、「太陽系最遠の惑星」といわれてきましたが、カイパーベルト天体であることが判明し、今日では準惑星に分類されています。

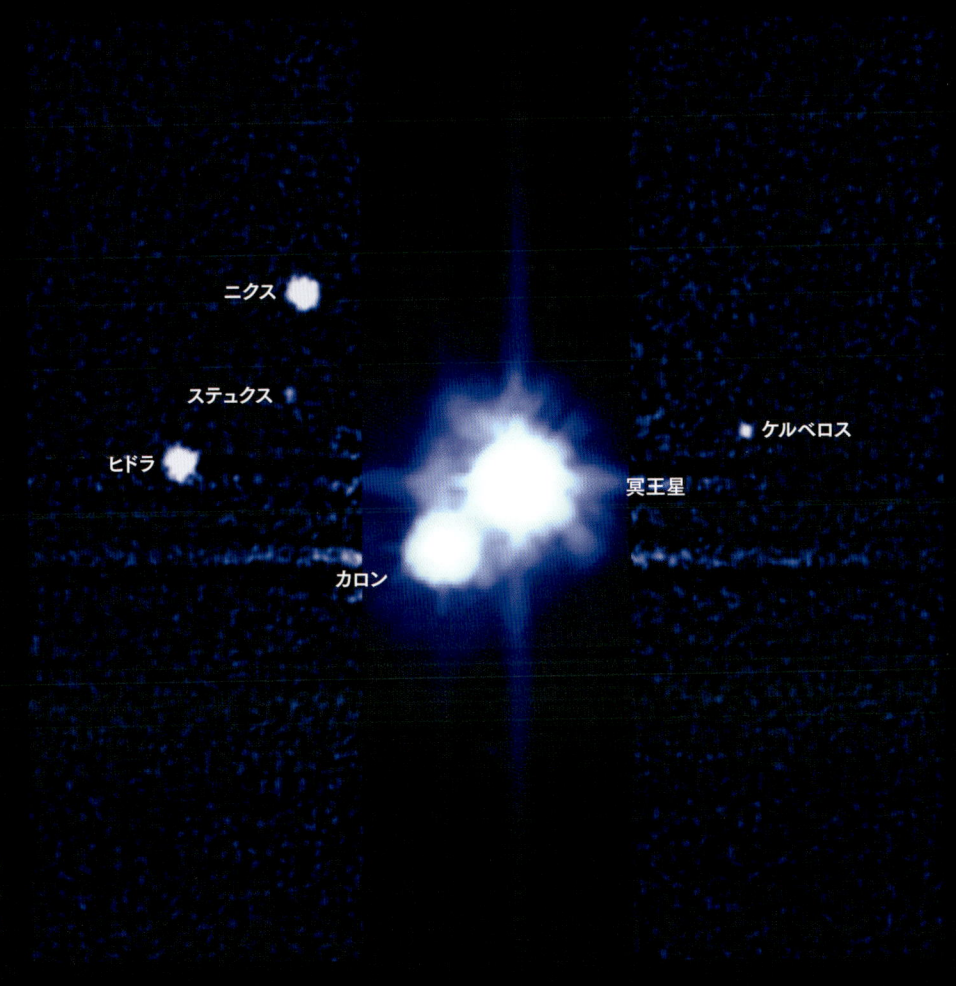

冥王星と衛星
冥王星と5つの衛星です。冥王星とカロンはほかの4つの衛星に比べると際だって明るいため、冥王星とカロンの画像と、4つの衛星の画像を別々に撮影して合成した画像です。

冥王星とカロン
衛星カロンの直径は冥王星のほぼ半分で、冥王星から約2万kmしか離れていません。しかし、冥王星の表面が窒素の氷で包まれているのに対して、カロンはメタンの氷で覆われていて、組成が違います。そのため、別々の場所で誕生して後に接近遭遇して現在の姿になったと考えられています。冥王星の自転周期、カロンの自転周期、公転周期のすべてが等しいため、冥王星とカロンの半分の領域では、相手の姿を永遠に見ることができません。

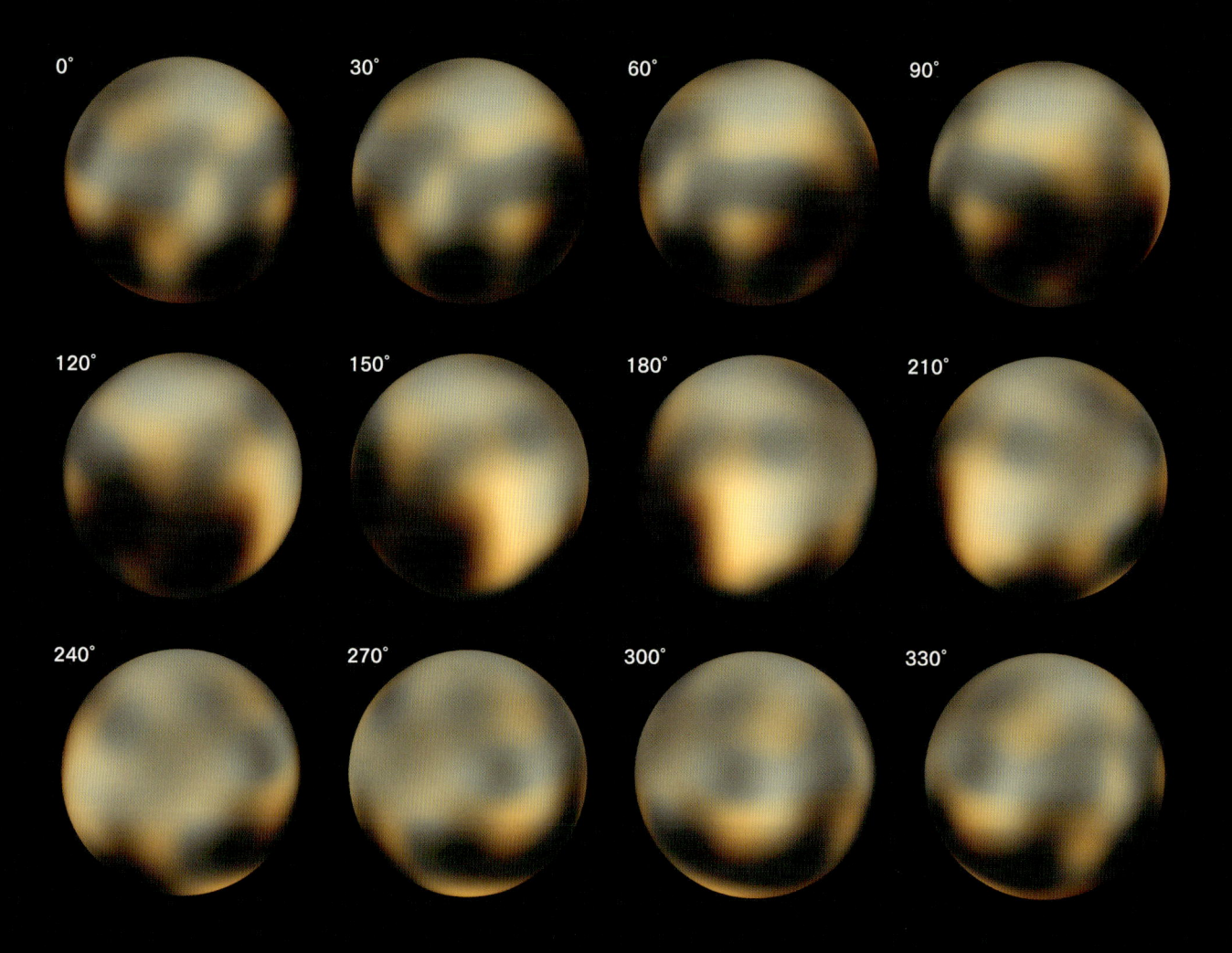

0°	30°	60°	90°
120°	150°	180°	210°
240°	270°	300°	330°

冥王星表面
ハッブル宇宙望遠鏡が捉えた冥王星表面の模様です。色の濃いところは山やクレーターの多い場所、明るいところは平らな場所です。このことは、2015年、冥王星に接近したニューホライズンズ探査機の観測から判明しました。

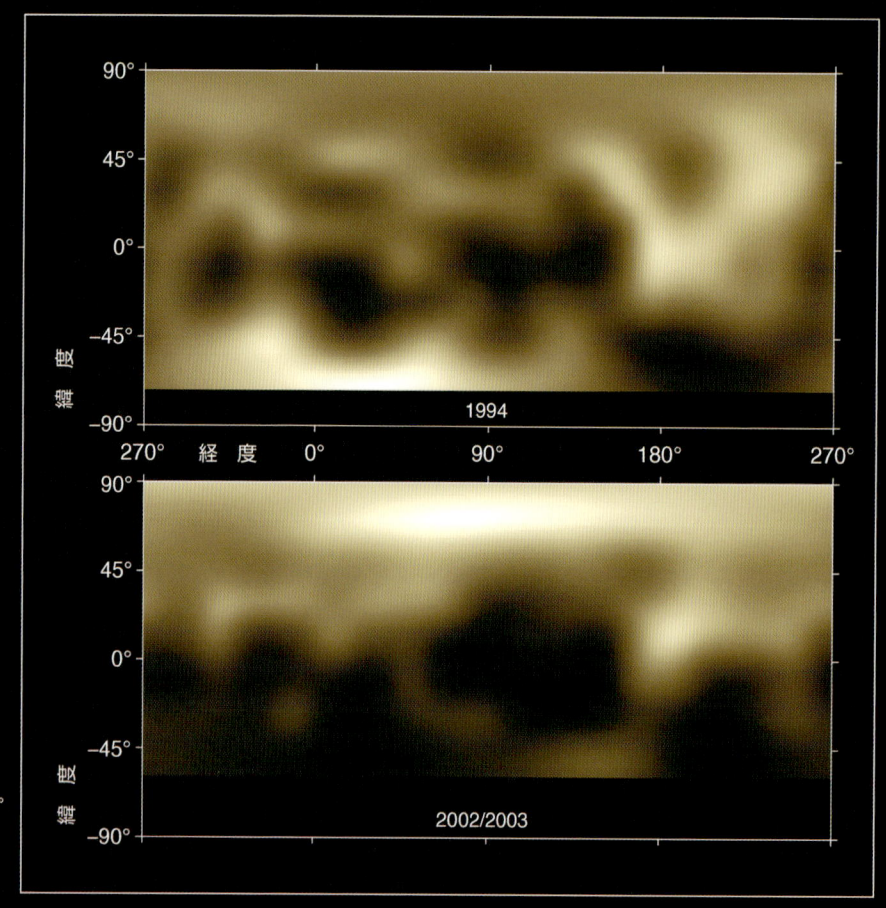

冥王星の季節変化
上は1994年、下は2002年6月から2003年6月にかけて撮影されました。北極地方は明るくなり、南極地方は暗くなっています。1988年まで124年間にわたって南半球が太陽方向を向いていましたが、1988年にちょうど赤道が太陽方向を向き、以後、北半球が太陽方向を向くようになってきたからでしょう。また、冥王星は楕円軌道であるため、季節による気候の変動が大きいのだろうと考えられています。

Trans-Neptunian Objects (TNO)
太陽系外縁天体

太陽から海王星より遠くにある天体です。軌道などにより「カイパーベルト天体（KBO）」「散乱円盤天体（SDO）」「オールトの雲」の3種類に分けられます。

カイパーベルト天体（KBO）
距離：30.1天文単位─50～100天文単位

散乱円盤天体（SDO）
距離：50～100天文単位─数百天文単位

オールトの雲
距離：数百天文単位─10万天文単位

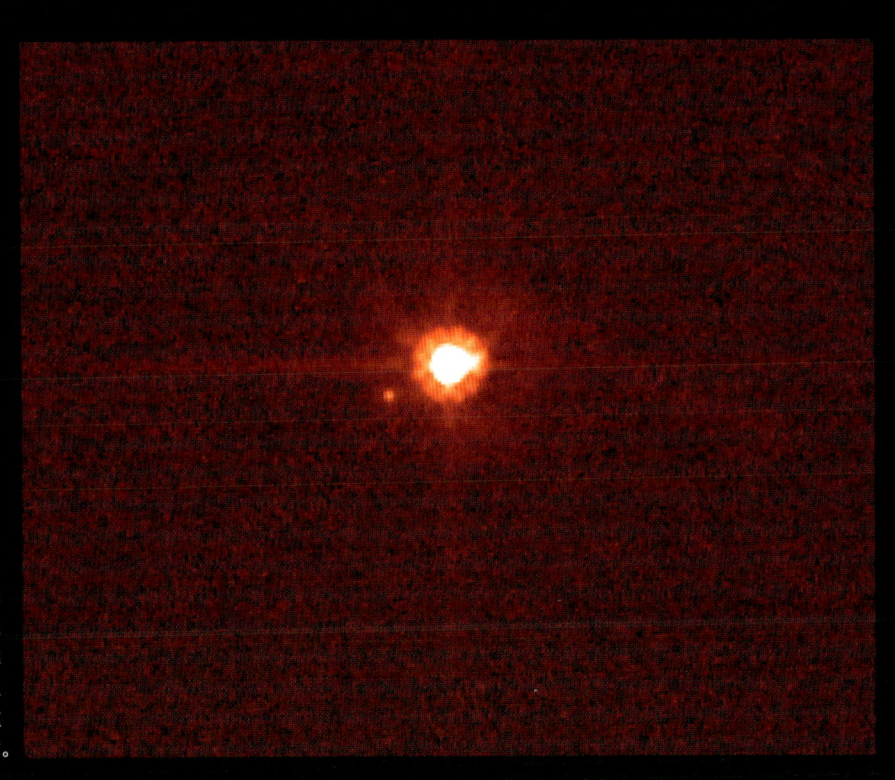

エリス
散乱円盤天体（SDO）に分類される準惑星です。最も太陽に近づいたときは37.9天文単位、最も遠ざかったときには97.7天文単位という楕円形の軌道を、約560年かかって回っています。エリスの直径は2326kmで、この天体の発見が冥王星を惑星から準惑星に降格させる引き金となりました。SDOは海王星の外側にあって、楕円形の軌道をもち、その軌道が地球の軌道に対して大きく傾いている小天体です。

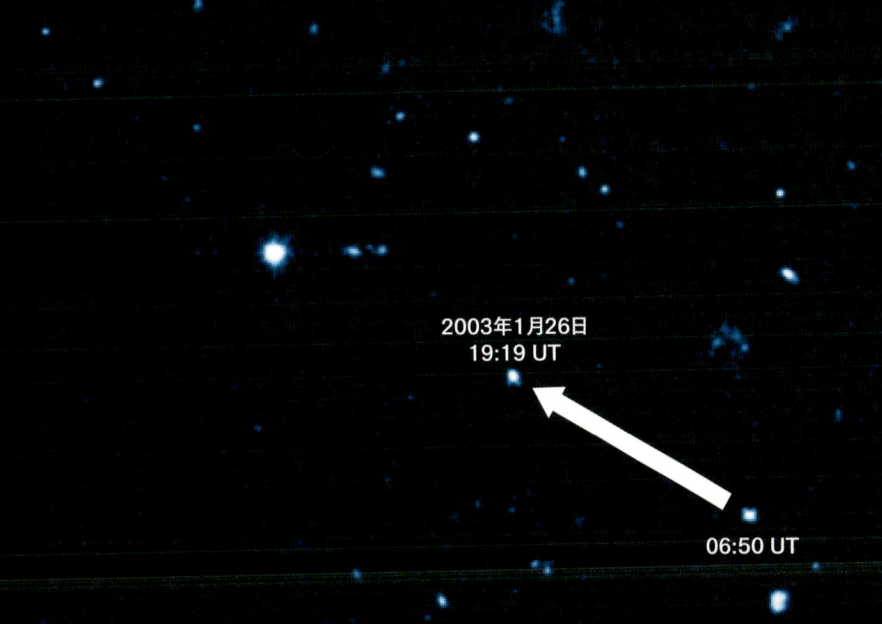

2003年1月26日
19:19 UT

06:50 UT

1998WW31
太陽から約45天文単位離れたところを、約300年かかって回っているカイパーベルト天体のひとつです。約12時間の間に星空を移動するようすを撮影しました。これは直径約150kmと約130kmの小さな2つの天体が、約570日の周期で互いに回り合っている双子の天体です。KBOは海王星の外側にあって、その軌道が地球の軌道に対してあまり傾いていない小天体です。

※UT：Universal Time＝世界時

Comets

太陽系の放浪者・彗星

太陽に接近すると巨大な頭部と長大な尾を形成します。その多くは10kmにも満たない氷とちりの塊です。時には分裂し、消滅するものもあります。

百武彗星C/1996 B2

1996年に日本の百武裕司さんが発見した彗星で、発見から2か月後に地球から0.1天文単位まで接近し、夜空に70°の長さの尾を見せました。この画像は、ハッブル宇宙望遠鏡で撮影した彗星の核付近です。中心よりやや下の明るい光の中心に彗星の核がありますが、小さすぎて見えません。右下の方向に太陽があり、太陽の熱で噴き出したガスが扇状に広がっています。左上方向に伸びているのは尾で、少し明るい部分には分裂した核のかけらがあります。

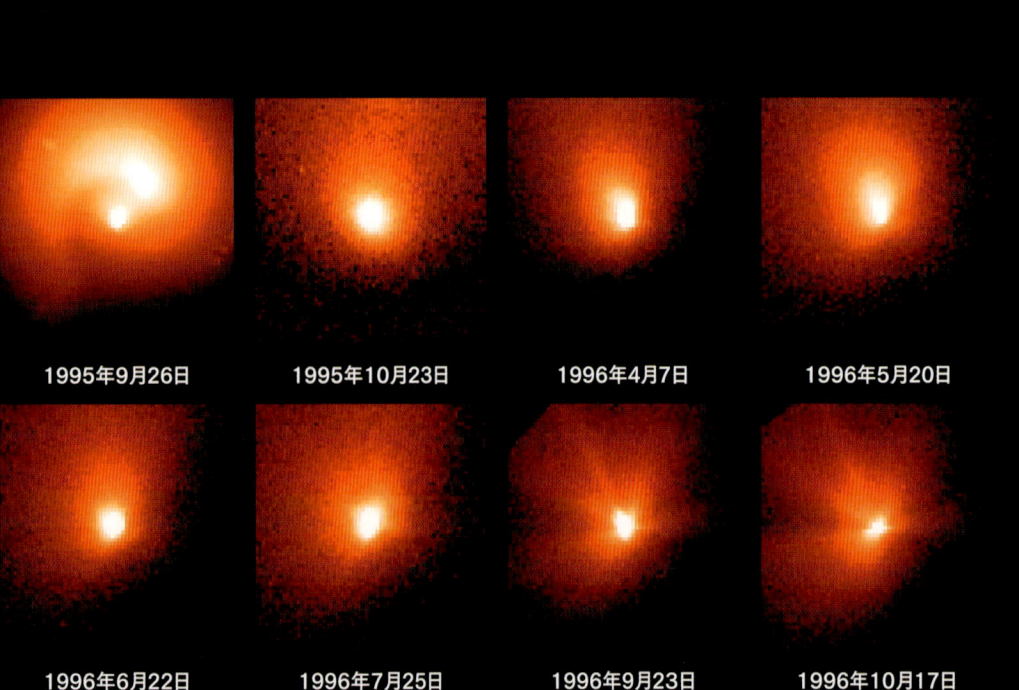

1995年9月26日　1995年10月23日　1996年4月7日　1996年5月20日

1996年6月22日　1996年7月25日　1996年9月23日　1996年10月17日

ヘール・ボップ彗星 C/1995 O1

観測史上最大の彗星と呼ばれています。1996年から1997年にかけて、18か月もの間、肉眼で見ることができました。これはハッブル宇宙望遠鏡が捉えた核付近の変化のようすです。左上は小規模な爆発現象を起こし大量のちりを吹き飛ばしたときのものであり、右下の2つはいくつかのジェットが噴き出しています。ヘール・ボップ彗星は1997年4月1日、太陽に0.91天文単位まで接近しました。

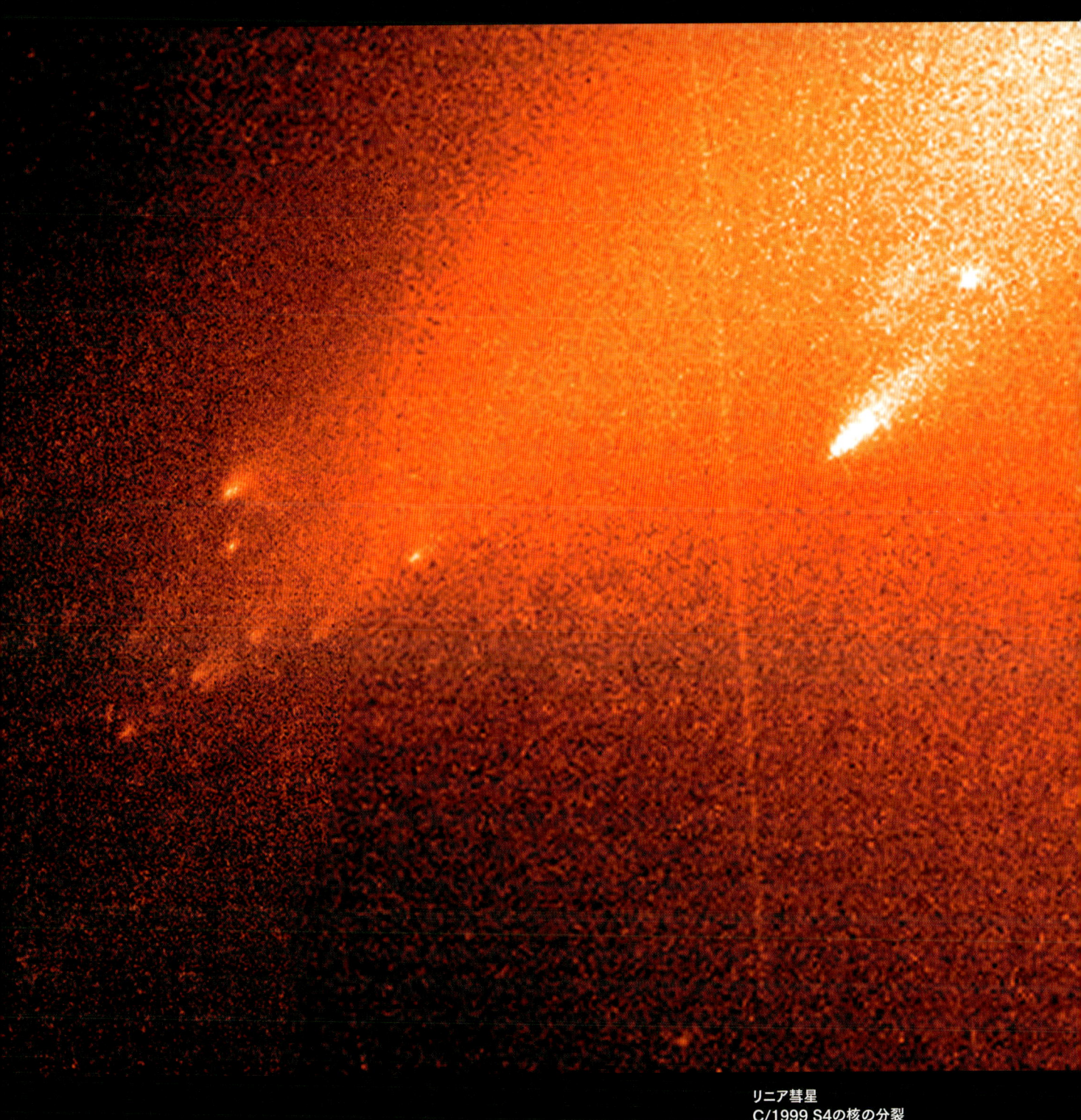

を撮影したところ、核がバラバラに砕け散っていることがわかりました。核は2000年7月23日に分裂し、この後彗星は次第に暗くなり見えなくなってしまいました。

リニア彗星
C/1999 S4の核の分裂
ハッブル宇宙望遠鏡を使って核付近のようすを撮影したところ、核がバラバラに砕け散っていることがわかりました。核は2000年7月23日に分裂し、この後彗星は次第に暗くなり見えなくなってしまいました。

73P/シュワスマン・ワハマン第3彗星
5.4年かかって太陽のまわりを回り、約16年ごとに地球に接近していました。1995年に核が4個に分裂、2006年には66個もの破片に分裂してしまいました。これは2006年4月20日にハッブル宇宙望遠鏡で撮影された彗星頭部です。

アイソン彗星C/2012 S1
2013年10月9日に撮影されたアイソン彗星です。11月29日に太陽をかすめて通過した後、巨大なコマと長い尾をもち、夜空に明るく輝く巨大彗星になると期待されていましたが、太陽最接近直前から分裂を始め、12月2日には完全に消滅してしまいました。

サイディング・スプリング彗星 C/2013 A1
2014年10月20日、この彗星は火星に14万km（月と地球の間の距離の約1/3）まで接近しました。これは、前日に別々に撮影された火星と彗星の画像を重ねてそのようすを再現したものです。この最接近のとき、火星に彗星のちりが到達し、火星上空を回っている探査機を故障させる恐れがあるとして、探査機は火星の反対側にいるように軌道が変更されました。

Comet-Asteroid Transition Object
彗星−小惑星遷移天体

彗星のような姿の小惑星や、小惑星だと思われていたものが実は彗星だったという天体が、相次いで発見されています。HSTがその実態の解明に挑みます。

2010年1月29日

2010年3月12日

2010年4月19日

2010年5月29日

P/2010 A2
アイソン彗星のような尾を引いた姿をしていますが、これは彗星ではなく、小惑星どうしの衝突の残骸です。光の点は少し大きめの破片で、尾のように見えているのは無数の微細な破片です。

2013年9月10日

2013年9月23日

P/2013 P5
やはり尾のある彗星のように見えますが、小惑星が小天体の衝突によって高速回転するようになり、遠心力で表面から細かいちりが放出されているものです。

P/2013 R3 ▶
リニア彗星（p47）やシュワスマン・ワハマン第3彗星（p48）によく似ていますが、これは小惑星が粉々になっていく姿です。おそらく太陽の光の圧力で小惑星が次第に速く自転するようになり、やがて遠心力によってバラバラになったのだろうと考えられています。

2013年10月29日

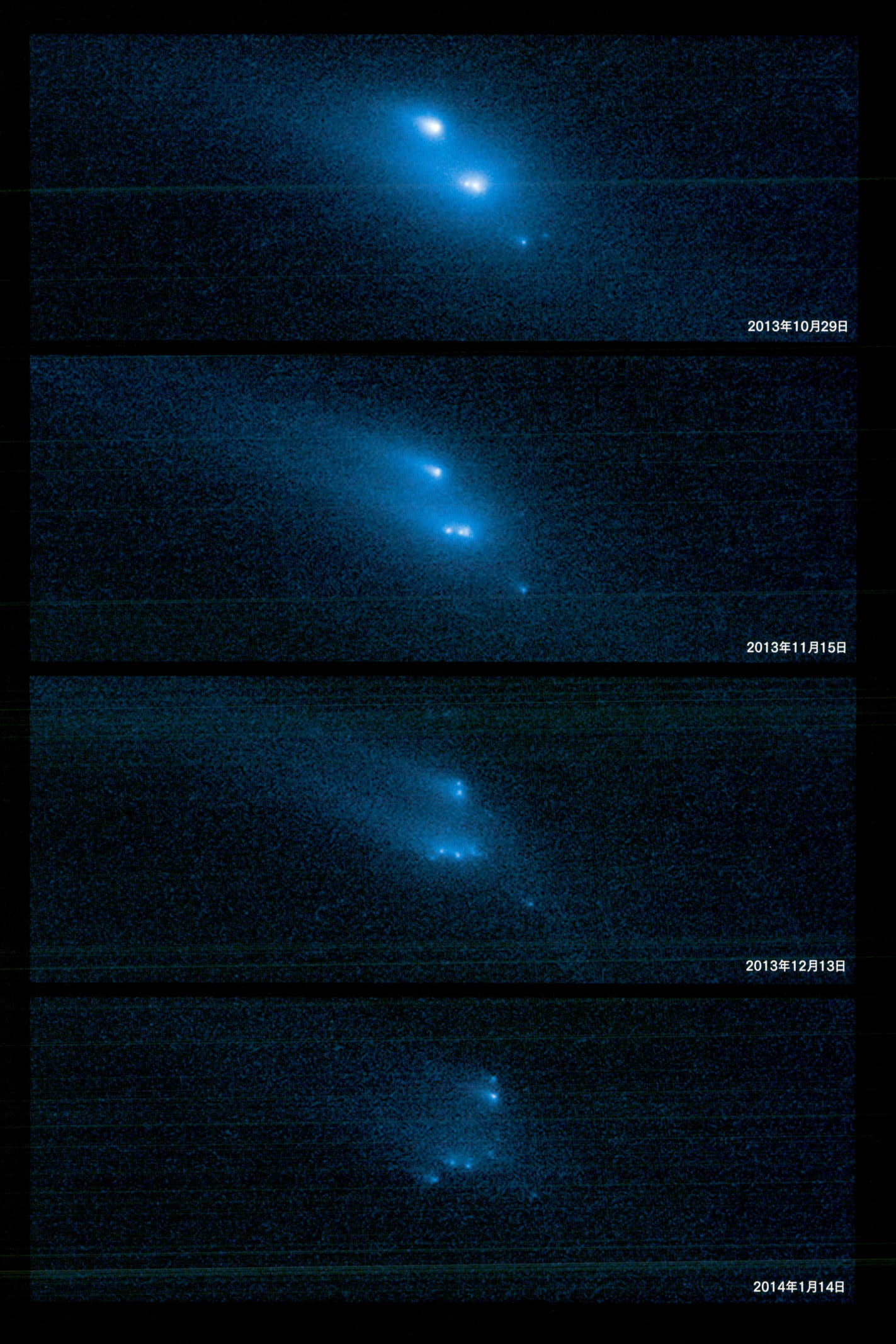

2013年11月15日

2013年12月13日

2014年1月14日

太陽系外惑星
Extrasolar Planets

20世紀に入ると、太陽系以外にも惑星が存在するに違いないと考えられるようになりました。1992年の最初の発見以来、次々に発見が続いています。

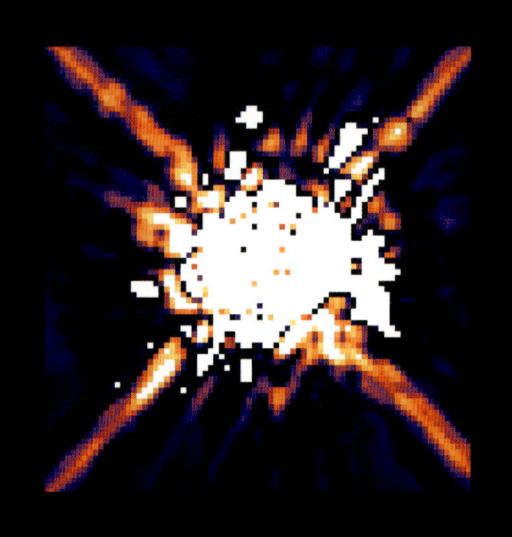

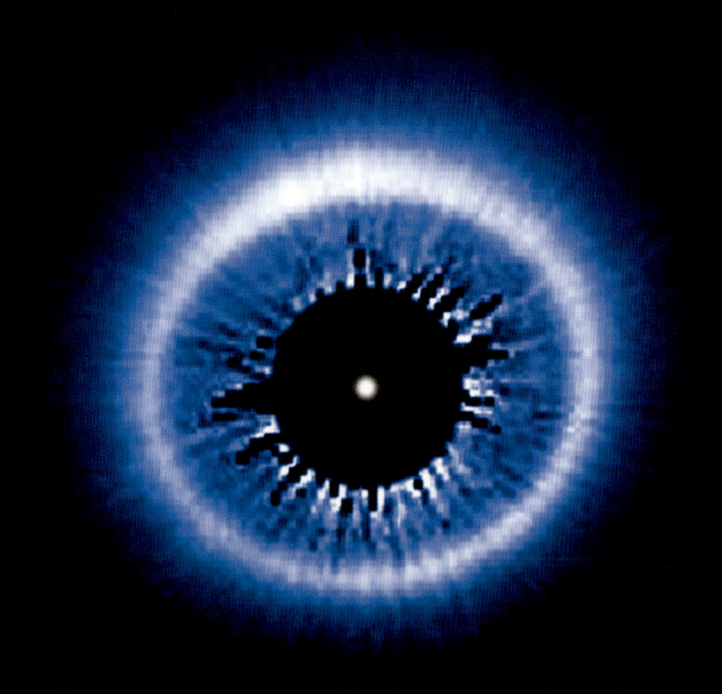

デブリ円盤（残骸円盤）
赤外線で撮影した画像で、白く明るく輝いているリングがちりの円盤、中心の白い点が星の位置、中央の黒い円盤は明るすぎる星の光を隠すための装置によるものです。このリングは、惑星が形成された後に取り残された天体が衝突をくり返してできたものだろうと考えられています。私たちの太陽も、遠方から赤外線で観測すると同じような姿に見えると考えられています。

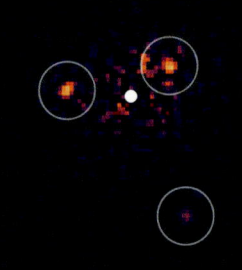

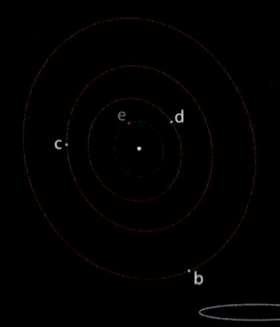

惑星をもつ星HR8799
上はハッブル宇宙望遠鏡で撮影した画像で、星の光がまぶしくてほかには何も見えていません。中央は上の画像をコンピューターで画像処理したもので、3つの惑星が検出されました。下の図は観測から得られた惑星b・c・dの軌道です。いちばん外側の惑星の軌道は太陽系の海王星のものと同じくらいです。いちばん内側の惑星eは、真ん中の画像には見えていませんが、存在が確認されています。

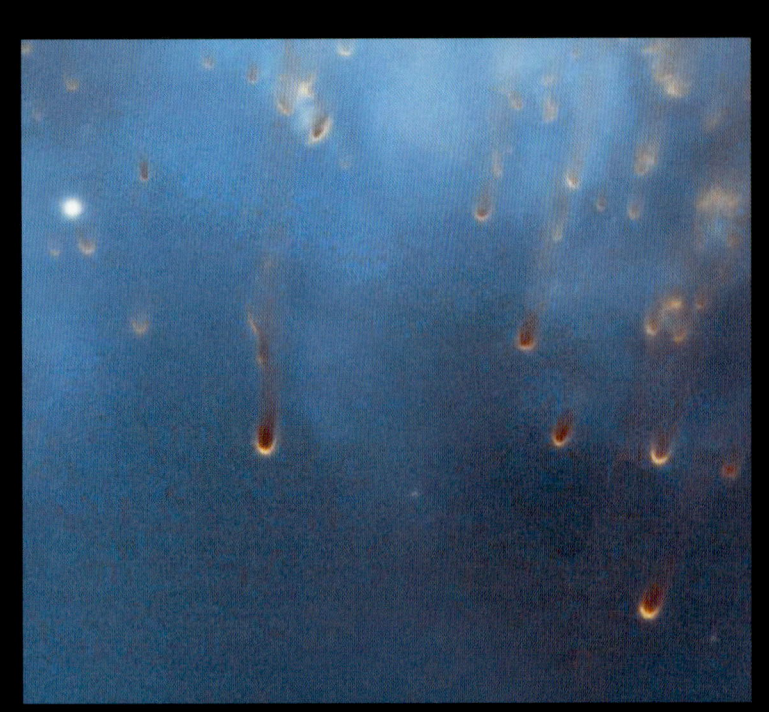

海王星の軌道

死んだ星が惑星を形成
らせん星雲NGC7293（p104-105）は、太陽くらいの重さの星が燃えつきるときに噴き出したガスからできた星雲（惑星状星雲）です。中に彗星のような形の天体が見つかっていますが、この内部では惑星が形成されていると考える研究者もいます。

円盤と惑星をもつ星

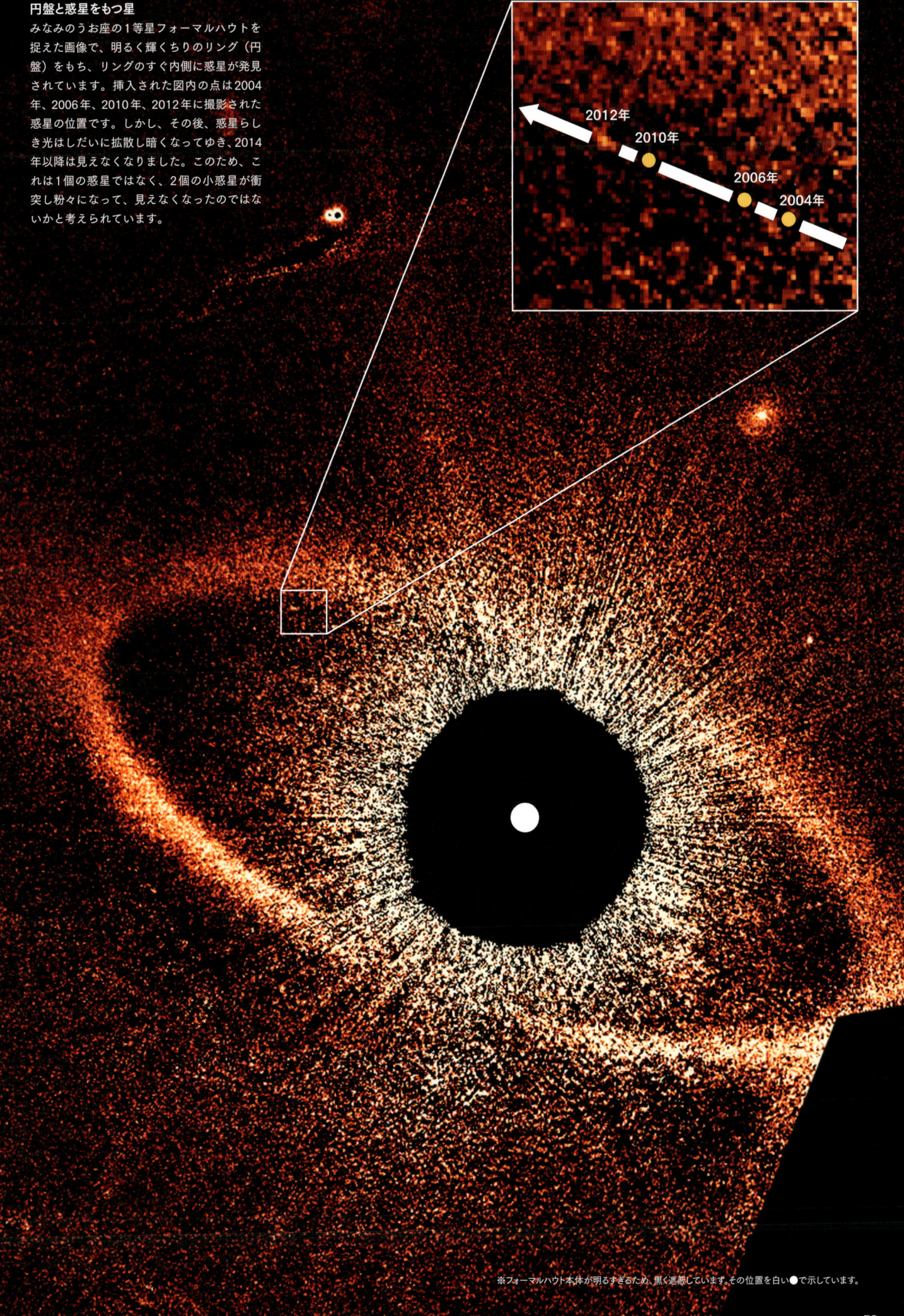

みなみのうお座の1等星フォーマルハウトを捉えた画像で、明るく輝くちりのリング（円盤）をもち、リングのすぐ内側に惑星が発見されています。挿入された図内の点は2004年、2006年、2010年、2012年に撮影された惑星の位置です。しかし、その後、惑星らしき光はしだいに拡散し暗くなってゆき、2014年以降は見えなくなりました。このため、これは1個の惑星ではなく、2個の小惑星が衝突し粉々になって、見えなくなったのではないかと考えられています。

※フォーマルハウト本体が明るすぎるため、黒く遮蔽しています。その位置を白い●で示しています。

53

第 2 章
Chapter Two

星のゆりかご
Cradle Of Star

星には人間と同じように一生があり、生まれては死んでいきます。その誕生のようすを探ることは、私たちの太陽がどのようにして生まれ、そして地球がどのような過程で形成されて、どのような歴史を歩んできたのかを知る重要な手がかりとなります。ハッブル宇宙望遠鏡（HST）は、その圧倒的な解像度によって、星を形成している暗黒星雲や星の光で加熱され美しく光り輝く散光星雲のディテールをとらえています。最も天文学者を仰天させたのは、M16内の創造の柱の発見でしょう。内部で星を形成している濃い暗黒星雲が、先に誕生した若い星の光と熱で加熱されて蒸発しつつある姿は、形成されつつある星の卵が一人前の星に成長できるか、または消滅するのかを決める攻防戦が繰り広げられている現場でした。

また、オリオン大星雲の中に発見された、惑星系を形成中の原始惑星系円盤の数の多さも天文学者を驚かせました。宇宙にはたくさんの惑星が存在すると希望をもたらした直後、ここでも誕生したばかりの星の光が濃いガスとちりからなる原始惑星系円盤を蒸発させつつある姿が見つかりました。オリオン大星雲のような大質量星が形成されている場所では、原始惑星系円盤のほとんどは惑星を生み出すことなく、とちゅうで蒸発してしまうという事実が判明しました。散光星雲内で共存する濃く冷たいガスと、高温で希薄なガスの発する光は、HSTによってひじょうに美しい景観を私たちに見せてくれました。星は、濃いガスとちりの雲の奥深くで形成されます。そのため、可視光では散光星雲の表面のようすしか見ることができませんが、HSTはNICMOSやWFPC3などの赤外線観測装置を使い、その奥に隠された星誕生の現場をのぞき見ることができます。まだ一人前の星になる前から激しくジェットを噴き出す姿も、これまでにない鮮明さでとらえられています。

生まれたばかりの星が生み出した散光星雲を背景に輝く若い散開星団や、年老いた星々からなる球状星団の詳細データは、今まで知り得なかった多くの事実を明らかにしています。

第2章では、星の誕生を中心に、その温床となるさまざまな星雲や、生まれたばかりの若い散開星団、さまざまな恒星、年老いた星が形成する球状星団を含む銀河系内天体と、近隣のマゼラン銀河の中に見られる天体を紹介します。

Dark Nebula in NGC 281

星が誕生する場所・暗黒星雲

NGC 281内の暗黒星雲
種類：暗黒星雲　距離：9500光年
明るさ：ー　画角：2.8×3.5分角　星座：カシオペヤ座

星が誕生する場所は、冷たいガスやちりが凝縮した暗黒星雲にあります。暗黒星雲は、明るい星雲や星の密集したところを背景にして黒い姿を現します。

NGC 281内の暗黒星雲
赤い光を放つ星雲の中に黒い穴が開いているように見えますが、実は黒い部分は暗黒星雲と呼ばれる暗く冷たいガスとちりの雲です。背後に明るい天体があると、その光を遮る黒いシルエットとして姿を見せます。ここに見える暗黒星雲と赤く輝く「散光星雲」、暗黒星雲の周囲に見える星々は同じ場所に存在しています。

暗黒星雲のしずく

IC 2944内の暗黒星雲

種類：暗黒星雲　距離：6500光年
明るさ：4.5等級(IC2944)　画角：2.8×2.8分角
星座：ケンタウルス座

暗黒星雲のなかでも、およそ1光年の大きさのコンパクトなもので、密度の濃いものは「グロビュール」と呼ばれます。その内部では星が形成されています。

IC 2944内のグロビュール
IC 2944はケンタウルス座の天の川に重なっ

Pillars of Creation (Eagle Nebula)
M16の創造の柱

わし星雲、M16

種類：暗黒星雲　距離：6500光年
明るさ：6.4等級（M16）　画角：4×6分角　星座：へび座（尾部）

HSTが撮影した最も印象的な領域のひとつです。M16の中心部に見える巨大な暗黒星雲の柱で、そこでは星の生成と破壊が繰り広げられていました。

取り残された濃い領域

創造の柱と同じくM 16の中心付近に見える柱状の暗黒星雲ですが、創造の柱に比べとても複雑な形をしています。表面の蒸発が進み、特に暗黒星雲の濃い部分だけが残っているものです。青白く輝いているところやオレンジ色に輝いているところは、暗黒星雲が蒸発しつつある場所です。p231に両ページの領域を示したM16の全体像を紹介しています。

◀ 創造の柱

3本の柱のような形の暗黒星雲で、内部で星が形成されていることが発見され、「創造の柱」と呼ばれています。暗黒星雲の周辺が黄色く輝き、光芒のようなものが見えるのは、近くにある高温の星の光を受けて暗黒星雲の表面が暖められ蒸発しているからです。蒸発の速度がゆっくりなら、暗黒星雲の中からやがていくつもの星が生まれてくるでしょう。しかし、その速度が速いと、一人前の星ができる前に暗黒星雲がなくなってしまい、星が誕生できないと考えられています。

Trifid Nebula

三裂星雲の中心部

三裂星雲、M20

種類：散光星雲　距離：9000光年
明るさ：6.0等級　画角：5×5分角　星座：いて座

輝く散光星雲を、その手前にある暗黒星雲が3つに分割しているように見えることから、三裂星雲と呼ばれています。中心部では星が形成されています。

三裂星雲中心部
暗黒星雲内で星が誕生すると、生まれたばかりの星は強い光と強力な熱で周囲の星雲を熱し、高温となった星雲は自ら光り輝く「散光星雲」へと姿を変えます。中央の明るい星が周囲のガスと塵の雲を加熱して光り輝かせ、三裂星雲を生み出しました。暗黒星雲内では今も星が生まれています。右ページの暗黒星雲の一部がこの画像の右下に見えています。p231に三裂星雲M20の全体像を紹介しています。

角を出したカタツムリ
三裂星雲内に見られる暗黒星雲です。黒いところほど雲が濃い部分です。これは赤外線を使って撮影した画像で、赤外線は普通の光（可視光）よりちりに邪魔されることなく奥深くまで見通すことができます。この画像で赤く見えているのはガスとちりの雲の中に隠され、可視光では見ることのできなかった星や原始星です。画像の左上方向に、暗黒星雲から伸びた2本の「カタツムリの角」のようなものが見えます。右は柱状の暗黒星雲で、この先端近くで星が形成されていることがわかっています。左のねじれた糸くずのように見えるものは、一人前の星になる前の「原始星」から噴き出した高速ジェットです。

Lagoon Nebula
干潟星雲の
中心付近

干潟星雲、M8、NGC 6523

種別：散光星雲　　距離：4100光年
明るさ：6.0等級　　画角：2×3分角
星座：いて座

いて座の天の川の中にあるM8干潟星雲は、肉眼でもその存在がわかる明るい散光星雲です。その中心部は、星形成領域として知られています。

若い高温度星がもたらす嵐
干潟星雲の最も明るく輝く部分の拡大画像です。画像の中心に輝く星はとても若く高温で、その光と熱で手前の暗黒星雲を蒸発させつつあります。そして、後方の散光星雲を輝かせています。可視光を使って撮影した画像と赤外線を使って撮影した画像を重ね合わせてつくられたもので、暗黒星雲や散光星雲の濃淡の分布がくっきりと描きだされています。p231に干潟星雲M8の全体像を紹介しています。

Monkey Nebula

モンキー星雲の内部

モンキー星雲、NGC 2174

高温の雲と冷たい雲

モンキー星雲は、サルの横顔を連想させる姿をしていますが、その目のあたりを拡大撮影した画像です。この星雲は中心部で生まれた星々が光と熱で暗黒星雲に穴を開け、光り輝く散光星雲に変えていますが、周辺部にはまだ、暗黒星雲が取り残されています。これはその境界付近のようすです。赤外線を使って

Horsehead Nebula
馬頭星雲の内部に迫る

馬頭星雲、LBN 953、IC 434

種別：暗黒星雲　距離：1600光年
明るさ：—　画角：5.4×4分角
星座：オリオン座

馬の頭の形をした馬頭星雲は、最もよく知られた暗黒星雲のひとつです。HSTの赤外線カメラが、その内部の星形成領域を捉えました。

馬頭星雲の詳細構造
赤外線を使って撮影した画像で、暗黒星雲の複雑な濃淡の構造がよくわかります。赤黒い色の部分ほど雲が濃く、白い色の部分ほど薄い場所です。赤く輝く点はまだ形成とちゅうの星で「原始星」と呼ばれています。このような星はまだ温度が低く、赤外線しか放つことができません。やがて十分に温度が高くなって一人前の星になると、太陽のように可視光を放つようになります。

Great Orion Nebula
オリオン大星雲

オリオン大星雲、M42、NGC 1976

種別：散光星雲　距離：1500光年
明るさ：3.0等級　画角：34×34分角
星座：オリオン座

全天屈指の美しさを誇るオリオン大星雲は、巨大な星形成領域としても知られています。HSTによって、星が生まれる際のさまざまな現象が検出されました。

星の製造工場

ガスとちりからできた雲が生まれたばかりの星の光を受けて暖められ、光り輝いています。私たちの太陽は、約2000億個の星といっしょに集まって直径10万光年の巨大な渦巻型の「銀河系」を形づくっていますが、オリオン大星雲はこの銀河系内で最も活発に星を生み出している場所です。冬の星座「オリオン座」をつくる星のほとんどは、昔、この星雲から生まれました。また、可視光では見ることはできませんが、この星雲の背後には、巨大な暗黒星雲が横たわっていて、まだ1万個以上の星をつくりだすことができるといわれています。

第2章　星のゆりかご

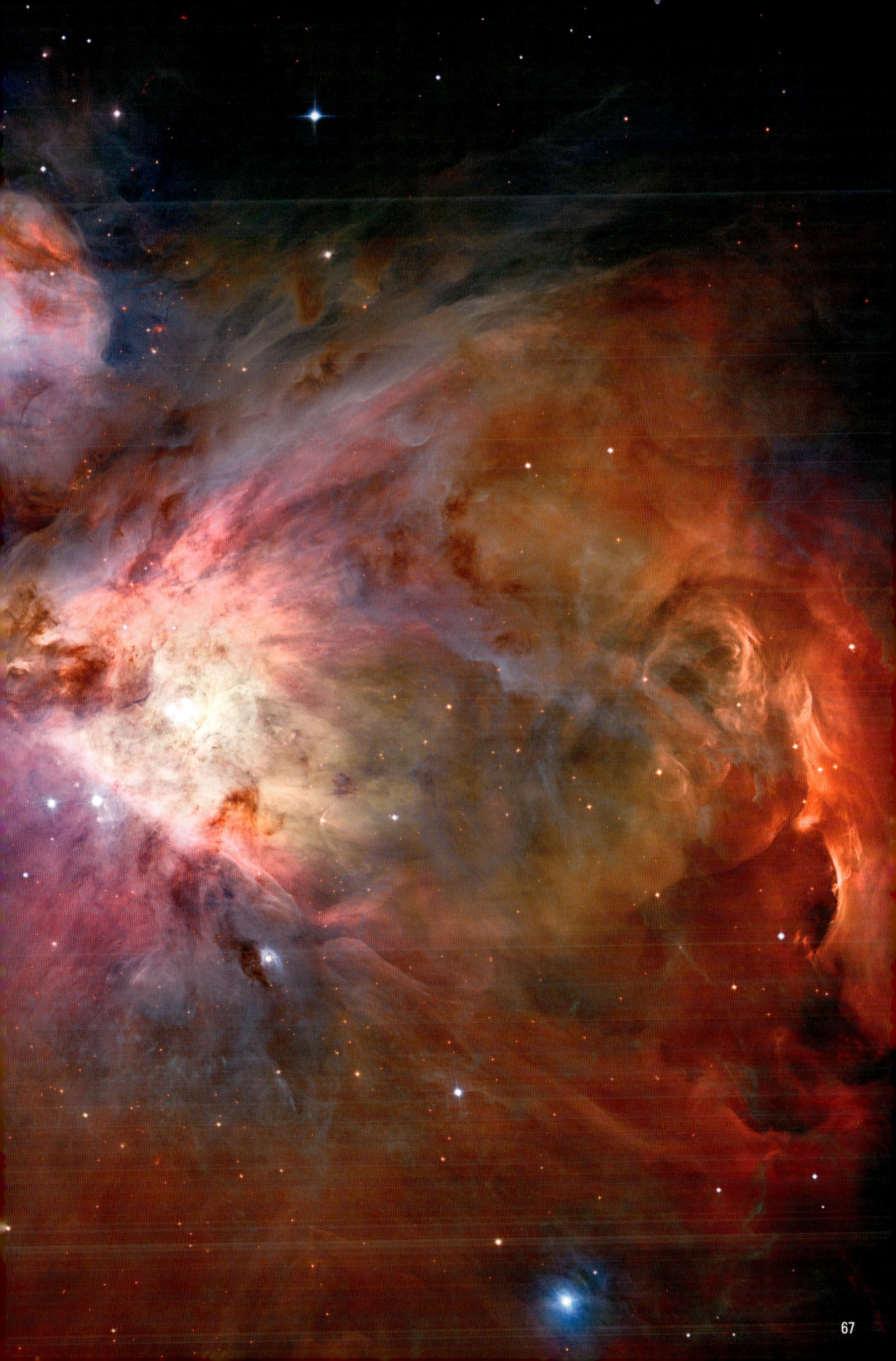

第2章　星のゆりかご

オリオン大星雲中心部
左の小さく集まった4個の星は「トラペジウム」と呼ばれ、今から10万年ほど前に星雲の中から誕生したばかりです。今、これらの星の放つ強烈な光と熱でオリオン大星雲は輝いています。

オリオン大星雲で見つかった原始惑星系円盤

赤い星のまわりを黒い楕円形や円形の構造がとり巻いています。これは原始星をとり巻く濃いちりの円盤です。このような円盤を「原始惑星系円盤」と呼び、内部では、私たちの地球や木星、土星のような惑星がつくられていると考えられています。オリオン大星雲の中にはたくさんの原始惑星系円盤が見つかっています。

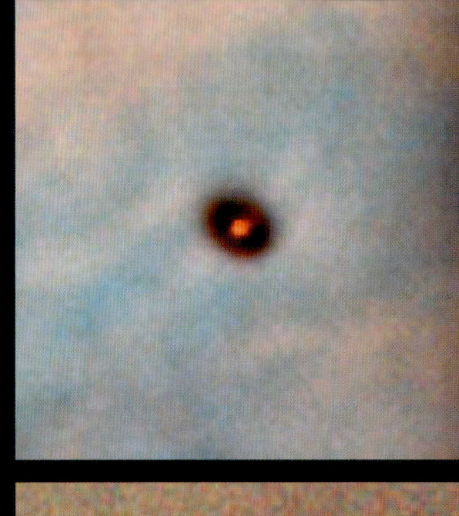

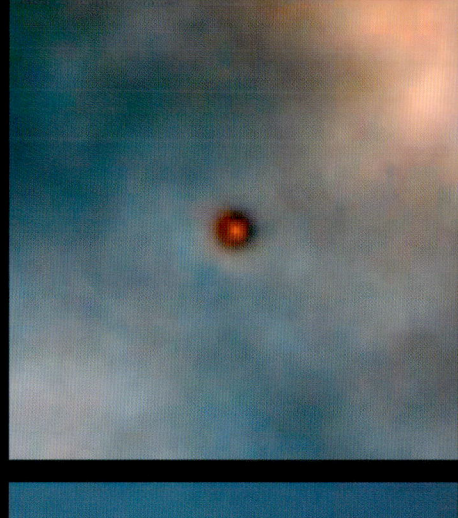

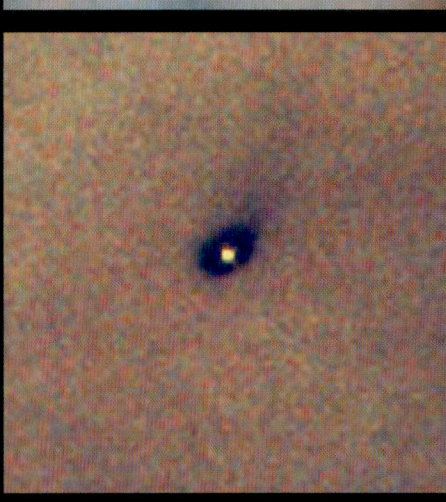

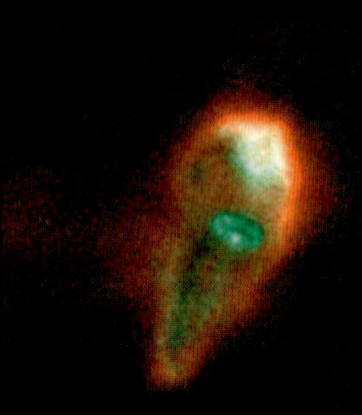

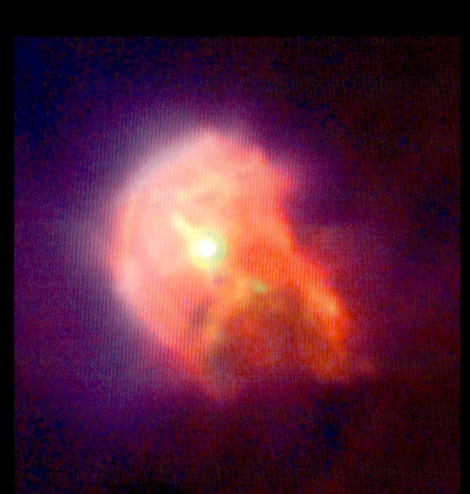

しずく型の原始惑星系円盤（オリオン大星雲内）

原始惑星系円盤のなかには楕円形や円形ではなく、しずくのような形をしたものも見つかりました。これは、近くに輝く、生まれたばかりの高温の星の放つ光と熱で、円盤が蒸発を始めているようすです。オリオン大星雲のような、太陽より重い星がたくさん生まれる場所では、惑星が誕生する前に原始惑星系円盤は蒸発してしまい、惑星が誕生する確率はとても低いと考えられています。

Star-forming Region
M43の星形成の現場

M43、NGC 1982付近
種別：散光星雲　距離：1400光年
明るさ：9.0等級　画角：3.22×3.28arc分　星座：オリオン座

オリオン大星雲と、暗黒星雲で隔てられた散光星雲です。星形成領域の一部で、そこには、ふしぎな形の天体が点在していました。

星が生まれる場所
オリオン大星雲M42と同じく、たくさんの星が形成されている場所です。中央やや下に見える小さな漏斗状の星雲や、その左上にあるいくつも重なった円弧状の星雲は、原始星から噴き出すジェットが周囲の星雲と衝突して形づくったものです。また、左上の縁近くにある赤い奇妙な姿の星雲は、新しく生まれたばかりの星が周囲のガスとちりの雲を輝かせているところです。

Eta Carinae Nebula
イータ・カリーナ星雲

イータ・カリーナ星雲、NGC 3372
種別：散光星雲　距離：7500光年
明るさ：1.0等級　画角：17.4×13.3分角　星座：りゅうこつ座

南天の天の川の中に見ることができる、銀河系最大の星形成領域です。実際の大きさはオリオン大星雲の約300倍で、1000倍も明るく輝いています。

イータ・カリーナ星雲中心部
最近は「カリーナ星雲」と呼ばれることもあります。りゅうこつ座（カリーナ）のイータ星のまわりに広がっていることから、そのように呼ばれています。南半球の空では肉眼で見ることができ、双眼鏡や望遠鏡を向けると、全天で最も美しい散光星雲を体感できます。この画像はイータ・カリーナ星雲の中心部分です。暗い暗黒星雲と輝く散光星雲が入り組み、複雑で美しく神秘的な姿を見せています。次のページでご紹介するミスティック・マウンテンが右のほうに見えています。また、この画像の左の端近くで、楕円形をした最も明るく輝く天体は、p76で紹介するイータ星です。p231にイータ・カリーナ星雲の全体像を紹介しています。

ミスティック・マウンテン
イータ・カリーナ星雲内にある暗黒星雲です。
中央と左の頂の先から左右に長く伸びる雲と
矢の先のような形のものは「ハービッグ・ハ
ロー天体」と呼ばれています。雲の中に隠さ
れた「原始星」から噴き出すジェットが周囲

可視光で見た柱状暗黒星雲
イータ・カリーナ星雲内に見られる柱状の暗黒星雲です。なめらかではない凸凹した形状や、後光が差しているような姿は、M16の創造の柱（p58）を連想させます。

赤外線で撮影した暗黒星雲の内部
上の画像と同じ場所を赤外線で撮影しました。暗黒星雲が透けて内部のようすが見えています。暗黒星雲内にある原始星から左右2方向へジェットが噴き出しているのがはっきりと捉えられています。

**イータ星と人形星雲
（ホモンキュラス星雲）**
イータ・カリーナ星雲の中心部に輝くりゅうこつ座イータ星は、2つの星雲に包まれています。赤い外側の星雲は、時速320万kmという高速で外側へ広がるガスで、1843年にイータ星が爆発を起こしたときに吹き飛ばされたものだと考えられています。星の奥深くでつくられた酸素や窒素などのガスをたくさん含んでいるので、爆発のとき、星の内部が大きくかき混ぜられたことを意味します。また、内側の形のはっきりした星雲（人形星雲）も、同じ爆発時に星から吹き飛ばされました。こちらはちりを多く含むガスでできています。

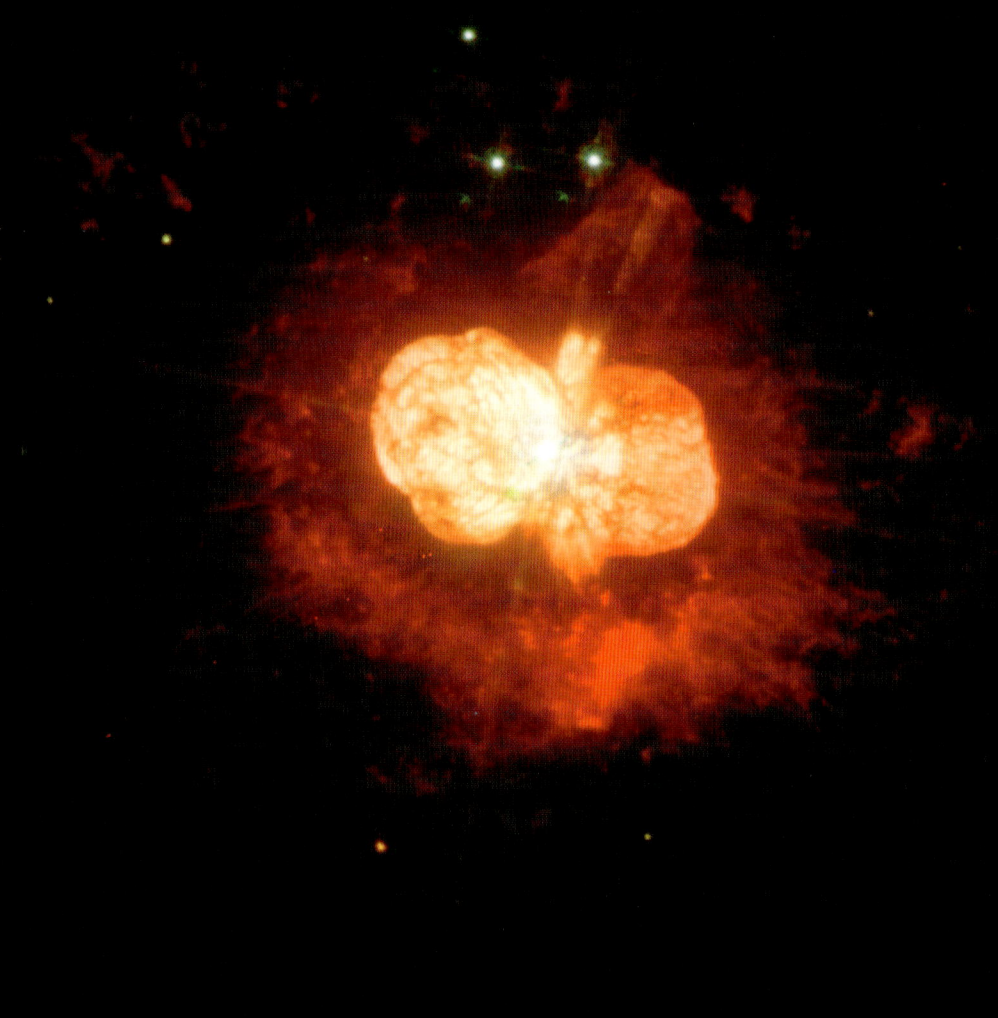

イータ・カリーナ星
人形星雲のクローズアップで、中心の星から二方向に激しく吹き出した物質が荒々しいようすを見せています。星雲の真ん中で明るく輝くのがイータ星です。とても明るく不安定な星で、18世紀、19世紀に小規模な爆発を起こし、突然明るく輝きました。いつ大爆発を起こして星がバラバラに吹き飛んでもおかしくない状態だと考えられています。イータ星は実はひとつの星ではなく、太陽の70倍と30倍の質量をもつ2つの星が触れ合うほどに接近して回り合う連星なのです。

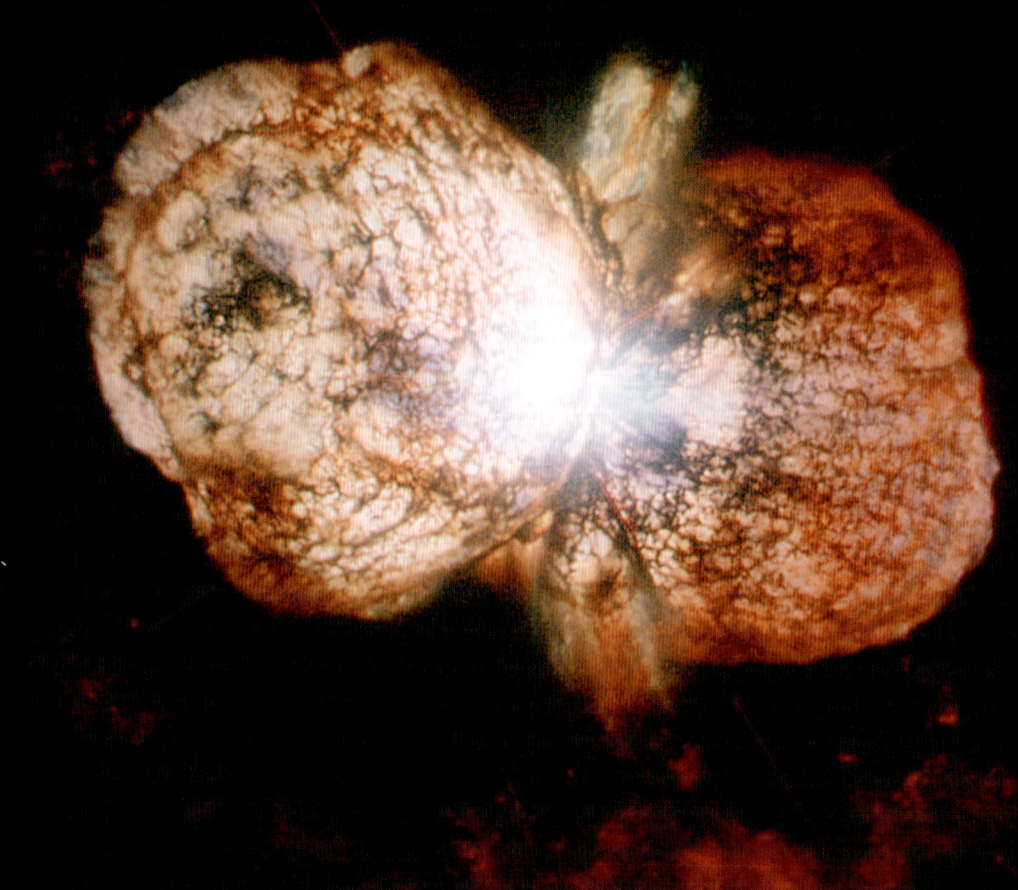

Very Young Star Cluster & Star-forming Region

若い星団と 星形成領域

Westerlund2とGum29
種類：散開星団、星形成領域　距離：2万光年
明るさ：—　画角：7.0×9.7分角　星座：りゅうこつ座

イータ・カリーナ星雲のすぐ近くにある、とても若い星々が集まった散開星団と、それを生み出した散光星雲です。黒い柱状構造がたくさん見られます。

散開星団Westerlund 2と散光星雲Gum 29
明るく輝く散光星雲はGum 29で、その左上にある、白い星がたくさん集まった星団はWesterlund 2です。星団を形成している星々は、生まれてからまだ200万年しか経っていません。私たちの太陽が現在約45億歳であることを考えると、とても若い星であることがわかります。

Evaporation of Dark Nebula

大規模な暗黒星雲の蒸発

NGC 3324の一部

種類：散開星団、星形成領域　距離：7200光年
明るさ：6.69等　画角：4.6×2.7arc分　星座：りゅうこつ座

イータ・カリーナ星雲の周辺にある、円形の散光星雲の縁の部分です。内部の若い高温度星によって、暗黒星雲の境界面が蒸発している現場です。

暗黒星雲と散光星雲の境界

下の暗い色をした部分は暗黒星雲で、画像の上のほうにある高温の星々からの光と熱で蒸発しつつあります。光芒のようなものは暗黒星雲が蒸発している部分です。青く輝く散光星雲の中に見える黒い筋模様はちりの多い場所です。中央よりやや右の暗黒星雲から散光星雲へとのびる細い不思議な姿の構造は、まるで海底の砂から顔を出したチンアナゴのように見えます。

暗黒星雲と散光星雲の境界

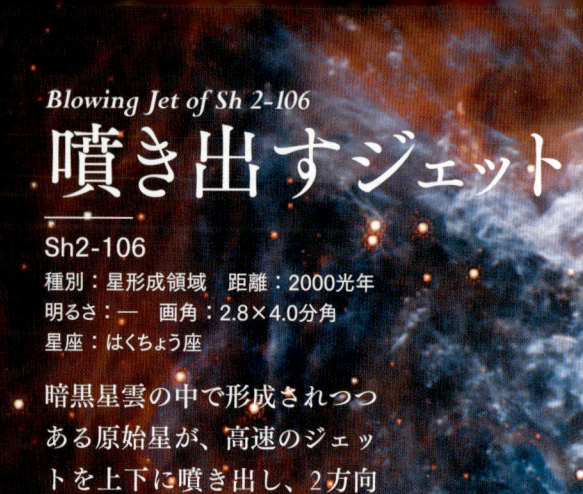

Blowing Jet of Sh 2-106
噴き出すジェット

Sh2-106
種別：星形成領域　距離：2000光年
明るさ：—　画角：2.8×4.0分角
星座：はくちょう座

暗黒星雲の中で形成されつつある原始星が、高速のジェットを上下に噴き出し、2方向に巨大な空洞をつくりだしているところです。

原始星が形づくる星雲
この画像では見えていませんが、中心部を横切る暗黒星雲の背後に原始星が隠されています。暗黒星雲の中で形成されつつある原始星は、ある段階に達すると2方向に高速で物質のジェットを噴き出し、周囲のガスとちりの雲を吹き飛ばして穴を開けていきます。穴の内側は1万度という高温に達し、青く輝いています。

Stellar Jewel Box
星の宝石箱

NGC 3603
種類：散開星団と散光星雲　距離：2万光年
明るさ：9.1等　画角：11×15分角
星座：りゅうこつ座

イータ・カリーナ星雲の東に位置する若い散開星団です。星団を生み出した散光星雲が周囲をとり囲み、美しい対比を見せている領域です。

散開星団
赤く輝く散光星雲に囲まれ、青い星々がびっしり集まって輝くようすが印象的です。私たちの太陽と隣の星までの距離は4.2光年ありますが、ここでは3光年の領域に数千個の星が集まっています。星々は約100万歳という若さで、星雲の中では現在も星が形成されています。

Herbig-Haro Objects
ハービッグ・ハロー天体

原始星は高速でガスを噴き出しており、これが周囲のガスとちりの雲に衝突して形成される天体がハービッグ・ハロー天体です。

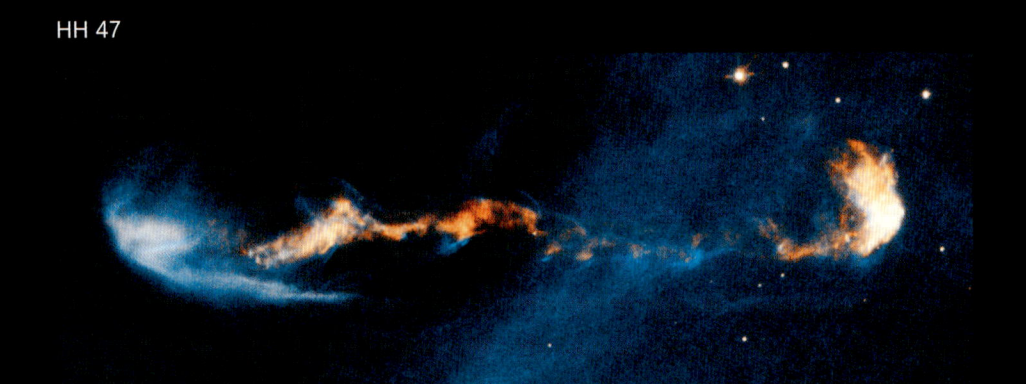

HH 47

HH 34

HH 2

HH 47
種別：ハービッグ・ハロー天体
距離：1470光年
明るさ：―
画角：1.5×0.6分角
星座：ほ座

HH 34
種別：ハービッグ・ハロー天体
距離：1350光年
明るさ：―
画角：0.4×0.3分角
星座：オリオン座

HH 2
種別：ハービッグ・ハロー天体
距離：1350光年
明るさ：―
画角：0.6×0.6分角
星座：オリオン座

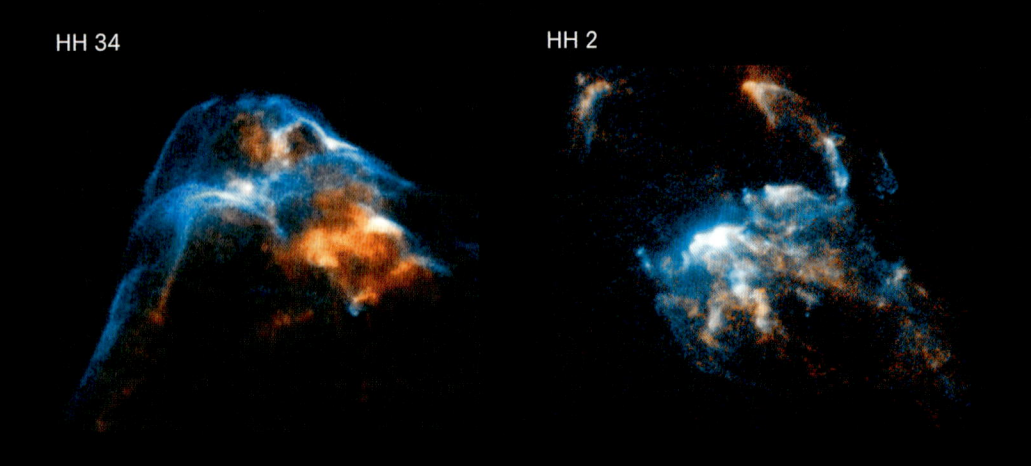

ハービッグ・ハロー天体
星の誕生現場ではしばしば発見され、数年で明るさや形、位置が変化します。原始星から噴き出すジェットの通り道が輝いて見えるものや、ジェットの先端が星雲物質と衝突して輝くものがあります。衝突地点では衝撃波が発生し、衝撃波面（またはボウショック）と呼ばれる山形の構造も見られます。

Protostar, IRAS 20324+4057
オタマジャクシのような原始星

宇宙のキャタピラー、IRAS20324＋4057
種別：原始星　距離：4500光年　明るさ：―　画角：2×1.4分角　星座：はくちょう座

本来ならば暗黒星雲の中に隠れて見えないはずの原始星が、付近の星の影響で外層がはぎ取られ、姿を現しているところです。

宇宙のキャタピラー
青い縁取りをもつ暗黒星雲の中で、黄色く明るく輝いているのが「原始星」です。星は暗黒星雲の奥深くでつくられ、本来は誕生までその姿を見ることはできませんが、運悪く、近くに高温の星が誕生したため、その光と熱で周囲の星雲をはぎ取られてしまいました。青い光は暗黒星雲が蒸発しつつあることを示し、オタマジャクシのような形は暗黒星雲が強い光にさらされ右方向へ押し流されていることを示しています。星が誕生するのが先か、蒸発して消えてしまうのが先か、その運命はわかりません。

Massive Star's Cluster
大質量星の集団

トランプラー16
種別：大質量星　距離：7500光年
明るさ：8.1等（画像中最も明るい星）　画角：2.7×4.1分角
星座：りゅうこつ座

イータ・カリーナ星雲の中心部に輝く、とても若く明るい散開星団です。その中には、太陽の100倍以上の質量の星があります。

トランプラー16
100万歳くらいのとても若い星が約500個集まった星団です。中には、とても重く明るい星がいくつもあり、この画像の中央右に見える青白く明るい星も太陽の約110倍の質量があります。これほど重いと安定して輝くのは難しく、小規模な爆発をくり返し、大量のガスをまき散らすのではないかと考えられています。

Monster-star
モンスター星の正体

Pismis 24（散開星団）、NGC 6357（散光星雲）
種別：散開星団と散光星雲　距離：8000光年
明るさ：10.4等（画像中最も明るい星）　画角：2.5×4.0分角
星座：さそり座

理論的には存在できないといわれていた巨大質量星Pismis24-1の正体は、3つの星が接近して、ひとつの星のように見えていたものでした。

Pismis 24 と NGC 6357
画像の下に見えているのは散光星雲NGC 6357で、上に輝く星々は星雲の中心にある散開星団です。画像のほぼ中央の明るい星Pismis 24-1は、観測から太陽の300倍の質量をもつと計算されましたが、理論上では150倍以上の星は存在できないといわれていて、注目を集めました。最新の観測で、太陽の100倍の星が3つ接近していることがわかりました（この画像ではひとつの星に見えています）。

Light Echo, RS Puppis
光のこだま ライトエコー

とも座RS星

種類：変光星、ライトエコー　　距離：6500光年　　明るさ：6.98等　　画角：4×4分角　　星座：とも座

明るさを変える中心の星が、まわりの星雲にさざ波のような光の模様をつくりだします。時間とともに外側を照らしていくようすが観測されました。

変光星によるライトエコー
中心に輝く星は膨らんだり縮んだりしながら明るさを変える「変光星」です。周囲に濃いガスとちりの雲をもち、星の明るさの変化につれて星雲の中心から外側へさざ波が広がるように明るい部分が移動します。これは変光星からの光が次第に遠くまで到達し、星雲を照らし出すことから起こる現象で、「ライトエコー」と呼ばれます。

Light Echo, V838 Mon

ライトエコーがつくりだす不思議な星雲

V838 Mon
種別：ライトエコー　距離：2万光年　明るさ：13.9等級(中心の星)
画角：2×2分角　星座：いっかくじゅう座

ひとつの星が突然明るく輝き、そのまわりの星雲がどんどん巨大化していくようすが観測されました。しかし、それはライトエコーによるトリックでした。

ライトエコー

2002年、それまで知られていなかったひとつの星が謎の爆発を起こし、急に明るく輝きました。星雲の中心に見えるこの星はV838 Monと名づけられ、爆発の光は星の背後にあったガスとちりの雲を照らしだしました。光は時がたつにつれて次第に遠く外側に達するため、星雲がしだいに大きく成長していくように見えます。年月は撮影されたときを示しています。

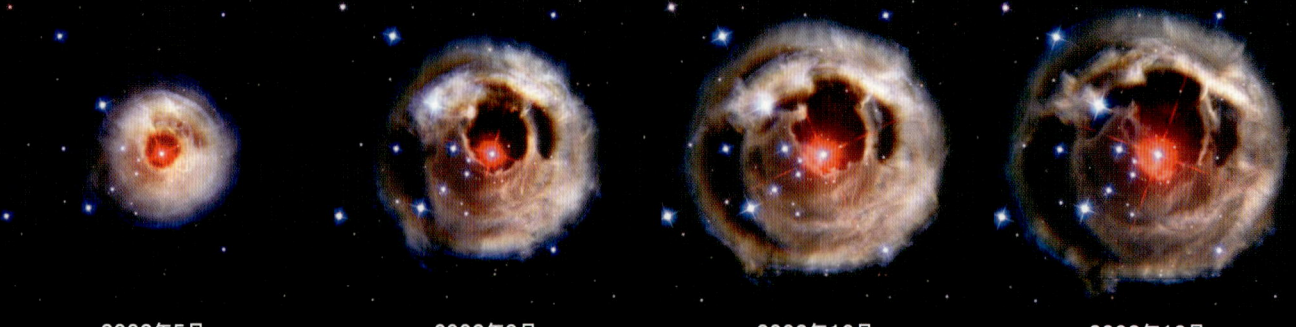

2004年10月

2002年5月　　2002年9月　　2002年10月　　2002年12月

Bubble Nebula
バブル星雲の一部

NGC 7635

種別：散光星雲　距離：7100光年
明るさ：11.0等級　画角：2.3×2.3分角　星座：カシオペヤ座

巨大質量の星から噴き出す高温で高速のガスが、周囲の星間物質を押し広げてできたのが、青く輝く宇宙の巨大なバブル（泡）です。

高温ガスがつくる泡

青い泡のような姿の星雲の中に輝く赤く明るい星は、太陽の約40倍もの質量をもつ星で、秒速2000km（時速720万km）というものすごい速度で表面からガスを噴き出しています。このガスが周囲の濃い物質に衝突している場所に青い星雲が形成されています。星雲の内側はとても希薄な高温のガスで満たされています。右の黄色の雲は暗黒星雲で、バブル星雲と同じ距離にありますが、左上の雲はもっと遠方にあります。

Barnard's Merope Nebula
バーナードの メローペ星雲

IC 349

種別：反射星雲　距離：380光年
明るさ：—　画角：1×1分角
星座：おうし座

おうし座のプレヤデス星団を形づくる星のひとつ「メローペ」に近接して輝いている、とても小さな反射星雲があります。

IC 349
プレヤデス星団は周囲にとても淡い星雲をまとっているように見えますが、実は、星団と星雲が衝突している現場です。2つは秒速11kmの速度ですれ違っていて、星雲は、たまたま遭遇した星の光を反射して淡く輝いているのです。この星雲は、メローペをとり囲むメローペ星雲の中に見られる小さな反射星雲です。メローペはこの画像の右上方向にありますが、ここには見えていません。

Reflection Nebula
謎に包まれた 反射星雲の空洞

NGC 1999

種別：反射星雲　距離：1500光年
明るさ：—　画角：1×1分角
星座：オリオン座

反射星雲に見える黒い模様は、暗黒星雲ではなく、何もない空洞であることがわかりました。

穴の開いた星雲
画像のほぼ中心に見える明るい星は太陽の3.5倍くらいの質量をもち、表面の温度が1万度もある、とても若い星です。青白い雲のように見えるのは、星からの光を反射して輝く星雲です。真ん中に暗い部分があり、暗黒星雲だろうと考えられてきましたが、その後の観測から、これはまったくの空洞で何も存在しないことがわかりました。どのようなしくみでこんな空洞がつくられたのかは謎です。

Celestial Spiral
星が生み出す宇宙の渦巻

IRAS 23166＋1655
種別：原始惑星状星雲　距離：—
明るさ：—　画角：1×1.4分角　星座：ペガスス座

晩年を迎えた星が、回転しながらガスを噴き出すことで形成された、とても整った形の巨大な渦巻です。今後は惑星状星雲に移行すると考えられます。

原始惑星状星雲の形成
画像の中で最も明るい星は、ペガスス座LL星と呼ばれています。その上に奇妙な渦巻がありますが、その中心には濃いちりの雲に隠された星があると考えられています。ペガスス座LL星のまわりを約800年の周期で回りながら、外側のガスを大量に噴き出し、渦巻をつくっています。これから惑星状星雲を形成するのではないかと考えられています。

第2章 星のゆりかご

Tarantula Nebula

タランチュラ(毒グモ)星雲

タランチュラ星雲、30 Dor
種別：散光星雲　距離：17万光年　明るさ：8等級
画角：14×10分角　星座：かじき座

銀河系に隣接する銀河「大マゼラン銀河」の中にある、とても巨大な星形成領域です。その大きさは、銀河系の巨大星形成領域の比ではありません。

中心部分
これまでにわかっているさまざまな星形成領域のなかでも最大級のものです。淡い部分まで含めると、銀河系最大の星形成領域であるイータ・カリーナ星雲の140倍近くの大きさがあります。いくつもの星の群れが認められますが、これらはすべて、この星雲の中から生まれた若い星団です。

散開星団NGC 2074
タランチュラ星雲の一部です。暗黒星雲と輝く散光星雲が複雑に入り組んでいます。赤い星々はすべてタランチュラ星雲内で誕生しました。左上に見えている小さな星の集まりがNGC2074です。

星形成領域N11
大マゼラン銀河の中で、タランチュラ星雲に次いで活発に星形成が起きている場所で、画像はその一部を撮影したものです。画像内に見えているたくさんの星々は、ここで生まれた若い星です。

散開星団NGC 265
大マゼラン銀河に次いで私たちに近い「小マゼラン銀河（距離は約21万光年）」の中にある12等級に見える小さな散開星団です。直径は約65光年あります。

散開星団NGC 290
これも小マゼラン銀河の中にある散開星団です。大きさもほぼ同じです。こちらのほうが星はいくぶんまばらですが、大小の星が集まり、色の対比も美しい星団です。

Active Star-forming Region

小マゼラン銀河の 星形成領域

NGC 346（散開星団）、N66（散光星雲）

種別：散開星団、散光星雲　距離：21万光年
明るさ：1等級　大きさ：2.69×3.14分角　星座：きょしちょう座

大マゼラン銀河に次いで私たちに近い銀河「小マゼラン銀河」の中にある美しい領域です。ピンク色の散光星雲を背景に、7万もの星々が輝きます。

激しい星形成領域
ピンク色に輝く散光星雲を背景に、300万〜500万年前に生まれたばかりの7万個にものぼる若い星々（私たちの太陽は約46億歳）がきらめきます。加えて、フリルの縁取りのように見える暗黒星雲が重なり、ひじょうに美しい景観をつくりだしています。

Pillars of Creation in The Small Magellanic Cloud
小マゼラン銀河の中の創造の柱

NGC 602

種別：散光星雲、散開星団　距離：19万6000光年
明るさ：—　画角：4×3分角　星座：みずへび座

新しく生まれた若い星々が、暗黒星雲に巨大な穴を開けて姿を現しています。外縁部には、M16の創造の柱のような構造がたくさん見えています。

NGC 602
小マゼラン銀河内にある星形成領域です。星雲の中から誕生した星々が強い光と熱を放って星雲に穴を開け、姿を現しました。暗黒星雲の縁からは、M16の「創造の柱」に似た暗黒星雲がいくつも伸び、ここでは今も星がつくられ続けています。

Monster Star-birth Region
M33の巨大星形成領域

NGC 604
種別：散光星雲　距離：270万光年
明るさ：14.0等級　画角：1.8×2分角　星座：さんかく座

銀河系から270万光年の彼方にある、渦巻銀河M33の中に輝く巨大な散光星雲です。全体の質量は、太陽の10万倍にも達することがわかっています。

NGC 604
大マゼラン銀河内の巨大な星形成領域「タランチュラ星雲」とよく似た姿をしています。タランチュラ星雲と同じくらいの大きさがあります。太陽より重い星ばかりが200個以上重なって輝いていることが発見されました。

Hanny's Voorwerp
はるか彼方の散光星雲

ハニー天体
種別：散光星雲　距離：6億5000万光年
明るさ：—　画角：0.7×1分角　星座：さんかく座

渦巻銀河IC 2497の近くに浮かぶ、奇妙な緑のガス状天体が発見されました。それは、銀河中心核から照射されたビームによって照らされた天体でした。

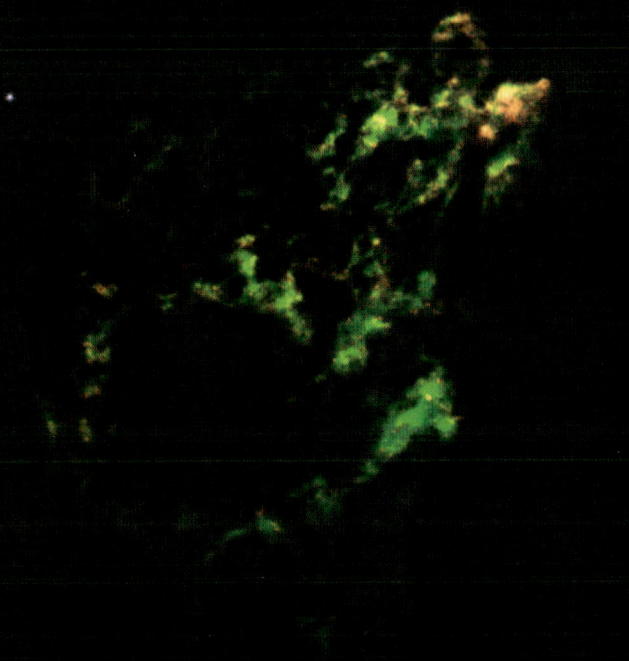

緑のハニー天体
ピンク色の大きな渦巻型の天体は私たちから6億5000万光年彼方にある銀河IC 2497です。昔この銀河の近くを別の銀河が通過し、そのとき、重力の影響でたくさんのガスが銀河から放出されました。やがて、銀河中心にある超巨大ブラックホールは強い光のビームを照射し始め、放出されたガスの一部を照らしだしました。それがこの緑の星雲「ハニー天体」の正体です。このガスの中では星が形成されていることが発見されています。

Globular Cluster
球状星団

数万～100万個の星が球状に集まった天体が球状星団です。銀河系のまわりに広がる「ハロー」という領域を構成している天体です。大きさはさまざまで、中心に巨大ブラックホールが確認されたものもあります。

Tuc47（NGC 104）
種別：球状星団
距離：1万5000光年
明るさ：4.1等級
大きさ：2×2分角
星座：きょしちょう座

NGC 121
種別：球状星団
距離：21万光年
明るさ：11.2等級
大きさ：2.7×2.6分角
星座：きょしちょう座

M92
種別：球状星団
距離：2万5000光年
明るさ：6.5等級
大きさ：3.5×3.4分角
星座：ヘルクレス座

M15
種別：球状星団
距離：3万5000光年
明るさ：6.2等級
大きさ：2.5×2.7分角
星座：ペガスス座

NGC 104の中心部（きょしちょう座47）

昔、星だと間違われ、きょしちょう座47番星と名づけられました。現在でもきょしちょう座47（Tuc47）と呼ばれています。左上が中心方向で、中心に向かって星が密集しているようすがわかります。

NGC 104
直径約120光年の領域に約100万個の星が集まっていて、中心部では太陽系付近に比べると1万倍も星が混み合っています。

NGC 121
小マゼラン銀河内にある最も大きな球状星団です。約100億歳という年老いた星の集まりです。

M92
130億歳くらいのとても年老いた星団です。約33万個の星が密に集まっています。やや小さめながら明るい星団です。

M15
中心には太陽の重さの4000倍のブラックホールがあり、昔は銀河系のまわりを回る小さな銀河だったと考えられています。

第3章 Chapter Three

美しき残光

Beautiful afterglow

ガスとちりの雲が凝縮して誕生した星は、光り輝く時間を経てやがて死を迎えます。その一生のプロセスと死の状況は、誕生したときの星の質量で決定されることがわかっています。たとえば、太陽の8倍までの質量の星は、一生の終わりに外側のガスを噴き出して「惑星状星雲」を形成します。
　惑星状星雲といっても惑星と関係があるわけではなく、この種の天体が発見された18世紀には、望遠鏡で見たようすが天王星や海王星によく似た青白い小さな円盤だったことに由来しています。ハッブル宇宙望遠鏡（HST）が観測する以前の惑星状星雲は、多少形に変化はあるものの、球形やリング状をしているものと考えられていました。ところがHSTは、この惑星状星雲が実はさまざまな形状をもち、とても複雑な構造をしていることを初めて示しました。2つの反する方向へ噴き出す双極型や、リング状や球状をしていて二重三重の複雑な構造をしているものもありました。この第3章では、多彩な姿を見せる惑星状星雲を、多くのページを割いて取り上げています。
　また、太陽の8倍より質量のある星は惑星状星雲を形成するのではなく、もっと劇的な最期を迎えます。それが大爆発を起こして星のほとんどが吹き飛んでしまう超新星爆発です。その結果、超新星残骸と呼ばれる天体が形成されます。HSTが捉えた超新星残骸のディテールには、独特の微細なフィラメント構造がはっきりと写し出されています。特に、1987年に大マゼラン銀河内に出現した超新星1987Aは、近代の観測機器が初めて遭遇した、近距離での超新星爆発として注目され、地球上のあらゆる観測装置がここに向けられました。HSTを使って定期的な観測が行われており、超新星爆発からどのようにして超新星残骸が形成されてゆくのか、高い解像度で観測が続けられています。
　また、惑星状星雲のあとに残った白色矮星や、超新星残骸を形成した星の残骸である中性子星についても紹介しています。

Cat's Eye Nebula

キャッツアイ星雲の
ディテール

キャッツアイ星雲、NGC 6543
種類：惑星状星雲　距離：3000光年
明るさ：8.9等級　画角：1×1.4分角　星座：りゅう座

太陽程度の質量の星は、その一生の終わりに「惑星状星雲」を形成します。キャッツアイ星雲は、そのなかでも最も複雑な構造をしているといわれています。

キャッツアイ星雲
惑星状星雲のほとんどは10万年くらいの寿命しかないと考えられていますが、このキャッツアイ星雲は、生まれてからまだ1000年ほどしか経っていない若い惑星状星雲です。この複雑な構造は、中心に輝く星によって形づくられました。おそらくそれは2つの星がお互いのまわりを回り合っている連星だと考えられます。中心星の表面温度は約8万度、明るさは太陽の1万倍もあり。1秒間に20兆トンのガスを高速で噴き出しています。

Eskimo Nebula
エスキモー星雲

エスキモー星雲、NGC 2392
種類：惑星状星雲　　距離：5000光年
明るさ：9.5等級　　画角：1.5×2分角　　星座：ふたご座

望遠鏡を通して観察すると、毛皮のフードをかぶった人の顔のように見えたことから命名されました。HSTによってその複雑な構造が明らかになりました。

惑星状星雲を生み出した星の中心核が白色矮星となって見えています。白色矮星は燃料が枯渇し、中心部でエネルギーを生成できなくなった天体で、とても高密度に圧縮されています。質量は太陽くらいあっても直径はその1/100程度しかありません。収縮したときのエネルギーで明るく輝いて見えていますが、徐々に冷えて光を出さなくなっていきます。

エスキモー星雲
周囲の放射状の構造と、真ん中の高温で希薄なガスを包むバブルからできています。中心には、惑星状星雲を生み出した星の中心核が白色矮星となって見えています。白色矮星は燃料が枯渇し、中心部でエネルギーを生成できなくなった天体で、とても高密度に圧縮されています。質量は太陽くらいあっても直径はその1/100程度しかありません。収縮したときのエネルギーで明るく輝いて見えていますが、徐々に冷えて光を出さなくなっていきます。

Helix Nebula
みずがめ座の巨大惑星状星雲

らせん星雲、NGC 7293

種類：惑星状星雲　距離：650光年
明るさ：7.6等級　画角：15×20分角　星座：みずがめ座

私たちに最も近い惑星状星雲で、見かけの大きさは満月の半分ほどに達します。輪郭が二重の渦のように見えることから「らせん星雲」と呼ばれています。

惑星状星雲の中でつくられる惑星
私たちにいちばん近い惑星状星雲で、見かけの大きさは満月の半分くらいあります。この星雲の中では、初期に放出されて冷えたガスに、後から放出された高温のガスが衝突して圧縮され、惑星が形成されています（p52）。

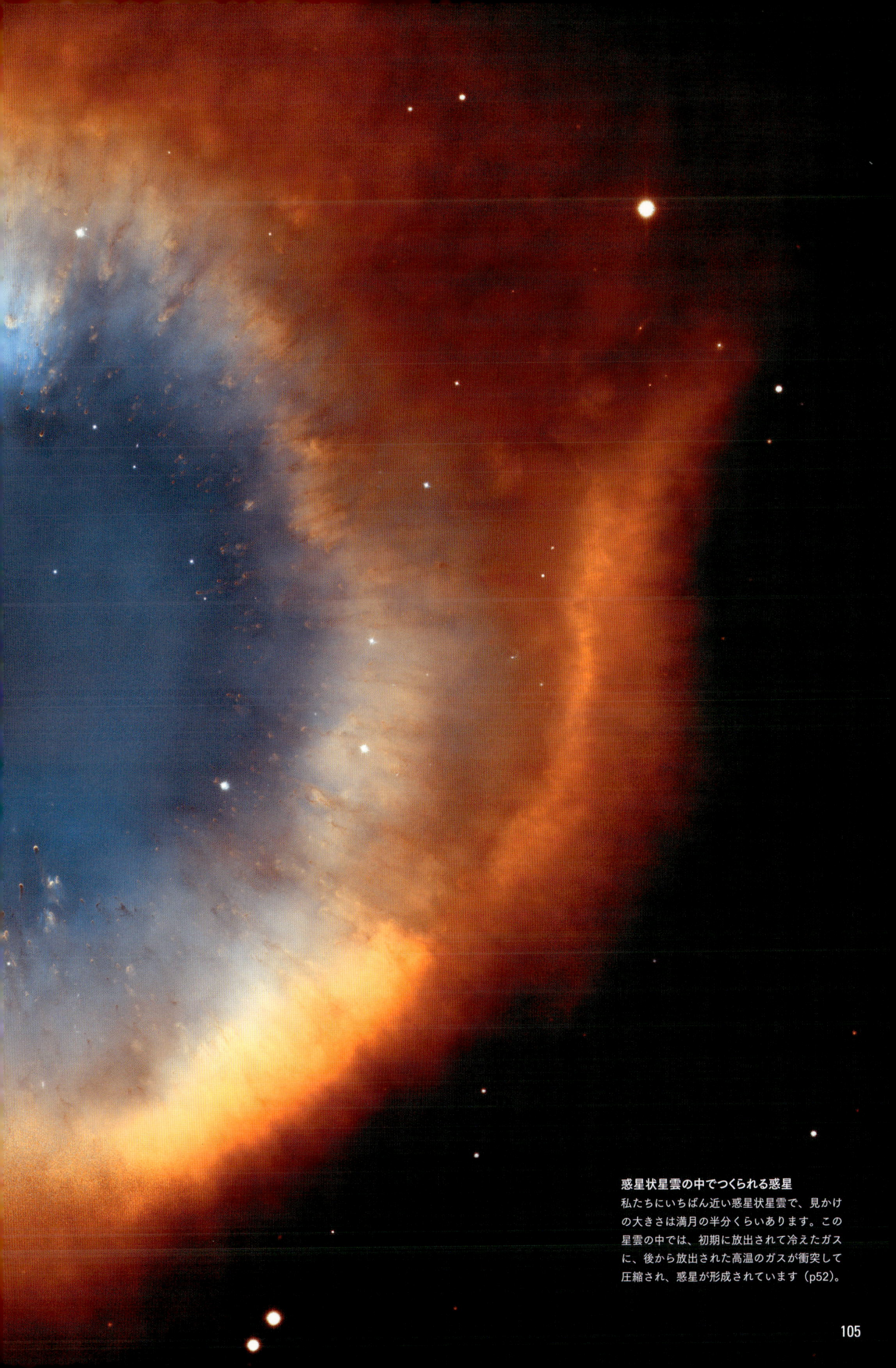

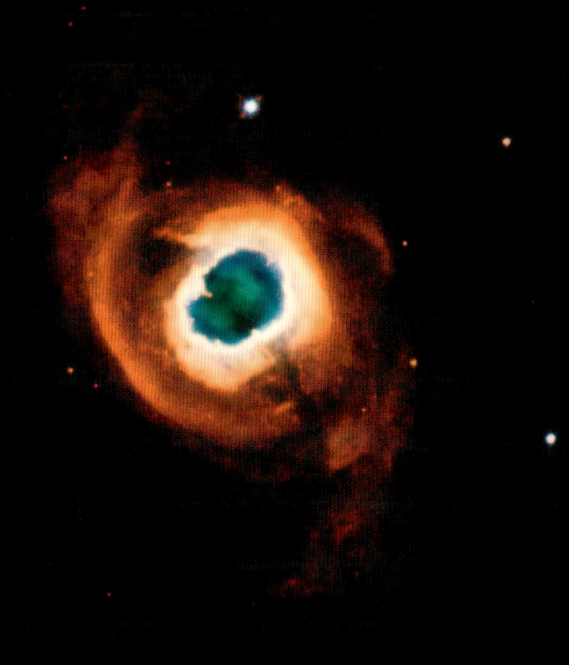

コホーテク星雲 K 4-55
はくちょう座の方向の4600光年彼方にある惑星状星雲です。リング状構造の外側が渦巻型をしたユニークな形です。彗星ハンターとして有名なチェコの天文学者コホーテクが発見したことから、この名前がつけられました。

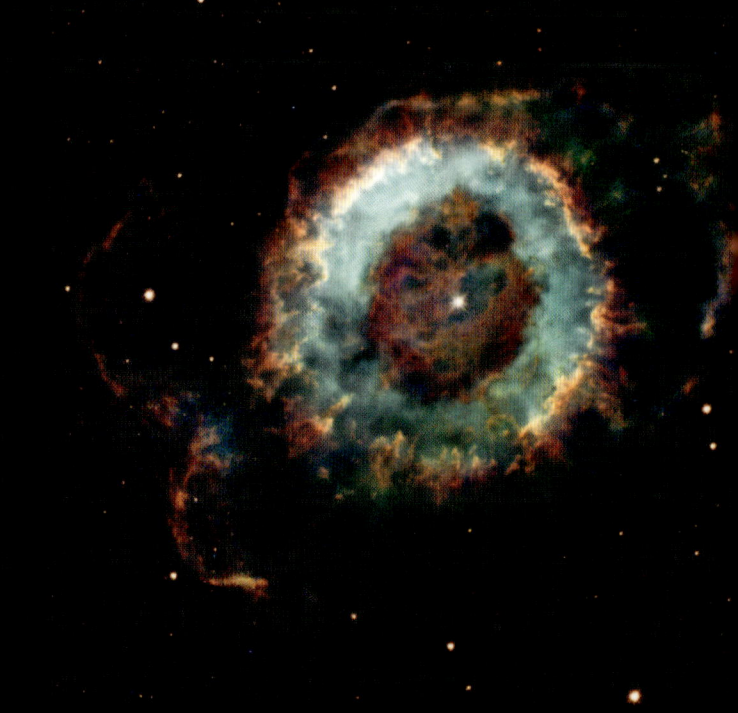

NGC 6369
へびつかい座方向にある惑星状星雲で、正確な距離はわからず、2000～5000光年だと考えられています。明るいリングの外側に変わった形の構造が見られます。望遠鏡で見ると、丸い形をした不明瞭な姿に見えることから、「小さな幽霊星雲」とも呼ばれています。

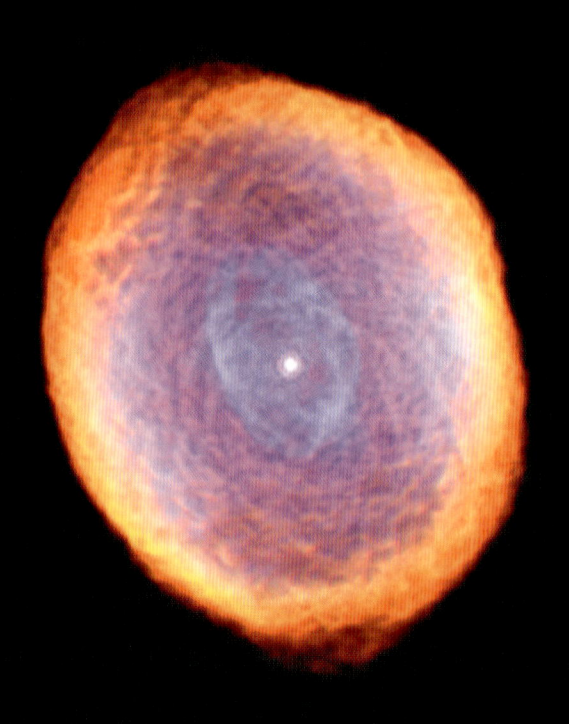

スピログラフ星雲 IC 418
うさぎ座の方向、2000光年彼方にある惑星状星雲です。楕円形の星雲の中一面にさざ波のような模様があります。これは、ほかには見られない構造で、どのようにしてこのような構造ができたのか、はっきりした理由はわかっていません。

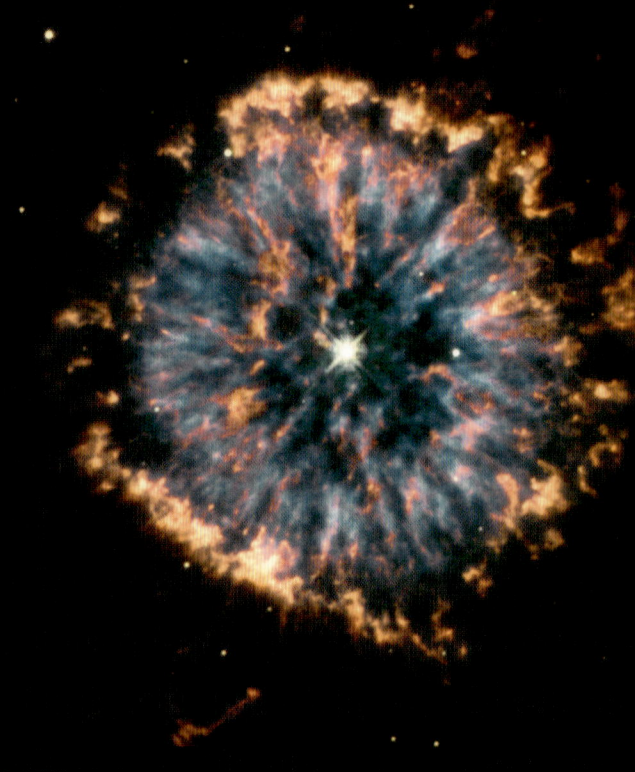

NGC 6751
わし座の方向、6500光年の距離にあります。瞳のような姿の惑星状星雲です。中心の白色矮星から周囲へ向けて放射状の構造が見られ、白色矮星がとても目立っています。

茶色の部分は星が放出した外層部で、中心の白色矮星をつぶれた球状に包んでいます。星雲の内部は白色矮星によって熱せられた高温ガスで満たされ、青く透明に見えます。リングの中心近くには2つの星が並んで輝きます。2つは互いのまわりを回り合う連星で、暗いほうが星雲をつくった星の中心核で、明るいほうが伴星です。

Southern Ring Nebula

南のリング星雲

南のリング星雲、NGC 3132
種類：惑星状星雲　距離：2000光年
明るさ：9.9等級　画角：1.2×1.7分角　星座：ほ座

水晶の晶洞を連想させる美しい惑星状星雲です。北天に見える「こと座のリング星雲」(p108)に対して、南天に見えるため「南のリング星雲」と呼ばれています。

NGC 3132

茶色の部分は星が放出した外層部で、中心の白色矮星をつぶれた球状に包んでいます。星雲の内部は白色矮星によって熱せられた高温ガスで満たされ、青く透明に見えます。リングの中心近くには2つの星が並んで輝きます。2つは互いのまわりを回り合う連星で、暗いほうが星雲をつくった星の中心核で、明るいほうが伴星です。

Ring Nebula
こと座の
リング星雲

リング星雲、M57
種類：惑星状星雲　距離：2300光年
明るさ：8.8等級　画角：2.7×2分角　星座：こと座

こと座の一角に位置し、小型の望遠鏡でもリング状の姿がよくわかるため、最も知られる惑星状星雲です。中心で輝いているのが白色矮星です。

つかの間の姿
こと座のリング星雲は惑星状星雲のなかでは明るく、観望しやすい天体です。これは今から6000～8000年前に誕生したと考えられていますが、惑星状星雲が輝き続けるのはせいぜい1000～数万年ほどと考えられています。惑星状星雲は膨張しており、次第に希薄になり、見にくくなるからです。リング星雲は、現在、秒速20～30kmで膨張しており、数万年後には見えなくなると考えられています。

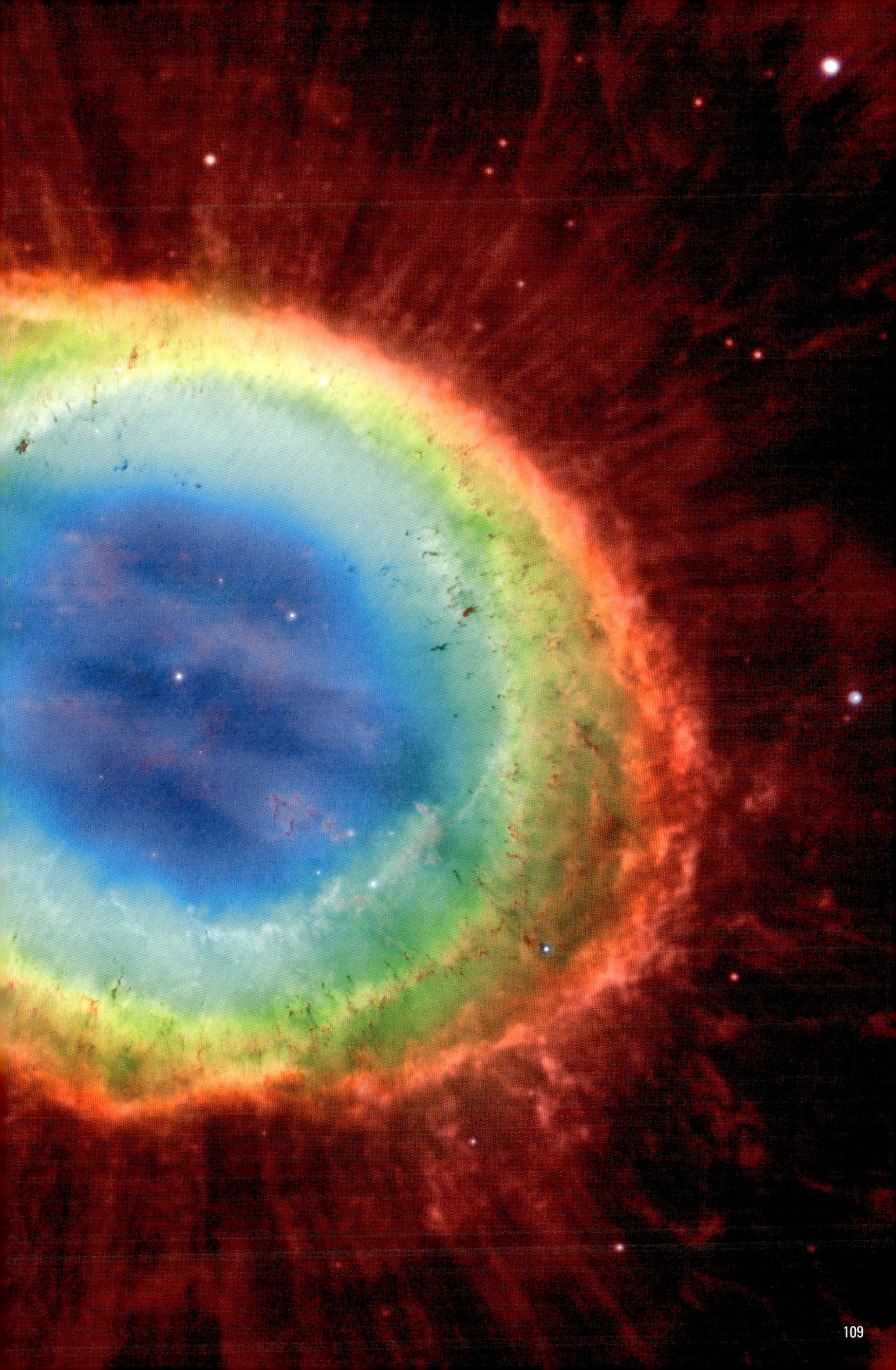

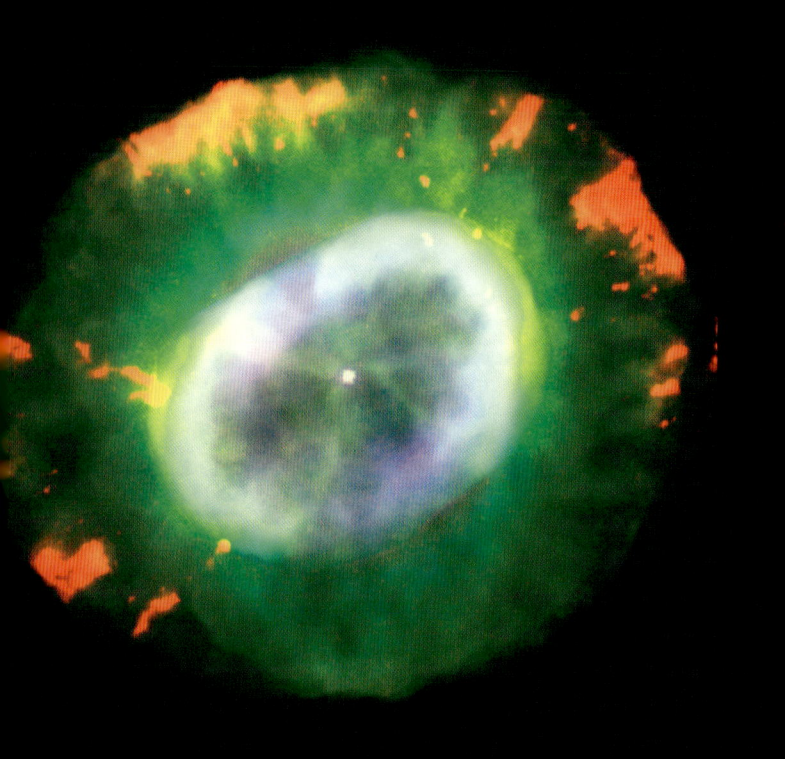

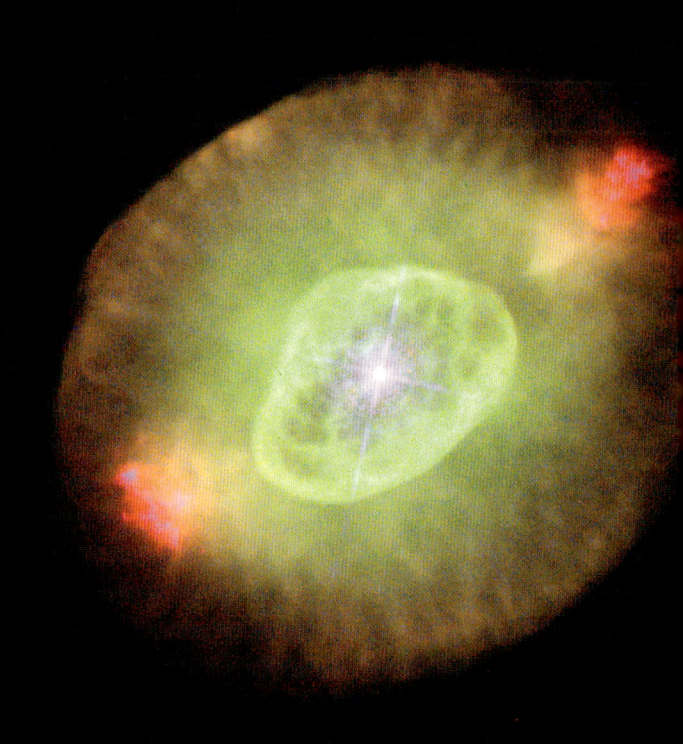

青い雪だるま NGC 7662
少し大きな望遠鏡を使うと、青緑色の雪だるまのような姿に見えます。明るいリング状の構造とそれを包み込む淡い楕円形の二層構造をしています。アンドロメダ座の方向、2000光年の距離にあります。

NGC 6826
2つのリングの二重構造に加えて、右上と左下に「取っ手」のように見える赤い部分があります。中心星から噴き出した高速ジェットがガスの層をつき抜けている姿です。はくちょう座の方向、2200光年彼方にあります。

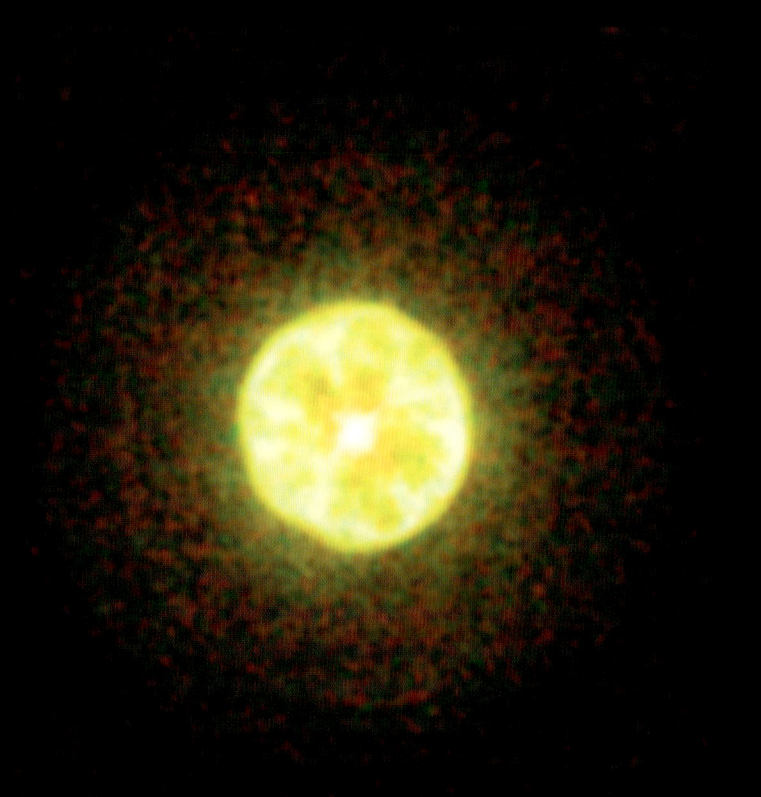

IC 3568
きりん座の方向9000光年という遠方にあるため、小さく見えます。スライスしたレモンのような姿の惑星状星雲です。よく見ると、その外側にも淡いガスの層が球状にとり巻いていて、やはり二層構造をしていることがわかります。

Hen-1357 アカエイ星雲
1966年までは星として観測されていましたが、1989年に惑星状星雲の誕生が観測されました。観測されている惑星状星雲の多くは、誕生してから数千年ですから、とても若い惑星状星雲です。さいだん座の方向、1万8000光年彼方にあります。

Engraved Hourglass Nebula
砂時計星雲

砂時計星雲、MyCn18
種類：惑星状星雲　距離：8000光年
明るさ：13.0等級　画角：1×1.5分角　星座：はえ座

まるで砂時計を斜めから見たような姿をしています。このように、2極方向にガスが広がったように見えるタイプを「双極型惑星状星雲」と呼んでいます。

砂時計星雲
まるで砂時計を斜め上から見たような姿をしています。ゆっくりと膨張する星の外層部内を、恒星風が高速で吹き抜けたためにできた構造だと考えられています。中心にリング星雲のような形状が見えます。白い点が白色矮星ですが、星雲の中心からずれた位置にあります。なぜ中心にないのか、大きな謎となっています。

Twin Jet Nebula
宇宙に羽ばたく蝶の羽根

ツインジェット星雲、M2-9
種類：惑星状星雲　距離：2300光年
明るさ：8.8等級　画角：1×1.5分角　星座：へびつかい座

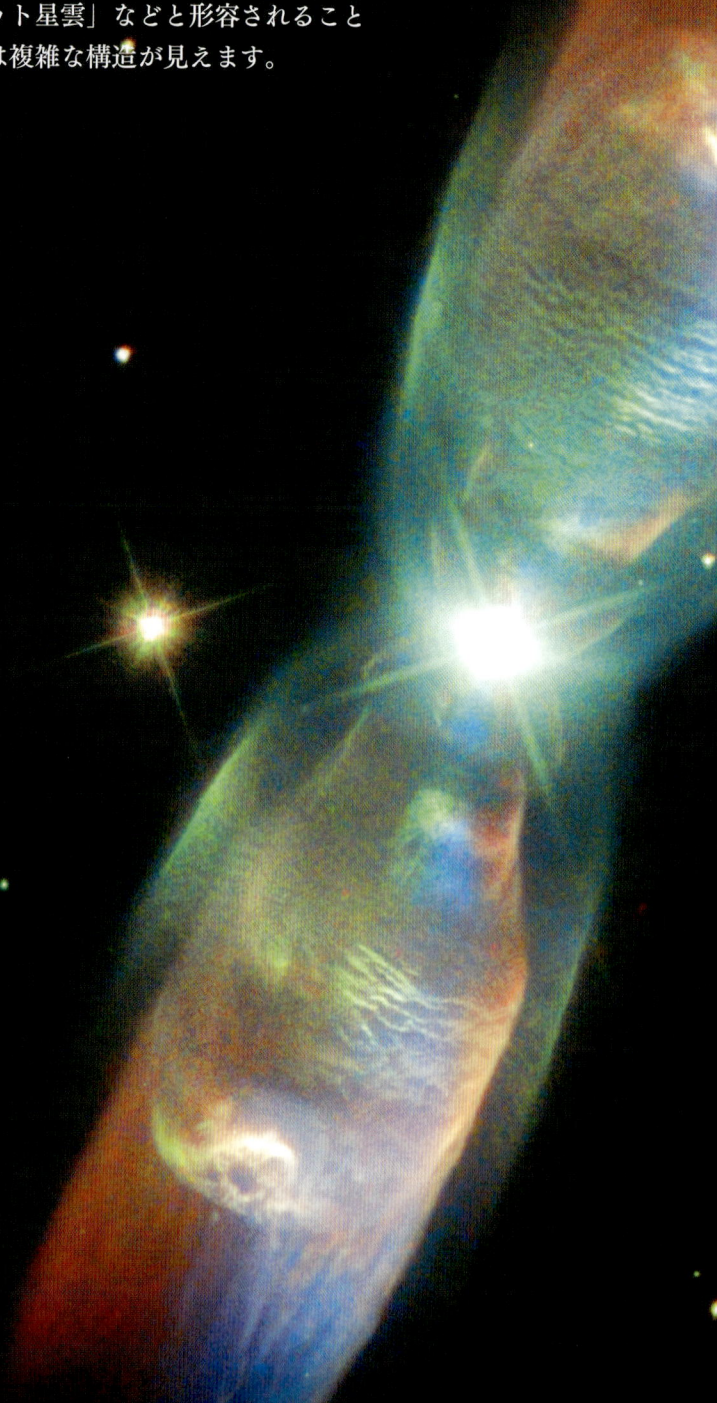

美しい双極型惑星状星雲です。「蝶の羽根星雲」や「ツインジェット星雲」などと形容されることもあり、内部には複雑な構造が見えます。

M2-9
このような双極型の惑星状星雲は、星雲を形成した星が単独の星ではなく、2個の星がお互いに回り合う連星系の場合に形成されます。中心の星はひとつにしか見えていませんが、実際は2つの星は300天文単位以上離れています。それらは、約120年かかってお互いのまわりを回っています。

エッグ星雲 CRL 2688
いくつも重なるさざ波のような模様と4本の
サーチライトの光のような構造があります。
中央の黒い部分は濃いガスとちりのリングを
横から見たもので、リング中央に星が隠され
ています。この星は外層部を放出する最終段
階にあって、2方向へ高速ジェットを放出し
ています。数千年以内には、双極型惑星状星
雲が形成されるでしょう。はくちょう座の方
向、3000光年の距離にあります。

レッド・レクタングル
中央に見えている星は外層部を吹き飛ばしつつあり、周囲へと
広がるガスが中心星からの光を反射して赤く輝いています。数
千年以内に星は質量放出を終え、白色矮星となって強い紫外線
を放ち始めます。このとき、周囲のガスは加熱され、自ら光を
発する惑星状星雲へと変わります。いっかくじゅう座の方向、
2300光年の距離にあります。

アリ星雲 Mz 3
美しい双極型惑星状星雲です。アリを上から
見ているような姿をしていることから、この
名前で呼ばれています。じょうぎ座の方向、
3000光年の距離にあります。

Saturn Nebula
土星状星雲

土星状星雲、NGC 7009
種類：惑星状星雲　距離：1400光年
明るさ：8.0等級　画角：1×1.5分角　星座：みずがめ座

19世紀中頃、アイルランドの天文学者ロス卿が口径180cmの望遠鏡を向けたとき、土星のように見えたことから命名された惑星状星雲です。

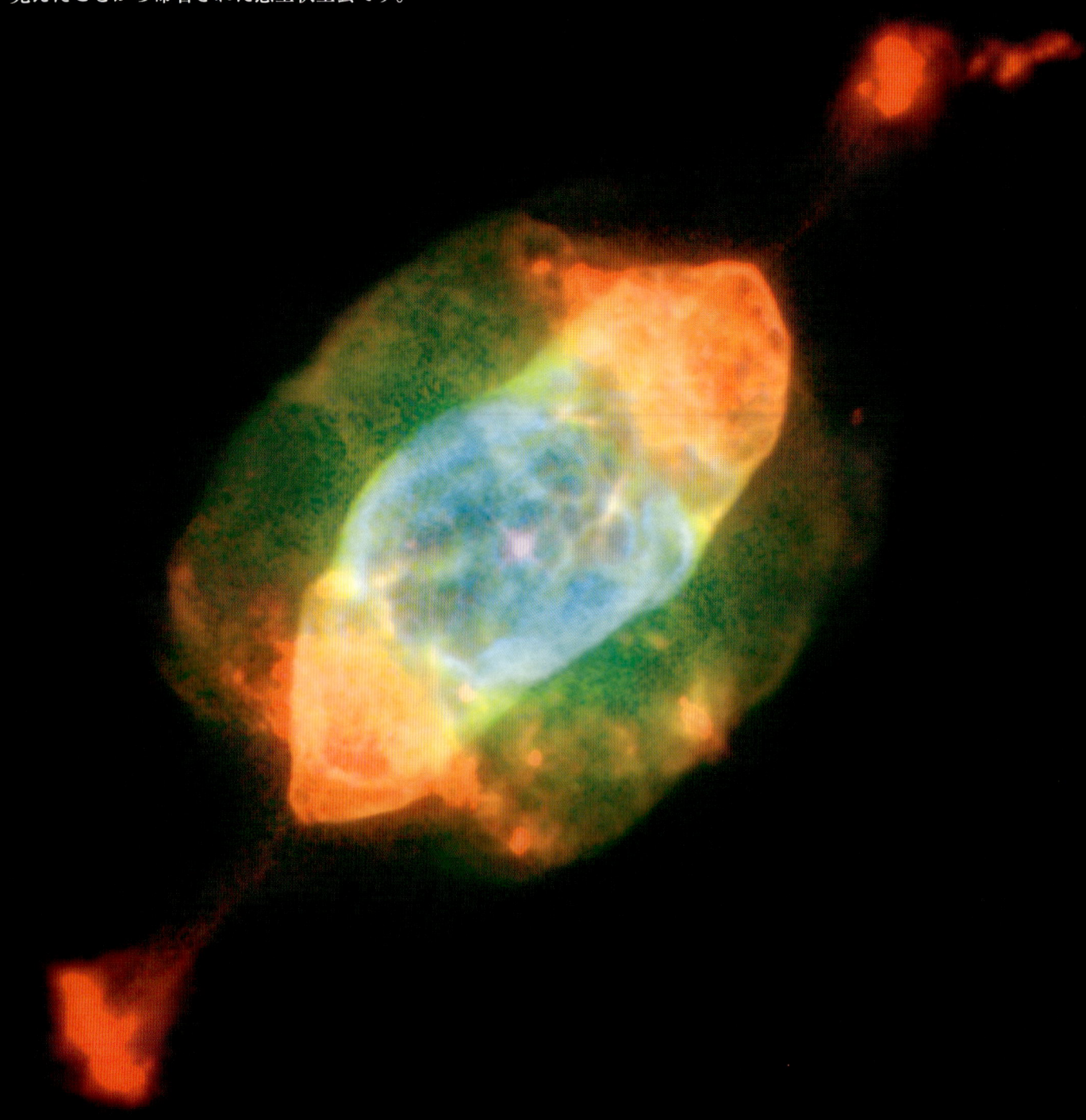

土星に似た形の星雲が閉じ込められたバブルは右上と左下でねじれていて、その外側を包む緑色のガスの雲を突き破っているように見えます。2方向へ伸びる取っ手のような構造は、星雲の端から逃げ出す高温ガスの姿だと考えられています。

土星に似た形の星雲
複雑な構造の惑星状星雲です。青い高温ガスが閉じ込められたバブルは右上と左下でねじれていて、その外側を包む緑色のガスの雲を突き破っているように見えます。2方向へ伸びる取っ手のような構造は、星雲の端から逃げ出す高温ガスの姿だと考えられています。

Butterfly Nebula
バタフライ星雲

バタフライ星雲、NGC 6302
種類：惑星状星雲　距離：4000光年
明るさ：7.1等級　画角：2.7×4分角　星座：さそり座

100年前から観測されていた、明るい双極型惑星状星雲です。HSTの最新のカメラ,WFC3によって、濃いちりとガスに囲まれた中心星が発見されています。

バタフライ(蝶)星雲
これまで見てきた惑星状星雲は、何度も星が外層部を吹き飛ばし、その結果形成された何重もの構造をしていました。しかしこれは、たった1度だけの放出でできた惑星状星雲です。約1900年前、星の外層部が一気に吹き飛ばされて形成されました。白色矮星が、星雲の真ん中にある暗い色をした濃いガスとちりの雲の中に隠されています。

NGC 2440（写真左）
惑星状星雲は、それぞれ2つとない個性豊かな姿をしていますが、この星雲も複数のバブルがつながったようなおもしろい形をしています。中心星もはっきり見えています。とも座の方向、3600光年の距離にあります。

NGC 7027
最初にほぼ同心円状にガスが放出され、その後、ガスの放出は四角い形になりました。この画像には見えていませんが、四角いガスの内部にリング状の構造があります。はくちょう座の方向、3000光年の距離にあります。

NGC 5189（写真左）
アルファベットのSの文字を裏返した形をしています。芝生や畑に水をまくスプリンクラーのように、中心星が揺れて回転しながら2方向にガスを放出したために、このような形になりました。はえ座の方向、1780光年の距離にあります。

SuWt 2
リング状の星雲の中心に見えている星は白色矮星ではなく、偶然同方向に見えているだけで、近くに白色矮星がないために大きな謎となっています。ケンタウルス座の方向、6500光年の距離にあります。

NGC 6537
荒々しい姿の惑星状星雲です。中心の白色矮星はちりの雲に包まれていて検出できていませんが、25万〜50万度というひじょうに高温であると考えられています。いて座の方向、3000光年の距離にあります。

NGC 2346
連星の一方の星が赤色巨星に進化して伴星を飲み込み、外層部がドーナッツ状に放出された後、強い恒星風を噴き出して形成されました。いっかくじゅう座の方向、2000光年の距離にあります。

116　第3章　美しき残光

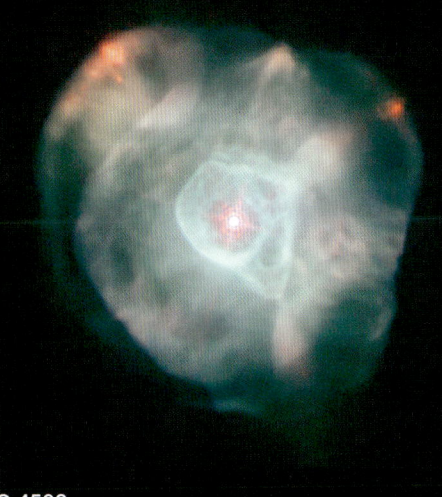

IC 4593
土星状星雲（p114）によく似た構造をしていて、同じようなメカニズムで形成されたものと思われます。ただ、土星状星雲に比べるとだいぶ丸い形です。ヘルクレス座の方向、7000光年彼方にあります。

IC 4406
長方形の惑星状星雲は珍しいものです。内部に見られる複雑な模様はほかには例がなく、どのようなメカニズムで形成されたか謎となっています。おおかみ座の方向、1900光年の距離にあります。

PN G054.2-03.4
ネックレス星雲
1万年ほど前、連星の一方の星が膨らんで伴星を飲みこみ、外層が放出されて形成されました。NGC 2346（p116右下）と似たような運命をたどった星雲です。や座の方向、1万5000光年の距離にあります。

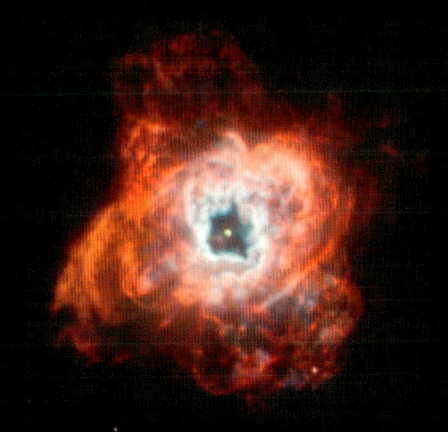

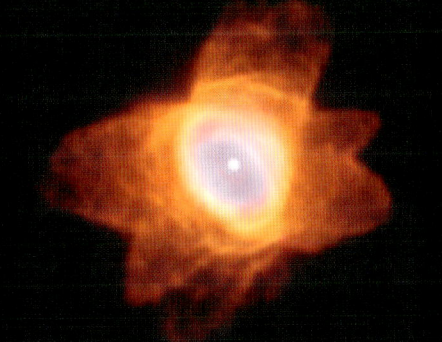

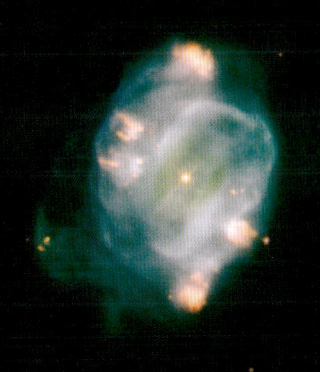

NGC 5315
左上から右下方向に長い楕円と、右上方向から左下へと伸びる楕円の構造があります。中心星は2度にわたって別々の方向へ物質を放出しました。コンパス座の方向、7000光年の距離にあります。

ヒトデ星雲 He 2-47
合計6つの突起が見えています。これは中心星が少なくとも3回、別々の方向へ物質を放出したことを意味しています。りゅうこつ座の方向、6600光年の距離にあります。

NGC 5307
スプリンクラーのように中心星が揺れて回転しながらガスを放出して形成されました。NGC5189（p116左中）と似たメカニズムによるものだと考えられています。ケンタウルス座の方向、1万光年の距離にあります。

Crab Nebula
超新星の残骸 カニ星雲

カニ星雲、M1、NGC 1952
種類：超新星残骸　距離：6000光年
明るさ：8.4等級　画角：3×3分角
星座：おうし座

太陽の8倍以上の質量をもつ星は、一生の終わりに「超新星爆発」を起こして飛び散ります。カニ星雲は、1054年に記録された超新星の残骸です。

中性子星
カニ星雲は、カニの脚のような構造が見えるということから、アイルランドの天文学者ロス卿が名づけました。画像は、星雲の中心部にある中性子星（画像中央の星）付近です。中性子星は、爆発した星の中心核が白色矮星よりもさらに高密度に圧縮された星で、質量は太陽くらいですが、直径は20kmほどしかありません。1秒間に30回も回転しながら、磁極方向に電磁波のビームを照射しています。

フィラメント構造
カニ星雲は、小型望遠鏡で見ると佐渡島のような形をしています。これは、HSTで星雲の中心部分を拡大撮影したもので、爆発で飛び散った星の破片がフィラメント構造を形づくっています。画像の中央よりやや左寄りにあるのが中性子星です。

Cassiopeia A
カシオペヤ座 A

カシオペヤ座 A、3C461
種類：超新星残骸　距離：1万光年
明るさ：—　画角：7×11分角　星座：カシオペヤ座

約350年前に超新星爆発によって飛び散った星の破片が、周囲の星間物質に衝突して輝いているところです。円形の美しい超新星残骸です。

星雲の温度は3000万度
カニ星雲と同じく、星が一生の終わりに大爆発して形成された超新星残骸です。しかし、カニ星雲と異なり、きれいな円形をしています。秒速4000kmもの速度で膨張し、周囲の物質と激しい衝突をすることで、星雲は3000万度の高温になっています。このため、強いエックス線や電波も放出しています。

Veil Nebula
天女の羽衣 網状星雲

網状星雲、NGC 6992-5、NGC 6960
種類：超新星残骸　距離：1500光年
明るさ：7.0等級　画角：5×3分角（2つの画像それぞれ）　星座：はくちょう座

はくちょう座の羽根の部分に輝く、美しいフィラメント状の超新星残骸です。中心に星はなく、爆発の際に粉々に飛散したのではないかと考えられています。

爆風がつくった天の羽衣
淡い星雲ですが、大型の望遠鏡を用いると、天女の羽衣のような繊細な構造を確認することができます。HSTによる画像からは、その複雑なディテールがよくわかります。今から1万5000年前に起きた星の大爆発は衝撃波を発生させ、それが周囲の星間物質に衝突して高温に熱したことで、この美しい星雲ができました。p230に全体像を紹介しています。

NGC 2736の一部

ほ座の方向、815光年の距離にあります。満月の直径の16倍も巨大な「ほ座超新星残骸」のほんの一部です。ほ座超新星残骸は1万1000年前に大爆発した巨星の残骸で、実際の大きさも約100光年という巨大なものです。

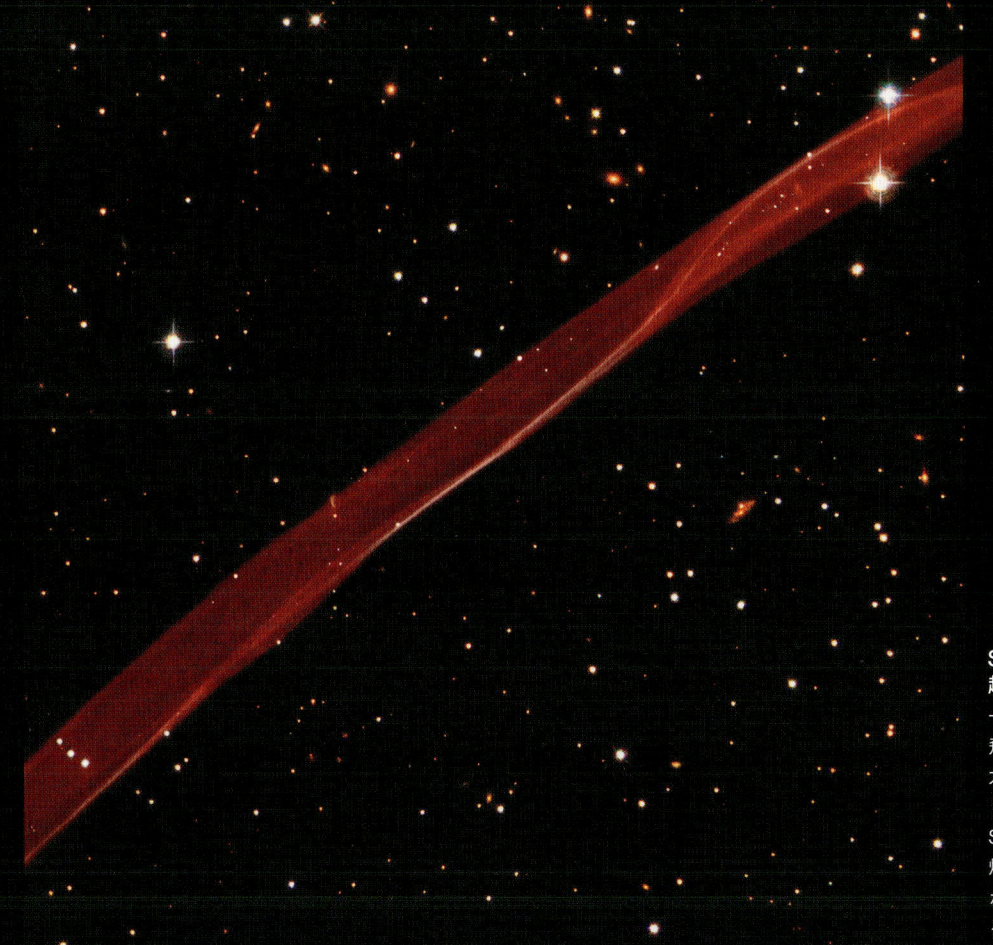

SN 1006の
超新星残骸の一部

一生の終わりに星が大爆発を起こして吹き飛ぶ現象は「超新星爆発」と呼ばれ、突如、太陽の100億〜1000億倍もの明るさになります。1006年に観測されたこの超新星SN 1006は、7000光年もの彼方で起きた爆発でしたが、記録に残っているもののなかでは最も明るく輝き、金星15個分の明るさで輝いて見えたと記録されています。おおかみ座に見えています。

SNR in The Large Magellanic Cloud
大マゼラン銀河の超新星残骸

LMC N49、DEM L 190

種類：超新星残骸　距離：16万光年
明るさ：—　画角：2×3分角　星座：かじき座

私たちの銀河系の隣の銀河、大マゼラン銀河の中で最も明るく見える超新星残骸です。1979年には強いガンマ線バーストが検出されました。

LMC N 49、DEM L 190
複雑に絡み合った外見は、おうし座のカニ星雲（p118）とよく似ています。カニ星雲は、中心の中性子星からエネルギーの供給を受けて輝いていますが、これも同じメカニズムで明るく輝いています。約5000年前に爆発した星の残骸だと考えられています。

※ガンマ線バースト：強力なガンマ線が極めて短時間で爆発的に放射される現象。

SNR in The Constellation Dorado
宇宙に浮かぶ シャボン玉

SNR 0509-67.5
種類：超新星残骸　距離：16万光年
明るさ：—　画角：1.5×1.5分角
星座：かじき座

これまで見てきた超新星残骸は、大質量星の最期の姿でしたが、これは白色矮星が大爆発して形成された残骸です。

可視光とエックス線で見た SNR 0509-67.5
大マゼラン銀河内の超新星残骸です。赤い外周部分は、超新星爆発によって四方に広がっていく爆風が周囲の星間物質に衝突して衝撃波を発生させ、それが周辺の物質を加熱して輝かせているところです。青緑の部分はエックス線を放つ高温ガスを示しています。

可視光による SNR 0509-67.5
上と同じ天体を可視光のみで撮影したものです。約400年前に爆発した超新星の残骸です。最近の研究では、連星系をつくっていた2つの白色矮星が徐々に接近し、やがて衝突して大爆発した残骸ではないかと考えられています。

E0102
ピンク色の部分は散光星雲で星が生まれている場所であり、青色の部分が超新星残骸E0102で、星が死んでいくところです。星の誕生と死が隣り合わせに見えています。

SNR in The Small Magellanic Cloud
小マゼラン銀河の超新星残骸

E0102
種類：超新星残骸　距離：21万光年
明るさ：—　画角：7×5分角　星座：きょしちょう座

私たちの近傍の銀河の中にある超新星残骸E0102は、およそ2000年前に爆発した超新星の名残だと考えられています。強力なエックス線源でもあります。

Supernova 1987A
歴史的超新星爆発の
その後

SN 1987A
種類：超新星残骸　距離：16万光年
明るさ：—　画角1.2×1分角　星座：かじき座

1987年に大マゼラン銀河の中に出現した超新星爆発は、肉眼で観測されたものとしては383年ぶりのできごとでした。その後も継続観測が続いています。

輝くリング
中央の明るいリングと、右上、左下に見える淡いリングは、砂時計のような形になっています。最期を迎えて不安定になった星は、最初、外層部をドーナッツ状に噴き出し、その後、星から高速で噴き出してきたガスに押されて砂時計状になりました。星は超新星爆発を起こし、衝撃波がドーナッツ状のガスに衝突しリングを明るく輝かせています。リングの中心にある淡い鍵穴のような形のものが、爆発で吹き飛ばされた星の残骸です。

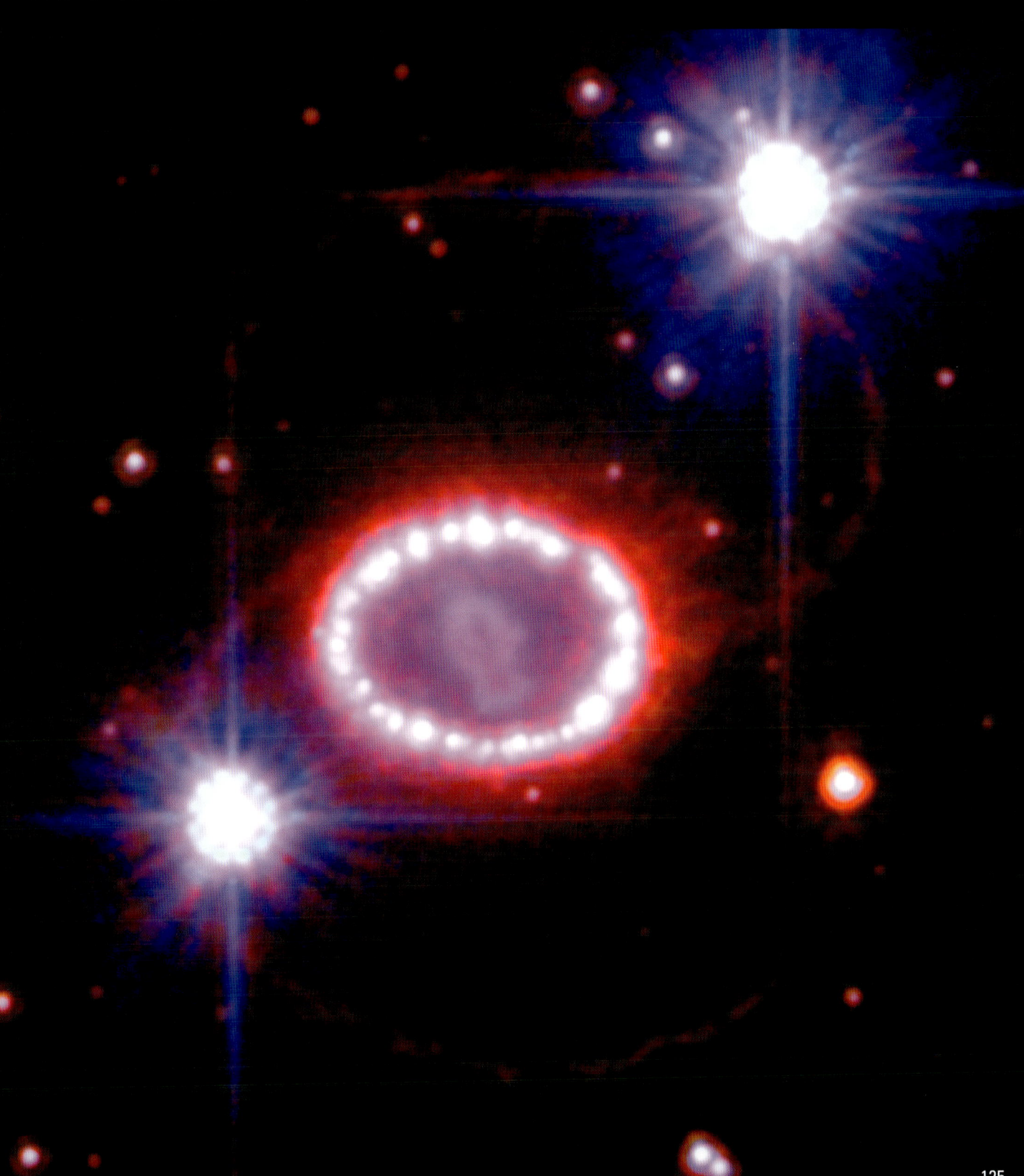

第4章
Chapter Four

銀河の
海原

Ocean
Of
Galaxy

私たちの太陽は、約2000億個の星と多くの星間物質とともに、「銀河系」と呼ばれる直径10万光年、厚さ1万5000光年の凸レンズ形の天体を形づくっています。第2章、第3章で紹介した天体のほとんどは、この銀河系内部にある天体でした。しかし、銀河系の外の宇宙には、銀河系のような天体「銀河」が、数千億～1兆個も存在していると考えられています。

　銀河の分類の方法にはいくつかありますが、第4章では、銀河を見かけの形によって分類した「ハッブルの分類」に沿って、まとめて紹介しています。この分類法は、現在最も広く使われている分類法です。ハッブルの分類によれば、銀河は渦巻銀河、棒渦巻銀河、レンズ状銀河、楕円銀河、不規則銀河に分けられます。

　しかし、ハッブル宇宙望遠鏡（HST）によって詳しいようすが撮影される銀河の数が増えるに従って、銀河のほとんどが美しい渦巻銀河や棒渦巻銀河、レンズ状銀河、楕円銀河なのではなく、隣の銀河との接近遭遇や伴銀河との重力の相互作用で、形が歪んで変形していることがわかりました。歪んでいない銀河を探すほうが難しいほどに、多くの銀河が歪んでいます。

　また、今まさに2つの銀河が衝突しているようすや、衝突から年月が経って変形が進み、元の銀河の形がわからなくなったものも数多く見つかりました。重力の相互作用で銀河内が攪乱され、大質量星が短期間に大量に形成されるスターバースト現象を起こしている銀河も多く見つかっています。このような銀河どうしの衝突や接近遭遇の事例は、銀河が孤立した存在ではなく、重力的に結びついた大小のグループを形成していることが原因です。

　HSTの素晴らしい解像度によって、ダイナミックで壮絶な銀河どうしの営みの詳細が明らかにされました。また、HSTの観測により、ほとんどの銀河の中心核には、太陽の数百万～数十億倍の質量の超巨大ブラックホールが存在することが発見されています。

Pinwheel Galaxy

ピンホイール銀河と呼ばれる渦巻銀河

M101

種類：渦巻銀河　　距離：2300万光年
明るさ：8.3等級　　画角：10×14.5分角　　星座：おおぐま座

渦巻銀河を上から見た典型的な形として知られている銀河です。Pinwheelとは「風車(かざぐるま)」のことで、そのようすは小型望遠鏡でも見ることができます。

M101

大きく広がった渦巻腕をもつ美しい銀河です。渦巻の腕は青く、若い星々や散光星雲、散開星団からなり、濃いガスとちりの雲が黒い筋となって複雑に入り組んでいます。中心部は赤っぽい色の、比較的年老いた星々が集まっていて、この部分は「バルジ」と呼ばれています。M101は、私たちの銀河系の約5倍もの星を含む巨大な銀河です。

Typical Barred Spiral Galaxy
棒状構造をもつ銀河

NGC 1672
種類：棒渦巻銀河　距離：6000万光年
明るさ：10.3等級　画角：5×7.2分角　星座：かじき座

中心を貫く棒状構造をもつ渦巻銀河を「棒渦巻銀河」と呼んでいます。その数は通常の渦巻銀河よりも多く、銀河系も同じ種類だと考えられています。

NGC 1672
渦巻構造をもつ銀河の2/3は棒渦巻銀河だといわれていますが、このNGC 1672は典型的な棒渦巻銀河です。過去にほかの銀河と接近遭遇して重力の影響を受けたためか、棒状構造の先から始まる渦巻の腕が対称形ではなく、右下の腕が途中から不明瞭な姿をしています。

Great Andromeda Galaxy
アンドロメダ大銀河の
ディテール

M31
種類：渦巻銀河　距離：250万光年
明るさ：4.4等級　画角：25×17分角　星座：アンドロメダ座

銀河系に最も近い大型の銀河です。HSTが撮影したその画像からは、天の川を撮影したかのような詳細な天体の分布が見てとれます。

アンドロメダ大銀河
肉眼でもぼんやり輝く楕円形の姿がわかります。ここに掲載した画像は中心部のバルジ付近のクローズアップで、左下隅の小さな明るいところが中心核です（画角についてはp235）。中心核に近づくほど星が密集していて明るく輝いていますが、少し離れた部分は星の密度が低くなり、個々の星の光が見えてざらざらした感じに見えています。M31と銀河系は秒速110kmで接近しつつあり、40億年後には衝突することがわかっています。

第4章　銀河の海原

アンドロメダ大銀河の周辺部
アンドロメダ大銀河の渦巻腕の一部です（画角についてはp235）。中心部とは違い、ほとんど青白い若い星々からできています。バルジ付近と比べて星の密度が低く、はるか遠方の銀河が透けて見えています。アンドロメダ大銀河は私たちに最も近い大型の渦巻銀河で、最も詳しく観測・研究されている銀河です。

ESO 498-G5

種類：渦巻銀河　距離：1億光年
明るさ：—　画角：2.8×1.5分角
星座：らしんばん座

渦巻銀河には巨大な楕円状の黄色いバルジをもつものと、この銀河のようにバルジがとても小さくて青く、中心核から渦巻腕が出ているように見えるものがあります。このような銀河では、渦巻腕部分ばかりでなく、中心部でも盛んに星が形成されています。

NGC 3344

種類：渦巻銀河　距離：2000万光年
明るさ：8.3等級　画角：7×5分角
星座：こじし座

明るい中心核を青い若い星々からできたリングがぐるりととり囲み、そこから渦巻腕が出ています。上のESO 498-G5とは違い、巨大な楕円状の黄色いバルジをもった渦巻銀河です。銀河系の半分ほどの大きさしかない小さな銀河です。

A Grand Design Spiral Galaxy

最も整った形の渦巻銀河

M74、NGC 628

種類：渦巻銀河　距離：3200万光年
明るさ：10.0等級　画角：4×3分角　星座：うお座

銀河どうしの接近遭遇による重力の影響や銀河の合体により、形が歪んだり変形したりした銀河が多いなかで、ほぼ完全な対称形を保っている銀河です。

M74
渦巻銀河をほぼ真上から見たもので、ひじょうに整った形の渦巻銀河として知られています。中心部のバルジは黄色く比較的年老いた星からできていて、渦巻の腕は青く若い星からできています。黒い筋模様は暗黒星雲で、赤い散光星雲がその筋に沿って分布しています。

Bode's Galaxy
細い腕をもつ銀河

M81、NGC 3031
種類：渦巻銀河　距離：1160万光年
明るさ：7.9等級　画角：18×13.5分角　星座：おおぐま座

2本の細い腕が特徴的で、小型の望遠鏡でも観察することができる代表的な渦巻銀河です。大きさや星の数は、銀河系よりも小規模です。

M81
双眼鏡や望遠鏡では、細長い形をしたM82（p166）と同一視野内に見ることができます。付近にはM82よりもかなり小さな渦巻銀河NGC 3077もあります。M81は、約3億年前、この2つの銀河と接近遭遇しました。その結果、3つの銀河の重力の作用でそれぞれの銀河から水素ガスが大量に引きずり出され、それは、現在、大きなひとつながりの雲となって3つの銀河を包んでいます。

137

M106の中心部

M106

種類：渦巻銀河　距離：2350万光年
明るさ：9.1等級　画角：5.5×3.3分角
星座：りょうけん座

普通のカラー画像に、Hα光（電離した水素原子が放つ光）を通す特殊なフィルターをつけて撮影した画像を赤で着色して重ねた画像です。右方向と左上方向に伸びる赤い領域は、肉眼では見ることができない高温の水素ガスです。銀河の中心核に潜む超巨大ブラックホールから噴き出すジェットがつくりだしたものだと考えられています。

NGC 2841

種類：渦巻銀河　距離：4600万光年
明るさ：10.1等級　画角：4×3分角
星座：おおぐま座

M101やM74のようなはっきりとした渦巻腕が認められません。そのかわり、不明瞭なわし雲やうろこ雲、あるいは羊毛のような構造が見えています。このような銀河を「羊毛状渦巻銀河」と呼ぶことがあります。

M65の中心部
M65、NGC 3623
種類：渦巻銀河　距離：4000万光年　明るさ：10.3等級
画角：4×3分角　星座：しし座

中心部分のクローズアップ画像です。暗黒帯がはっきりと渦巻構造を形成し、中心核近くまで続いています。この銀河はわずかに歪んでいます。これは、約8億年前、近くにある大型の銀河M66（p140）、NGC3628と次々に接近遭遇して、重力の影響を及ぼし合ったことが原因だとわかっています。

NGC 3370
種類：渦巻銀河　距離：9800万光年　明るさ：12.3等級
画角：4×3分角　星座：しし座

大きさ、含まれている星の数ともに銀河系とほぼ同じ規模の銀河です。中心核はひじょうに小さく暗く、輪郭がはっきりしません。

NGC 4603
種類：渦巻銀河　距離：1億800万光年
明るさ：12.3等級　画角：4×3分角　星座：ケンタウルス座

はっきりした中心部のあるバルジを美しい渦巻腕がとり囲む、典型的な渦巻銀河です。この銀河は約100個の銀河とともに「ケンタウルス座銀河団」を形成しています。

NGC 3982
種類：渦巻銀河　距離：6800万光年
明るさ：12.0等級　画角：2×2分角　星座：おおぐま座

渦巻銀河をほぼ真上から見ているものです。大きな渦巻腕には、青く高温の若い星、星が次々に誕生している赤い散光星雲、星形成の材料である暗黒帯が広く分布しています。

Intermediate Spiral Galaxy

星形成が活発な M66銀河

M66、NGC 3627
種類：渦巻銀河　距離：3500万光年
明るさ：8.9等級　画角：4×2.8分角　星座：しし座

しし座方向にある明るい銀河で、M65、NGC3628とともにM66銀河群を形成しています。HSTの詳細画像から、星形成領域がたくさん認められます。

M66
中心部の拡大画像です。暗黒帯がはっきりと幅広く見えます。星形成の現場である赤い散光星雲や、青白い若い星がたくさん集まった散開星団が至るところに見られ、星形成が活発に起きていることがわかります。

NGC 2442

非対称の腕をもつ銀河で、これは南西の長く伸びた明るいほうの腕NGC 2442と中心部のクローズアップです。中心核の左上など数か所に細長い天体、あるいは小さな渦巻状の天体が見えますが、これは、遠方の銀河が透けて見えているものです。

Meathook Galaxy

2つに見えていた単独銀河

NGC 2442／2443

種類：渦巻銀河　距離：5500万光年
明るさ：11.2等級　画角：1.4×2分角　星座：とびうお座

1834年に発見されたとき、大きく広がった2本の腕が別々の銀河だと思われたため、南西部分にNGC 2442、北東部分にNGC 2443の番号がつけられました。

種類：棒渦巻銀河　距離：6900万光年
明るさ：11.4等級　画角：6×4.5分角　星座：エリダヌス座

Barred Spiral Galaxy
最も美しい棒渦巻銀河
―――
NGC 1300
種類：棒渦巻銀河　距離：6900万光年
明るさ：11.4等級　画角：6×4.5分角　星座：エリダヌス座

中心部を貫く棒状構造の先から2本の渦巻腕が伸びた、美しい棒渦巻銀河です。銀河系より少し大きく、中心のまわりに独自の円盤構造をもっています。

NGC 1300

比較的年老いた星から成り、赤みがかったバルジの領域は、大きな楕円形をしています。腕の部分は青く、はっきりした暗黒帯とたくさんの散光星雲が認められます。腕の領域から棒状構造を通って中心部にガスが運ばれており、中心の超巨大ブラックホールに流れ込んでいると考えられています。

*A Growing Ring of
Star-forming Regions*

中心部に
リング構造を
もつ銀河

NGC 1097

種類：棒渦巻銀河　距離：4500万光年
明るさ：10.2等級　画角：2.8×4分角
星座：ろ座

数十億年前に伴銀河を飲み込み、今また、伴銀河と重力の相互作用をしている銀河の拡大画像です。リング状の部分では星が盛んに生まれています。

直径5000光年のリング
バルジと棒状構造が捉えられています。画像の右下隅と左上隅から渦巻腕が始まり、反時計回りに巻いています。明るい中心核の真ん中には、太陽の1億4000万倍の質量をもつ超巨大ブラックホールが存在します。それをとり巻く直径約5000光年の青白いリング状の領域では、盛んに星が形成されています。

144　第4章　銀河の海原

Barred Spiral Galaxy
不規則な中心核を
もつ銀河

NGC 1073
種類：棒渦巻銀河　距離：5500万光年
明るさ：11.5等級　画角：4×3分角
星座：くじら座

NGC 1073
中心部が不規則な形をしており、棒状構造をとり巻くような太い腕と、その周辺に向かって多くの淡い腕構造が認められます。淡い腕は、この画像の3倍ほどの大きさまで広がっています。腕部分の暗黒帯は、あまり明確ではありません。

Southern Pinwheel Galaxy
うみへび座の
明るい銀河M83

M83、NGC 5236
種類：棒渦巻銀河　距離：1500万光年
明るさ：7.5等級　画角：9.5×7分角
星座：うみへび座

M83
うみへび座の方向に見える明るい銀河です。直径は4万光年しかなく、銀河系に比べてずっと小さな銀河です。スターバースト銀河と呼ばれ、普通の銀河に比べて数倍から数百倍のペースで、大質量の星が誕生しています。星形成が活発に起きているため、ピンク色に輝く散光星雲がたくさん見えています。

145

NGC 6217

種類：棒渦巻銀河　距離：9000万光年
明るさ：11.2等級　画角：2.5×2分角　星座：こぐま座

巨大な棒状構造をもつ銀河です。ここではスターバーストが起きていて、大質量の星が普通の銀河に比べて多く誕生しています。直径3万光年ほどの小さな銀河です。

M77の中心部

種類：渦巻銀河　距離：4500万光年
明るさ：9.6等級　画角：7×5分角　星座：くじら座

直径17万光年もある巨大銀河の中心部付近です。中心部がひじょうに明るい「セイファート銀河」という種類の銀河です。中心核からは強い電波が放たれていて、そこには太陽の1500万倍の質量をもつ超巨大ブラックホールがあると考えられています。

NGC 1084

種類：渦巻銀河　距離：7000万光年
明るさ：10.7等級　画角：2×1.5分角　星座：エリダヌス座

美しい渦巻銀河ですが、ここでは、過去50年間に5回も超新星爆発が観測されています。ひとつの銀河で超新星が出現するのは100年に1回くらいといわれていますから、いかに出現頻度が高いかがわかります。

NGC 7479

種類：棒渦巻銀河　距離：1億1000万光年
明るさ：11.6等級　画角：2×2分角　星座：ペガスス座

この画像ではわかりませんが、電波で観測すると中心核から1万2000光年の長さのジェットが放出されています。このジェットは、渦巻腕とは反対方向へ曲がっています。これは最近、小さな銀河を飲み込んだ証拠だと考えられています。

Nearly Edge-on Spiral Galaxy

暗黒帯がみごとな渦巻銀河

NGC 634

種類：渦巻銀河　距離：2億5000万光年
明るさ：14.0等級　画角：3×4分角　星座：さんかく座

渦巻銀河をやや斜め上から見ています。はっきりした渦巻腕は見られませんが、幾重にも巻きついたような暗黒帯がその存在を教えています。

直径は約12万光年です。渦巻銀河は横から見るとかなり薄い天体であることがわかります。整然とした形状の暗黒帯の分布から、ひじょうに美しい渦巻構造をしていると考えられます。

NGC 634

直径は約12万光年です。渦巻銀河は横から見るとかなり薄い天体であることがわかります。整然とした形状の暗黒帯の分布から、ひじょうに美しい渦巻構造をしていると考えられます。

NGC 4402

種類：渦巻銀河　距離：5500万光年
明るさ：11.8等級　画角：2×2分角
星座：おとめ座

渦巻銀河を横から見たものです。この銀河は、約2000個の銀河が集まった「おとめ座銀河団」の中を移動しており、画像の左下方向へ進んでいます。銀河団内には高温ガスが満ちており、このガスと衝突して冷たいガスとちりがはぎ取られつつあります。本来なら、濃いガスとちりの雲である暗黒帯は銀河の中央に平らに分布しますが、この銀河では、中央より上のほうへと押されています。

NGC 4217の中央部

種類：渦巻銀河　距離：6000万光年
明るさ：―　画角：3×3分角
星座：りょうけん座

M106（p138）の重力に捉えられ、M106のまわりを回っている「伴銀河」だと考えられています。銀河を上下に分けるように暗黒帯が広がっています。その構造をよく見ると、暗黒のフィラメント構造が垂直に立ち上がっていたり、丸やループ状をしていたり、不規則な形のものもあったりします。超新星爆発などによって、銀河の赤道面からガスが宇宙空間へと放出されていくことを示しています。

NGC 4710

種類：渦巻銀河　距離：6000万光年
明るさ：11.9等級　画角：4×1.2分角　星座：かみのけ座

渦巻銀河を真横から見たものです。明るい楕円形の中心部を幅広い塵の層が横切っています。通常、銀河の端から端まで続くちりの層が、中心部だけ異常に明瞭に見えますし、形がたわんでいます。また、淡く青白い光が中心からX字形に伸びるなど、奇妙な構造をもっています。

NGC 7814

種類：渦巻銀河　距離：4000万光年
明るさ：11.6等級　画角：5×2.5分角
星座：ペガスス座

有名なソンブレロ銀河（p152）と似た外観をしていることから、「リトル・ソンブレロ」と呼ばれることもあります。直径は6万光年ほどで、ほぼ真横を向いた渦巻銀河です。

ESO 121-6

種類：渦巻銀河　距離：6500万光年
明るさ：13.5等級　画角：2.5×2分角
星座：がか座

ほぼ真横から見た渦巻銀河です。銀河中心部が最も厚く、両端にいくにしたがって幅が狭く、暗くなっています。暗黒帯がまっすぐに伸びた NGC 7814 とは異なり、中心部より右の暗黒帯が波打っているのは、別の銀河の重力の影響かもしれません。

NGC 7090

種類：渦巻銀河　距離：6500万光年
明るさ：10.5等級　画角：5×5分角
星座：インディアン座

渦巻銀河をほぼ真横から見ています。ピンク色の散光星雲が銀河全体に分布しており、銀河全体で星形成が起きていると思われます。暗黒帯は一直線に分布するのが普通ですが、この銀河ではフィラメント状の構造をしていて、銀河の下のほうに集まっています。

NGC 5793

種類：渦巻銀河　距離：1億5000万光年
明るさ：13.2等級　画角：2×1分角
星座：てんびん座

2本の太い暗黒帯と明るい中心核が目立ちます。中心核は、これまでに観測された渦巻銀河のものに比べて格段に明るいことがわかっています。奥深くには、太陽の数十億倍の質量をもつ超巨大ブラックホールがあって、激しく活動していることが知られています。

NGC 4522の中央部

種類：渦巻銀河　距離：6000万光年
明るさ：12.1等級　画角：1.5×1.5分角
星座：おとめ座

NGC 4402（p148）と似た形の銀河で、同じように「おとめ座銀河団」内を高速で移動しています。銀河団内の高温ガスと激しく衝突して、銀河内のガスがはぎ取られつつあります。新しく誕生した青い星々に対して、ガスは画像の上のほうに位置しています。また、はぎ取られたガスの中から新たに誕生した青い星々が、銀河の上に見えています。

NGC 6503

種類：渦巻銀河
距離：1800万光年
明るさ：10.2等級
画角：5×4分角
星座：りゅう座

ほとんどの銀河は数個から数万個の集団（銀河団）をつくり、隣の銀河とはそれほど離れていません。しかし、この銀河は、直径1億5000万光年の「ローカルボイド」と呼ばれる、銀河がほとんど存在しない空間にぽつんと浮かんでいます。

NGC 660

種類：極リング銀河　距離：4500万光年
明るさ：12.0等級　画角：2×1.7分角
星座：うお座

レンズ状銀河を上下にとり巻く星々からなるリングをもっています。約10億年前に2つの銀河が衝突した結果、形成されたものだと考えられています。この画像は銀河の混沌とした中心部のクローズアップです。

NGC 4634

種類：渦巻銀河　距離：7000万光年
明るさ：13.6等級　画角：3×2.5分角
星座：かみのけ座

この銀河は、隣の銀河NGC 4633（画像の右端のすぐ外に位置する）と相互に作用しています。その結果、星形成が活発に起きており、暗黒帯に沿ってピンク色の散光星雲がたくさん見えています。

Sombrero Galaxy
ソンブレロ銀河

M104

種類：渦巻銀河　距離：2800万光年
明るさ：9.0等級　画角：7×5分角　星座：おとめ座

均整のとれた渦巻銀河を斜め上から見た姿の明るい銀河です。メキシコの帽子「ソンブレロ」に似た形をしていることから、この名がつきました。

M104
明るく小さな中心核を、渦巻構造がとり囲んでいます。直径は5万光年程度と、銀河系の半分くらいしかないものの、銀河系の約4倍の質量があります。中心には太陽の10億倍の重さの超巨大ブラックホールがあります。大量のガスを吸い込んで、盛んにエネルギーを放出しており、強い電波とエックス線を放っています。

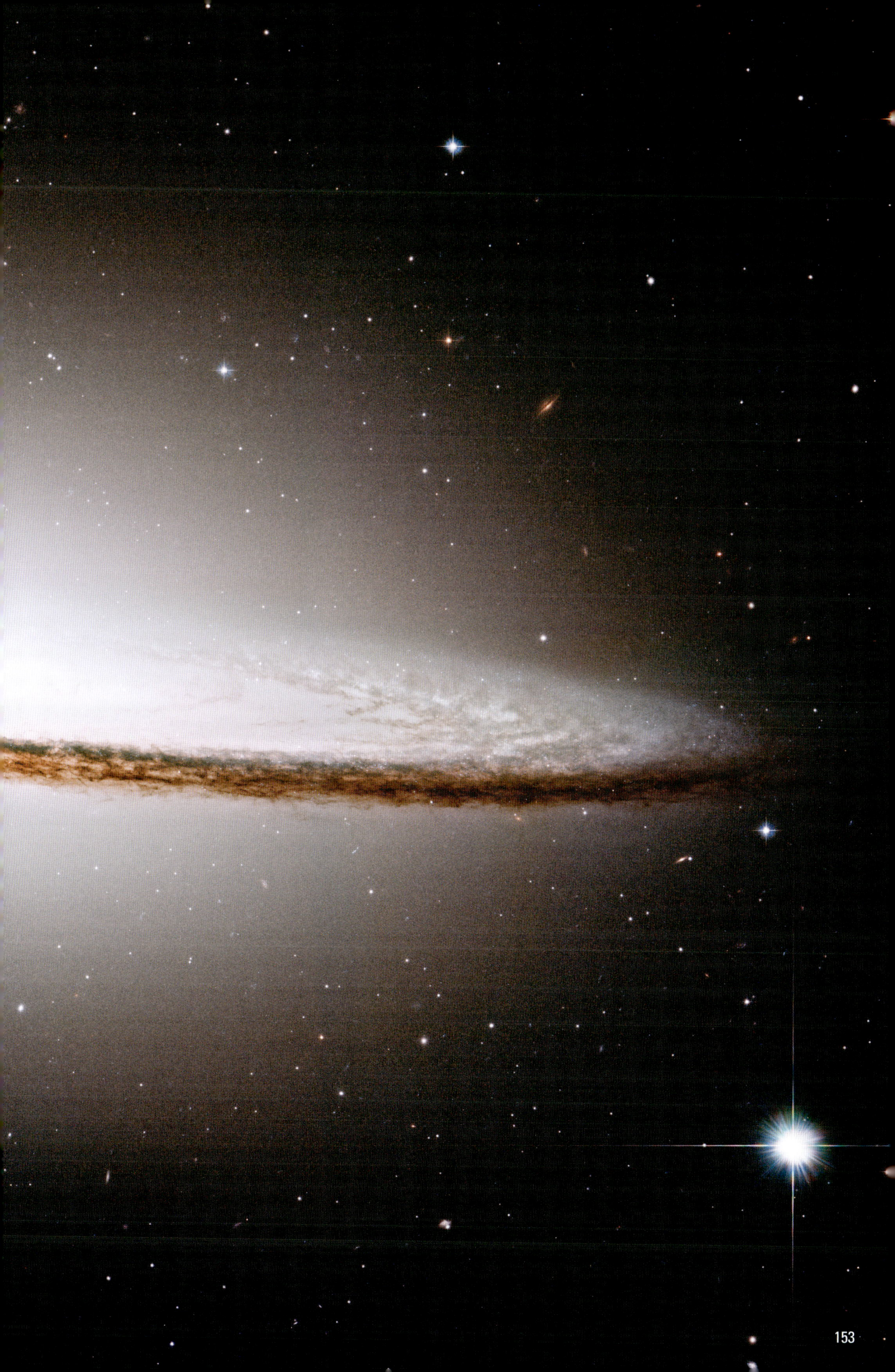

Spindle Galaxy

暗黒帯が印象的な レンズ状銀河

NGC 5866

種類：レンズ状銀河　距離：4400万光年
明るさ：10.7等級　画角：2.8×4分角　星座：りゅう座

典型的なレンズ状銀河です。この種類の銀河は、横から見ると渦巻銀河と同じように凸レンズ形をしていますが、渦巻腕が存在しません。

NGC 5866

直径約6万光年のレンズ状銀河です。レンズ状銀河では、渦巻銀河と同様に、星々は銀河の中心のまわりをほぼ同心円を描いて回っています。NGC 5866では、銀河の赤道面（銀河面）に沿って存在する暗黒帯が、毛糸のように毛羽立って複雑な様相を呈しています。

Ultra-luminous Infrared Galaxy
超光度赤外線銀河

NGC 5010
種類：レンズ状銀河　距離：1億4000万光年
明るさ：14等級　画角：2×1.5分角　星座：おとめ座

異常に強い赤外線を放つ銀河で、「超光度赤外線銀河」と呼ばれています。

NGC5010
暗黒帯が大きく湾曲しており、銀河の上下方向へフィラメント構造をつくって流れ出しています。以前は渦巻銀河だったものが、年老いて楕円銀河へと変化していく過程にあるのではないかと考えられています。

Hyper-luminous X-ray Source
巨大球状星団と
ブラックホール

ESO 243-49
種類：レンズ状銀河　距離：3億光年
明るさ：14.9等級　画角：1×0.7分角　星座：ほうおう座

中心から1万2000光年離れたところに巨大ブラックホールが見つかりました。

ESO243-49
この銀河の中心部の左には、直径250光年の大型の球状星団が存在します（矢印の先）。その中心には、HLX-1と名づけられた、太陽の2万〜9万倍の質量をもつブラックホールがあります。この球状星団は、昔この銀河に飲み込まれてしまった矮小銀河の残骸ではないかと考えられています。

Gargantuan Elliptical Galaxy
巨大な楕円銀河 NGC 1132

NGC 1132
種類：楕円銀河　距離：3億1800万光年
明るさ：12.3等級　画角：1.5×2分角　星座：エリダヌス座

中心核や腕といった構造をもたず、楕円形に星々が集まっている銀河を「楕円銀河」と呼びます。ハチのように群がるたくさんの点状の天体は、球状星団です。

NGC 1132
楕円銀河を構成するのは黄色く年老いた星々で、渦巻銀河などとは違い、内部の星はランダムに運動しています。内部に星形成領域や、濃いガスとちりの雲が見られないのが特徴です。NGC 1132は1兆個以上の星を含む巨大楕円銀河で、その星の数は銀河系の5～10倍になります。

Intermediate-mass Elliptical Galaxy
中程度の楕円銀河

M60、Arp116、NGC 4649
種類：楕円銀河　距離：5000万光年
明るさ：9.8等級　画角：7×6分角　星座：おとめ座

直径は約12万光年。約4000億個の星を含む、銀河系よりひと回り大きな楕円銀河です。

M60
中心にあるのが楕円銀河M60で、右上に見えるのは渦巻銀河NGC 4647です。ともに歪んだ形をしてはいませんが、お互いの重力で結びついています。この1対の銀河は、天文学者アープが、奇妙な姿形の銀河や相互作用している銀河を集めたカタログの116番目に登録されているため、Arp116とも呼ばれています。

Elliptical Galaxy wiyh Huge Dust Lane
暗黒帯をもつ楕円銀河

NGC 4696
種類：楕円銀河　距離：1億2000万光年
明るさ：11.4等級　画角：4×1.7分角　星座：ケンタウルス座

楕円銀河には通常存在しない暗黒帯が見えています。渦巻銀河どうしが衝突して形成された楕円銀河なのかもしれません。

NGC 4696
暗黒帯の長さは3万光年にもなります。この銀河の中心核にある超巨大ブラックホールは、物質のジェットをほぼ光速で噴き出しています。これらのことは、この銀河が衝突などの激しい現象を過去に経験したことを物語っています。

Caldwell 21

大マゼラン型
矮小銀河

NGC 4449
種類：マゼラン型矮小銀河、不規則銀河　距離：1300万光年
明るさ：10.0等級　画角：2×5分角　星座：りょうけん座

銀河系の伴銀河のひとつである大マゼラン銀河に似た構造をもつことから、「大マゼラン型矮小銀河」とも呼ばれていますが、はるか遠方に位置しています。

NGC 4449
直径はわずか2万光年しかない小さな銀河です。不規則銀河に区分されますが、中心に縦に伸びた棒状構造らしきものがあり、渦巻腕のようなものが上方向に伸びているようにも見えます。青白く若く高温の星と、ピンク色の散光星雲、黒々とした暗黒星雲が目立ち、大質量の星の形成が活発に起きている、スターバースト銀河です。

Young Dwarf Galaxy
近距離にある若い銀河

DDO 68、UGC 5340
種類：矮小不規則銀河　距離：4000万光年
明るさ：15.2等級　画角：3×2分角　星座：しし座

銀河は構造、外観、成分の違いから年齢を推測することができます。DDO 68は若い銀河の特徴を備えていますが、そのことが注目を集めています。

DDO 68
宇宙は広大で光の速度が有限のため、遠方の宇宙を見ることは過去の宇宙を見ることを意味します。したがって、若い銀河は私たちから遠いところにあります。ところがDDO 68は、近距離にありながら若い銀河の特徴を示しており、注目を集めています。

Dwarf Galaxy
星の密度が低い矮小銀河

NGC 2366
種類：矮小不規則銀河　距離：1000万光年
明るさ：11.4等級　画角：6×2.4分角　星座：きりん座

矮小不規則銀河は星の密度が低いため、後方の多くの銀河が透けて見えています。銀河全体に青白い若い星がたくさん分布しています。

NGC 2366
大きさは約1万5000光年です。右上の青白い部分は星形成領域で、現在も星が生まれています。銀河全体に青い星が散らばっており、比較的最近、銀河全体で星が盛んに誕生したことを物語っています。星の分布密度が小さいため、銀河のはるか後方にある小さな銀河がいくつも見えます。

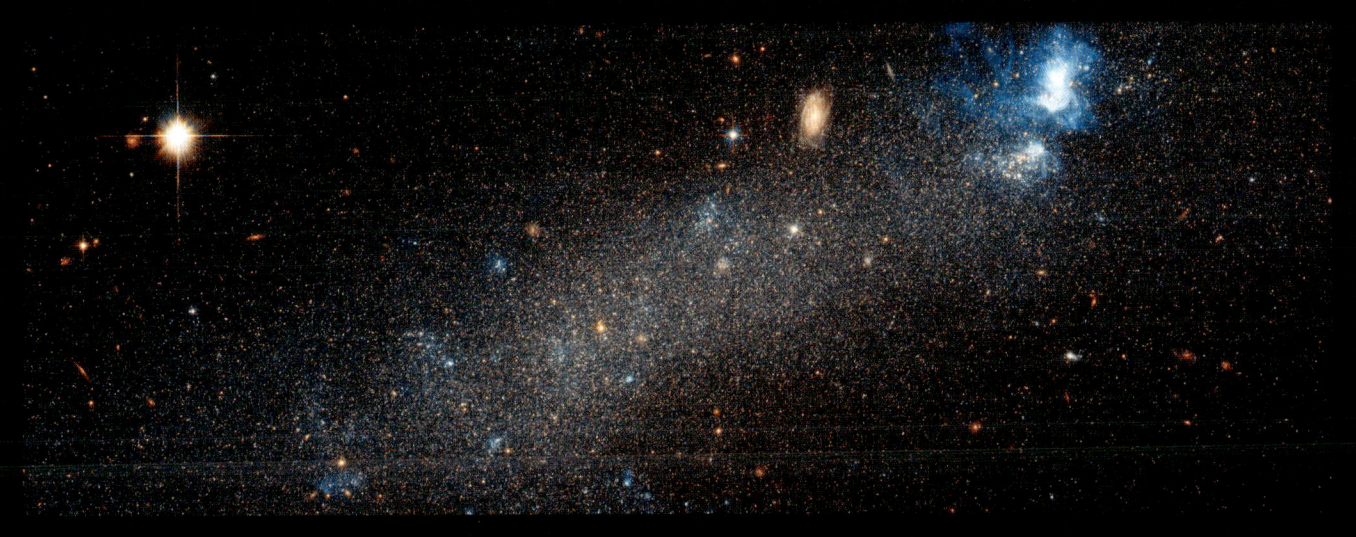

Compact Blue Dwarf Galaxy
矮小楕円銀河

UGC 5497

種類：矮小楕円銀河　距離：1200万光年
明るさ：15.7等級　画角：2×1.5分角
星座：おおぐま座

渦巻銀河M81（p136）を中心とした銀河群に属している、直径3800光年ほどの小さな銀河です。

UGC 5497
外見は、星がボール状に集まった球状星団にそっくりです。ひじょうに若い大質量の星からなる星団が多数存在し、青白く見えています。これらはやがて、寿命を全うして大爆発を起こし、銀河内のガスを吹き飛ばして、銀河は光を失って行くでしょう。

Quite Faint Galaxy
淡く小さな矮小銀河

PGC 39058、UGC 7242

種類：矮小銀河　距離：1800万光年
明るさ：14.6等級　画角：3×2分角　星座：りゅう座

矮小銀河で、明るさは約15等級と暗く、含まれる星の数は銀河系の1万分の1くらいしかありません。

「黒い紙に粉砂糖をまいたような姿」と形容される淡い銀河です。多くの矮小銀河には、星形成が盛んに起きている散光星雲が見られますが、ここには見えていません。右の明るい星はHD106381という6.8等級の銀河系内の星で、偶然同じ方向に見えているだけで、PGC 39058とは関係がありません。

Peculiar Dwarf Galaxy
形の歪んだ伴銀河

NGC 5474

種類：矮小特異銀河　距離：2000万光年
明るさ：11.3等級　画角：4×4分角　星座：おおぐま座

巨大な渦巻銀河M101（p128）の伴銀河です。M101の重力の影響を受けて歪んでいます。はっきりしませんが、渦巻構造の名残が感じられます。

NGC 5474
バルジが銀河の中央ではなく左にずれていますし、渦巻腕も形がはっきりしません。青白い光の塊は若い散開星団で、M101との相互作用により、大質量の星の形成が活発に起きていると考えられています。渦巻構造の片鱗が見られることから、矮小渦巻銀河に分類されることもあります。

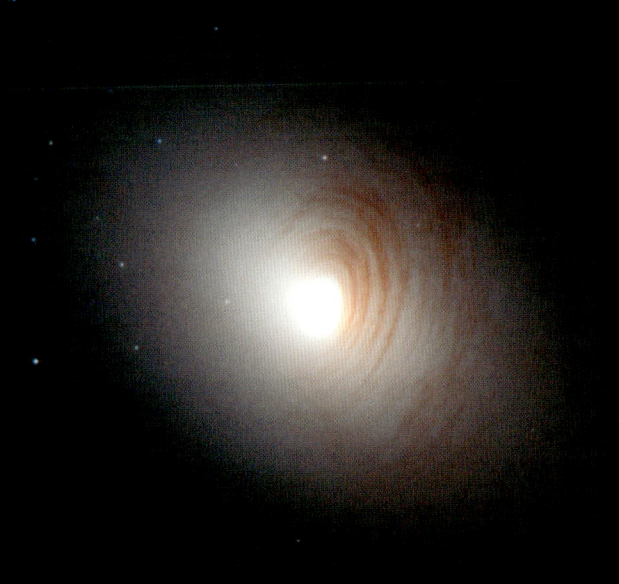

NGC 2787
種類：レンズ状銀河　距離：2400万光年
明るさ：11.8等級　画角：4×4分角　星座：おおぐま座

直径約4500光年のとても小さな銀河です。中心核を幾重もの暗黒帯がとり巻く、不思議な構造をしています。

NGC 524
種類：レンズ状銀河　距離：9000万光年
明るさ：10.4等級　画角：4×4分角　星座：うお座

レンズ状銀河に分類されますが、淡い腕が存在しているかのように、暗黒帯が渦を巻いています。渦巻銀河の渦巻腕の領域には大量のガスとちりが存在し星を形成していますが、ガスとちりを失ったとき、渦巻腕で星は誕生しなくなり暗くなっていきます。そして、最後にはこの画像のようなレンズ状銀河になるのではないかと考えられています。

NGC 6861
種類：レンズ状銀河　距離：—
明るさ：11.0等級　画角：2.6×2.6分角　星座：ぼうえんきょう座

少なくとも1ダースほどの数の銀河で構成されている「ぼうえんきょう座銀河群」に属しており、そのなかで2番目に明るい銀河です。銀河全体の形は楕円銀河の特徴を示し、ひじょうに濃い暗黒帯という渦巻銀河の特徴も併せもつことから、レンズ状銀河に分類されます。

NGC 4526
種類：レンズ状銀河　距離：5500万光年
明るさ：10.7等級　画角：4×4分角　星座：おとめ座

中心の明るい渦巻構造の部分の直径は、銀河全体の直径の約7％しかなく、珍しい姿をした銀河です。中心には、太陽の4億5000万倍もの質量のブラックホールが潜んでいます。

Lenticular Galaxy with Dramatically Backlit Dust Lanes

暗黒帯が美しいレンズ状銀河

NGC 7049

種類：レンズ状銀河　距離：1億光年
明るさ：10.7等級　画角：4×4分角　星座：インディアン座

一見すると楕円銀河のようですが、はっきりとした渦巻く暗黒帯があり、銀河内の星が中心核のまわりを回っていることがわかります。

NGC 7049

直径15万光年の巨大な銀河です。地上からの観測では楕円銀河に見えていましたが、ハッブル宇宙望遠鏡を使った観測で、渦巻く暗黒帯が存在することがわかりました。おそらく、いくつかの銀河と衝突合体し、このような形になったものだと考えられています。

Extremely Thin Galaxy
構造が見えない
渦巻銀河

NGC 4452
種類：渦巻銀河　距離：800万光年
明るさ：12.0等級　画角：3×3分角
星座：おとめ座

渦巻銀河を真横から見た姿だと考えられています。しかし、渦巻銀河、棒渦巻銀河、レンズ状銀河のどれであるかの判断は難しいといわれています。

NGC 4452
このページ下のIC 335、右ページ上のNGC 4762とよく似た形をしています。普通の渦巻銀河や棒渦巻銀河は、横から見ると凸レンズのように中央が膨らんでいますが、この銀河はほぼ一様な厚さです。長さ3万5000光年の比較的小さな銀河です。

Beautiful Side
暗黒帯の見えない
レンズ状銀河

IC 335
種類：レンズ状銀河　距離：6000万光年
明るさ：12.1等級　画角：4×4分角　星座：ろ座

上の銀河とよく似た形をしており、暗黒帯や散光星雲がまったく見えません。しかし、IC 335はレンズ状銀河だと考えられています。

IC 335
この銀河には散光星雲やちりの層が見あたりません。100個以上の銀河が集まった「ろ座銀河団」内にあるため、銀河団内を満たすガスとの衝突ではぎ取られてしまったのではないかと考えられています。長さ4万5000光年の小さな銀河です。

A Galaxy on the Edge

明るい中心核をもつレンズ状銀河

NGC 4762
種類：レンズ状銀河　距離：6000万光年
明るさ：10.1等級　画角：4×4分角　星座：おとめ座

中心核がとても明るい銀河です。レンズ状銀河を真横から見たものだと考えられていますが、外側にいくほど幅が厚く、凹レンズのような形をしています。

NGC 4762
横にまっすぐに伸びた形で、その長さは10万光年程度だと考えられています。銀河系と同じくらいの大きさです。レンズ状銀河にはよく見られる現象ですが、渦巻銀河で見られる暗黒帯がまったく見えていません。

Warped Spiral Galaxy

ねじれた暗黒帯をもつ銀河

ESO 510-G13
種類：特異銀河　距離：1億5000万光年
明るさ：13.4等級　画角：2×1分角　星座：うみへび座

ねじれた暗黒帯が、まるで帽子のつばのように見える奇妙な形の銀河です。過去に銀河どうしの衝突や、合体が起きたためだと考えられます。

ESO 510-G13
通常、渦巻銀河をほぼ真横から見たとき暗黒帯は直線的に見えますが、この銀河では波打つようにカーブしています。ほかの銀河と衝突し、合体しつつあるからだと考えられています。直径は約10万光年で、銀河系とほぼ同じ大きさです。

Cigar Galaxy
爆発銀河 M82

M82、NGC 3034
種類：特異銀河　距離：1200万光年
明るさ：9.3等級　画角：10×7分角　星座：おおぐま座

銀河の中心から物質が噴き出しているように見えるので、「爆発銀河」と呼ばれてきました。その原因は、多くの星の超新星爆発によるものです。

大質量の星が大量に生成されました。それら
の星が年老いて次々に超新星爆発を起こして、
銀河内のガスを宇宙空間へと吹き飛ばしてい
ます。吹き飛ばされる高温の水素ガスを特殊
なフィルターを使って撮影し、赤色をつけて
銀河の可視光の画像に重ねました。まさに銀
河が爆発しているように見えます。

M82
約6億年前、M81、NGC 3077の2つの銀河
と次々に大接近し、重力の相互作用によって
大質量の星が大量に生成されました。それら
の星が年老いて次々に超新星爆発を起こして、
銀河内のガスを宇宙空間へと吹き飛ばしてい
ます。吹き飛ばされる高温の水素ガスを特殊
なフィルターを使って撮影し、赤色をつけて
銀河の可視光の画像に重ねました。まさに銀
河が爆発しているように見えます。

Spectacular View
裂けた銀河 ケンタウルス座A

ケンタウルス座A、NGC 5128
種類：特異銀河　距離：1100万光年
明るさ：7.8等級　画角：2×2分角　星座：ケンタウルス座

暗黒帯が楕円銀河の中央を走っていて、小型の望遠鏡を向けてみると、楕円銀河が2つに割れているように見えます。強力な電波源として知られています。

裂けた銀河の正体
数億年前、楕円銀河に渦巻銀河が横から突っ込んで衝突し、ひとつの銀河へと形を変えているところです。衝突は渦巻銀河の大量のガスとちりを圧縮し、爆発的な勢いで大質量の星の形成を促しました。複雑な形の暗黒帯、若い青い星や比較的年老いた黄色い星々、点在するピンク色の散光星雲がつくりだす造形は、ひじょうに印象的です。p235でNGC 5128の全体像を紹介しています。

Fornax A
異常な楕円銀河

ろ座A、NGC 1316
種類：楕円銀河　　距離：7500万光年
明るさ：9.4等級　　画角：5×5分角
星座：ろ座

全体像は楕円形ですが、楕円銀河には存在しない暗黒帯が無秩序に走り、異常なできごとが起きていることを教えています。

NGC 1316
数十億年前、2つの渦巻銀河が衝突し、合体の最終段階にあると考えられています。中心にある超巨大ブラックホールが衝突の影響で大量にガスや星を吸い込んで、激しくジェットを放出し、強い電波やエックス線を放っています。

Starburst in a Dwarf Irregular Galaxy
スターバースト銀河

NGC 1569
種類：不規則矮小銀河　　距離：1100万光年
明るさ：11.9等級　　画角：3.6×1.8分角　　星座：ケンタウルス座

大質量の星が一気に大量に生まれる「スターバースト現象」が起きている銀河です。

NGC 1569
大きさわずか7000光年、星の数は銀河系の1/100以下の小さな銀河です。生まれたばかりの高温の星の光と熱は、周囲のガスを吹き飛ばし、さらに誕生した大質量の星は、足早に一生を終えて超新星爆発があちこちで起こり、銀河内のガスを吹き飛ばしています。その結果、銀河にいくつもの穴が開いています。

Black Eye Galaxy
ブラックアイ銀河 M64

ブラックアイ（黒眼）銀河、M64、NGC 4826
種類：渦巻銀河　距離：1700万光年
明るさ：9.4等級　画角：5×7分角　星座：かみのけ座

異常に濃く幅広い暗黒帯のある渦巻銀河です。望遠鏡で見た外見が、まるで目のように見えることから「ブラックアイ銀河」と呼ばれています。

衝突がつくった銀河
銀河内の星やガスの動きを詳しく観測したところ、内側と外側では逆向きに回転していることがわかりました。10億年以上前に小さな伴銀河が衝突し、外側のガスの流れをつくったと考えられています。また、衝突した銀河は星間物質を大量に含んでいたため、巨大な暗黒帯ができました。

Turmoil of Galactic Collisions
フィラメントに囲まれた銀河

ペルセウス座A、NGC 1275
種類：cD銀河　距離：2億3000万光年
明るさ：12.6等級　画角：4×3分角
星座：ペルセウス座

強い電波とエックス線を放つ銀河で、2つの銀河が衝突しているところです。渦巻銀河の名残と思われる暗黒帯が見えています。

謎のフィラメント
楕円銀河に渦巻銀河が斜めに衝突しています。暗黒帯は渦巻銀河の腕の名残で、2つの銀河は、まだ完全には一体になっていません。銀河から放射状に伸びる赤い触手のようなものは、高温の水素ガスで、長いものは2万光年に達しています。なぜこのような構造ができたのかは、いまだに謎です。

Ghostly Shells of Galaxy
シェル構造をもつ銀河

ESO 381-12
種類：レンズ状銀河
距離：2億7000万光年
明るさ：13.4等級
画角：3×3分角
星座：ケンタウルス座

普通のレンズ状銀河には見られない「幾重も重なる円形のシェル構造」があります。銀河どうしの合体の影響だと考えられます。

繊細なシェル構造
約10億年前に起きた銀河の合体の結果、池に石を投げ込んだときに波紋が周囲に広がっていくように衝撃波が広がり、このような構造ができたと考えられています。

ほぼすべての銀河の中心には、太陽の数百万倍から数十億倍の質量をもつ超巨大ブラックホールが存在すると考えられています。

M51の中心核

種類：渦巻銀河　距離：3100万光年
明るさ：8.4等級（銀河全体）　画角：0.1×0.1分角
星座：りょうけん座

渦巻銀河M51（p174）の中心部です。青い光の中に浮かび上がっているX字形の模様は、交差して見える2つの濃いガスとちりのリングのシルエットです。その中央に、太陽の約1億倍の質量をもつ超巨大ブラックホールが存在すると考えられています。

NGC 4261の中心核

種類：楕円銀河　距離：9600万光年
明るさ：11.4等級（銀河全体）　画角：0.1×0.1分角
星座：おとめ座

明るく輝くドーナッツ型の天体は、銀河の中心にある直径約300光年のちりのリングです。その中央の明るい光は、超巨大ブラックホール周辺のガスが明るく輝いているものです。直接は見えませんが、その真ん中に太陽の12億倍の質量をもつブラックホールがあります。

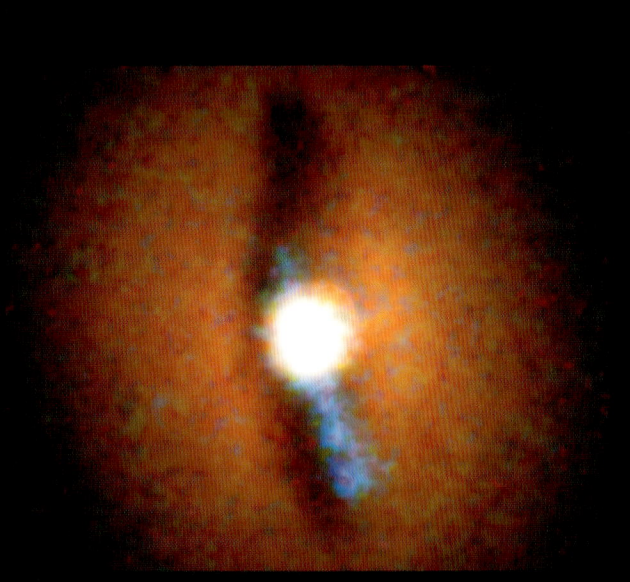

NGC 6251の中心核

種類：楕円銀河　距離：3億4000万光年
明るさ：14.3等級（銀河全体）　画角：0.1×0.1分角
星座：こぐま座

中央の白い点は、銀河中心核にある超巨大ブラックホールの周囲のガスが輝いているもので、ブラックホール自体からの光ではありません。黒い部分は濃いちりの円盤が中心核をとり巻いているもので、青い光はリングの

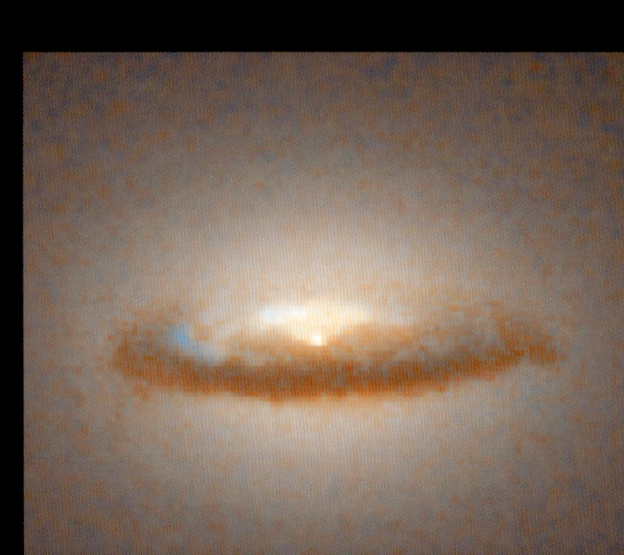

NGC 7052の中心核

種類：楕円銀河　距離：2億光年
明るさ：13.4等級（銀河全体）　画角：0.1×0.1分角
星座：こぎつね座

太陽の3億倍の質量をもつ超巨大ブラックホールを、直径約3700光年のちりのリングがとり巻いています。中央の明るい点はブラックホール本体ではなく、ブラックホールによって引き寄せられたたくさんの星の光です

Ripped away Galaxy
尾を引く銀河

ESO 137-001

種類：棒渦巻銀河　距離：2億2000万光年
明るさ：―　画角：2×1.5分角　星座：みなみのさんかく座

銀河団の中を疾走している銀河です。まわりのガスとの衝突によって銀河がバラバラに分解され、崩壊しつつあるように見えます。

疾走する銀河
棒渦巻銀河ESO 137-001は、高温ガスが満ちた銀河団の中に外部から突入してきた銀河だと考えられています。高温ガスとの衝突でガスや星がはぎ取られ、まるで「崩壊しつつある彗星」のような姿になっています。

長い尾
ハッブル宇宙望遠鏡で撮影したカラー画像に、エックス線宇宙望遠鏡で撮影した画像を青で着色して重ね合わせました。高温ガスは、銀河の後方にまるで彗星の尾のように長く伸びていました。

Whirlpool Galaxy
子持ち銀河 M51

子持ち銀河、M51、NGC 5194
種類：渦巻銀河　距離：3100万光年
明るさ：8.4等級　画角：12×8分角　星座：りょうけん座

美しい渦巻腕のある銀河で、隣の小さな銀河と1本の腕でつながっているように見えるため、「子持ち銀河」と呼ばれています。

M51

大きい銀河はNGC 5194、小さい銀河はNGC 5195と番号がつけられています。2つの銀河は、昔大接近し、お互いの重力で捉えられました。その後、離れたり接近したりをくり返しながら変形していき、NGC 5195は元の形がわからないほどに破壊されてしまいました。

Antennae Galaxies
触角銀河

NGC 4038／4039
種類：相互作用する銀河　　距離：6200万光年
明るさ：11.2／11.1等級　　画角：3×5分角
星座：からす座

望遠鏡で見た姿が、触角をもった昆虫の頭のように見えたことから、この名がつきました。典型的な衝突銀河で、その明るい中心部の画像です。

銀河の衝突
約1億年前、棒渦巻銀河だったNGC 4038（上）と、渦巻銀河だったNGC 4039（下）が衝突し、ひとつの銀河へと形を変えつつあるところです。銀河の衝突では、星どうしの衝突はほとんどありませんが、星間物質や星雲は衝突を起こし、圧縮されて、星が盛んに形成されます。普通の銀河に比べて、ピンク色の散光星雲が異常にたくさんあります。これは、星形成が盛んに行われている場所です。p235でNGC 4038／4039全体像を紹介しています。

A Rose Made of Galaxies
バラのような姿の銀河

Arp 273
種類：相互作用する銀河　距離：3億4000万光年
明るさ：12.9等級（UGC 1810）　画角：3×4分角　星座：アンドロメダ座

一輪のバラの花にたとえられるこの天体は、3つの銀河の相互作用によって形成されました。下の銀河が上の銀河を通り抜けたと考えられています。

上の大きな渦巻銀河がUGC 1810、その下の引き伸ばされた棒渦巻銀河がUGC 1813です。3つ目の銀河はUGC 1810の腕の中にあります。3つの銀河は衝突し、重力の相互作用でそれぞれ形が歪んでいます。

Arp 273
上の大きな渦巻銀河がUGC 1810、その下の引き伸ばされた棒渦巻銀河がUGC 1813です。3つ目の銀河はUGC 1810の腕の中にあります。3つの銀河は衝突し、重力の相互作用でそれぞれ形が歪んでいます。

Tadpole Galaxy
オタマジャクシ銀河

UGC 10214

種類：特異銀河　　距離：4億光年
明るさ：14.4等級　　画角：3×4分角　　星座：りゅう座

棒渦巻銀河から伸びた長大な尾は、別の銀河との遭遇によって、銀河内の物質が放出されたために形成されたと考えられています。

UGC 10214
歪んだ棒渦巻銀河から、28万光年もの長さの尾が伸びています。かつて、コンパクト銀河がこの銀河の前面を左から右へと通過した際、棒渦巻銀河からガスや星が放出されて尾ができたと考えられています。その後、この尾の中で星が盛んに生まれたため、青白く輝く高温の若い星々がたくさん見られます。相互作用した相手の銀河は、UGC10214の左上の腕の中に見えていますが、同じ距離にあるのではなく、30万光年後方にあります。

Condor Galaxy
変形する巨大銀河

NGC 6872
種類：相互作用する銀河　距離：3億光年
明るさ：11.6等級／13.9等級　画角：3.7×1.8分角
星座：くじゃく座

この変形した銀河は、端から端までの大きさは52万光年で、観測されている渦巻銀河のなかでは最大のものです。

銀河系の5倍の巨大銀河
長い腕のあるのがNGC 6872で、別の銀河との重力の相互作用によって腕が長く伸びています。相手の銀河は上のほうに見えているレンズ状銀河 IC 4970で、1億3000万年前の大接近時の重力の相互作用により、長い腕が形成されたと考えられています。

Galaxies Collide
合体しつつある銀河

NGC 3256
種類：相互作用する銀河　距離：1億光年
明るさ：11.3等級　画角：2.7×2.7分角
星座：ほ座

2つの渦巻銀河が衝突し、合体しつつあるところだと考えられています。暗黒帯のディテールが神秘的です。

NGC 3256
直径10万光年の大きな銀河です。ほぼ真上から見た渦巻銀河と真横を向いた銀河が衝突しており、あと数億年もするとひとつの銀河になると考えられています。

Galaxy Triplet
Arp 274

種類：特異銀河　距離：4億光年
明るさ：―　画角：2.5×1.2分角　星座：おとめ座

形態の異なる3つの銀河が並んでいます。

見かけのグループ
3つの銀河は小さなグループをつくっているように見えます。しかし実際には、左と右の2つの銀河はほぼ同じ距離にあり、中央の最も大きな銀河だけがやや遠方にあると考えられています。

Colliding Galaxies
NGC 2207／IC 2163

種類：特異銀河　距離：1億1400万光年
明るさ：12.2等級／11.6等級　画角：5×2分角　星座：おおいぬ座

2つの銀河の腕が絡み合っているような銀河です。

寄り添う銀河
NGC 2207（左）とIC 2163（右）は、4000万年前に大接近しました。重力の相互作用で結びついており、離れたり接近したりをくり返しながら、数十億年後には合体してひとつの銀河になると考えられています。NGC 2207は直径14万光年、IC 2163は直径10万光年の、大型の渦巻銀河です。

Penguin with Egg
Arp 142

種類：特異銀河　距離：4億光年
明るさ：—　画角：2.5×1.2分角
星座：うみへび座

銀河の相互作用によってできた、ペンギンの頭のような形をした銀河です。

今から数億年前、真ん中の銀河（NGC 2936）と下の楕円銀河（NGC 2937）が接近遭遇し、重力の相互作用によって真ん中の銀河はすっかり形が変わってしまいました。卵を抱くペンギンのように見えます。右上に見える青い銀河は、同じ方向に見えているだけです。

Seyfert's Sextet
セイファートの六つ子

種類：コンパクト銀河群　距離：1億9000万光年
明るさ：15〜17等級　画角：2×3分角　星座：へび座（頭部）

多様な6つの銀河が小さな領域に集まったコンパクト銀河群です。

4つの銀河の小さな群れ
6つ見えている銀河のうち、ほぼ中央に見えている渦巻型の銀河だけはほかの銀河よりずっと遠くにあって、同じ方向に見えているだけのものです。いちばん右の淡い天体は銀河ではなく、相互作用によって放出された星間ガスと星です。実際には、4個の銀河が直径約10万光年という小さな領域に集まって、お互いに重力の影響を及ぼし合っています。

Highly Distorted Galaxy
NGC 7714

種類：相互作用する銀河　距離：1億光年
明るさ：14.4等級　画角：3.6×2分角
星座：うお座

1〜2億年前の別の銀河の接近遭遇が、棒渦巻銀河を歪めました。

隣の銀河NGC 7715と接近遭遇し、重力の相互作用でひどく歪んだ形になってしまいました。NGC 7715は、今は離れてしまい、画像内には見えていません。2つの銀河を合わせて Arp 284 とも呼んでいます。

Mice Galaxies
マウス銀河

NGC 4676

種類：相互作用する銀河　距離：3億光年
明るさ：14.1等級　画角：4×3分角　星座：かみのけ座

2つの渦巻銀河が接近遭遇し、お互いの重力によって捉えられ、ひとつにつながっています。長く伸びた腕の部分がネズミの尾のように見えます。

接近した2つの銀河を星やガスの流れがつないでいます。反対側には、2つの銀河から放出されたガスとちりがつくる長い尾が形成されています。尾の部分では活発に星の形成が起きており、青く見えています。2つの銀河は、やがてひとつの銀河になると考えられています。

NGC 4676

接近した2つの銀河を星やガスの流れがつないでいます。反対側には、2つの銀河から放出されたガスとちりがつくる長い尾が形成されています。尾の部分では活発に星の形成が起きており、青く見えています。2つの銀河は、やがてひとつの銀河になると考えられています。

Trick of Perspective
偶然がつくった絶景

NGC 3314
種類：特異銀河
距離：NGC 3314A＝1億1700万光年／NGC 3314B＝1億4000万光年
明るさ：12.5等級　　画角：2×2分角　　星座：うみへび座

2つの銀河がみごとに中心で重なって見えている、ひじょうに珍しい光景です。2つの銀河の距離は大きく異なっているため、相互作用はありません。

Overlapping Galaxies
重なり合う銀河

2MASX J00482185-2507365
種類：特異銀河　　距離：7億8000万光年
明るさ：―　　画角：1×1分角　　星座：ちょうこくしつ座

偶然同じ方向に重なり合って見える銀河です。後方の銀河は、私たちの銀河系とほぼ同じ大きさで、距離もわかっていますが、前方の銀河の距離は不明です。

偶然の産物
2つの銀河は、偶然同じ方向に見えています。後方の銀河は7億8000万光年の距離にありますが、前方の小さな銀河の距離は判明していません。後方の銀河の直径は10万光年で、銀河系とほぼ同じ大きさがあります。

見かけ上の衝突
手前のほぼ真上から見た渦巻銀河がNGC 3314A、後方のやや斜めから見た渦巻銀河がNGC 3314Bです。2つの銀河は距離が異なり、偶然同じ方向に重なって見えています。

Hoag's Object
謎のリング銀河

HOAG天体

種類：リング銀河　距離：6億光年
明るさ：16.0等級　画角：1.3×1.3分角　星座：へび座（頭部）

リング部分は若い星、中心部は年老いた星で形成されています。ほぼ真円に近い美しいリングがどうやってできたのか、いまだに謎に包まれています。

HOAG天体の謎

1950年に天文学者ホウグによって発見されたことから、この名前がつけられました。丸い黄色の比較的年老いた星々からできた中心核が、青く高温で若い星からできた丸いリングにとり巻かれています。中心核の直径は1万光年ほどで、リングの外側の直径は約12万光年です。数十億年も前に、ひとつの銀河がほとんど中心を垂直に通り抜けたためではないかといわれていますが、成因には多くの謎が残されています。

Lindsay-Shapley Ring Galaxy
直径15万光年のリング

AM 0644-741

種類：リング銀河　距離：3億光年
明るさ：14.0等級　画角：3×2.3分角　星座：とびうお座

小さな銀河が大きな渦巻銀河を突き抜けた結果、形成された銀河です。リング部分は、かつての渦巻銀河の腕の部分が変形したものです。

リング銀河
黄色い楕円形の中心部を、楕円形の青いリングがとり囲んでいます。数百万年前に大きな渦巻銀河の真ん中を、小さな銀河が垂直に突き抜けて形成されました。黄色いところはかつての渦巻銀河のバルジ、渦巻腕領域はリングに形を変えてしまっています。リングの直径は15万光年ほどあり、現在拡大しつつあります。

Cartwheel Galaxy
車輪銀河

ESO 350-40

種類：リング銀河　距離：5億光年
明るさ：15.2等級　画角：2.5×2分角
星座：ちょうこくしつ座

自転車の車輪のように、中心部分から外側のリング状の部分に向かって、スポークのような構造が見えています。

二重のリング
約2億年前、大きな渦巻銀河の中心を小さな銀河が垂直に通りぬけて形成されたものです。大きく広がった青いリングの中に小さな黄色のリングが見えています。青いリングの直径は15万光年です。通りぬけた銀河については、何もわかっていません。

Perfect 10
数字の10の形

Arp 147、IC 298

種類：リング銀河　距離：4億4000万光年
明るさ：14.3等級　画角：1.2×1分角
星座：くじら座

異なる姿のリング銀河が2つ並んでいます。その姿から「10銀河」あるいはデジタル用語の「IO銀河」と呼ばれます。

一対のリング銀河
中央の紫色をした銀河が、右の青い銀河を突き抜けたと考えられています。中央の銀河は、中心核とそれをとり巻くリングがある、典型的なリング銀河です。右の銀河は、中心核がどこにあるのかわかりません。衝突の影響で一気に星形成が起きています。

Sunny Side Up
銀河中心部の
リング

NGC 7742
種類：渦巻銀河　距離：7200万光年
明るさ：12.4等級　画角：2×2分角
星座：ペガスス座

リング銀河ではなく、小さな渦巻銀河の中心部に発見されたリング構造です。

第2の星形成の波
HOAG天体（p186）と外見がよく似ていますが、まったく異なる種類の天体です。年老いた星ばかりになってしまった渦巻銀河の中心部で、再び大量の星形成が起きることがありますが、NGC 7742はそんな銀河のひとつです。このような銀河では、中心核をとり巻くリング状領域で活発な星形成が起こります。

Polar Ring Galaxy
極リング銀河

NGC 4650A
種類：極リング銀河　距離：1億3000万光年
明るさ：13.9等級　画角：1.2×3分角
星座：ケンタウルス座

燦めく星のリングがレンズ状銀河をとり巻く「極リング銀河」と呼ばれる珍しい銀河です。

極リング銀河
少なくとも10億年以上前に、大きな銀河の極方向から垂直にやや小さな銀河が衝突し、形成されたものだと考えられています。中心にあるレンズ状銀河は水平方向に回転し、リングは垂直方向に回転しています。極リング銀河は珍しい天体で、これまでに100個ほどしか検出されていません。

NGC 2623

種類：相互作用する銀河　距離：3億光年
明るさ：11.9等級　画角：4×2分角
星座：かに座

衝突銀河
2つの渦巻銀河が衝突合体しているところです。右と左に伸びる尾のような構造は、2つの銀河の重力の相互作用で、それぞれの銀河から放出されたガスと星々でできています。

NGC 7173／NGC 7174／NGC 7176

種類：コンパクト銀河群　距離：1億600万光年
明るさ：等級　画角：2.5×2.5分角
星座：みなみのうお座

HCG90
直径8万光年の範囲に3つの銀河NGC 7173（左）、NGC 7174（右上）、NGC 7176（右下）が集まっています。左上と右下の銀河の重力の影響で、右上の渦巻銀河は形がわからなくなるまでに変形しています。3つの銀河は、やがてひとつの銀河になると考えられています。

IC 2184

種類：相互作用する銀河　距離：1億3000万光年
明るさ：14.0等級　画角：1×1分角
星座：みなみのうお座

宇宙に浮かぶ「V」
ほぼ真横から見た2つの銀河が衝突している姿です。2つの銀河の重力の相互作用で、両銀河の端のほうでは激しい星の形成が起きていて、青白く若い星団やピンク色の散光星雲が目立ちます。V字全体が淡い光に包まれているのは、両銀河から放り出されたガスや星によるものです。

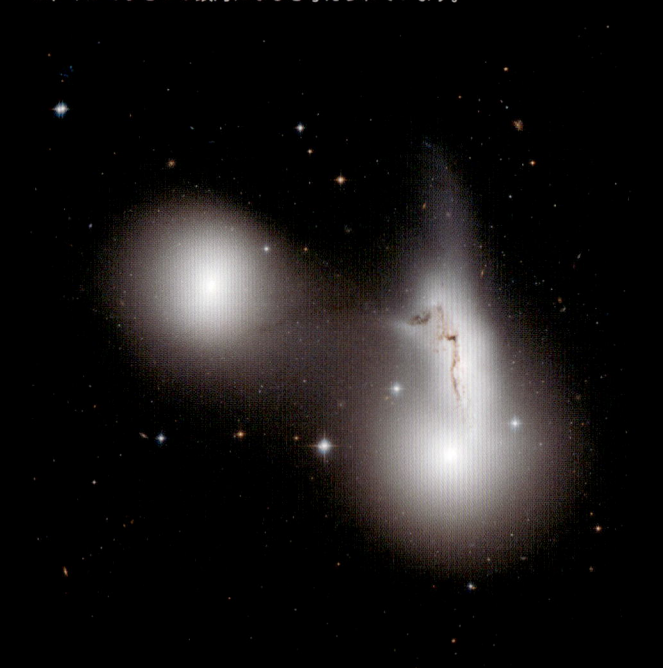

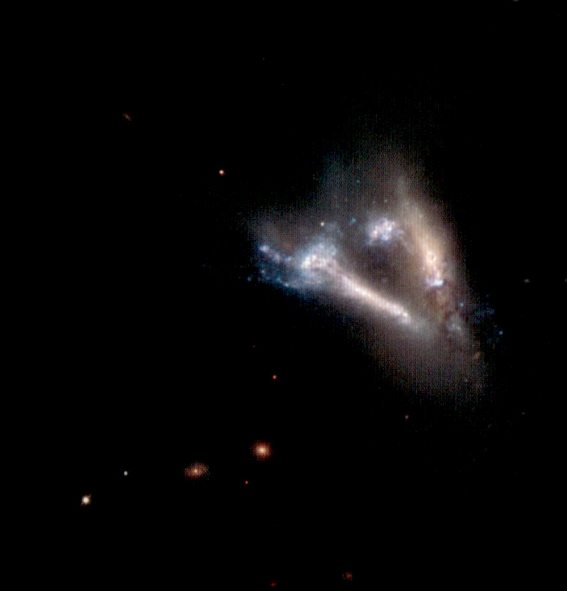

Arp 148　　　　　　　　　　UGC 9618　　　　　　　　　　Arp 256

NGC 6240　　　　　　　　　ESO 593-8　　　　　　　　　NGC 454

NGC 6786　　　　　　　　　NGC 17　　　　　　　　　　ESO 77-14

NGC 6670　　　　　　　　　UGC 8335　　　　　　　　　NGC 6050

さまざまな衝突銀河

ほとんどの銀河は、重力の相互作用で結びついた2個から数万個以上のグループを形成しています。そのため、銀河の多くは接近遭遇により形が乱れたり、衝突・合体を起こしたりしています。ここにあるのは、衝突合体のさまざまな段階にある銀河です。

第5章
Chapter Five

はるかの
遠方
宇宙

銀河は、2つ以上の銀河が重力的に結びついてグループを形成しています。2〜数個の銀河が小さく集まった「コンパクト銀河群」、数個から50個ほどの銀河が集まった「銀河群」、50〜数千個の銀河が集まった「銀河団」、銀河群や銀河団がいくつか集まった「超銀河団」というように、その規模や階層構造によって分類されます。ハッブル宇宙望遠鏡（HST）は、このようなグループ内の銀河が相互作用したり、衝突合体するようすを克明に観測しています。

　また、このような大質量をもつ銀河団などは、その重力で空間を歪ませ、重力レンズ効果を生み出します。それによって円弧状、あるいは複数の虚像がつくり出されたものが多数発見されています。重力レンズは、20世紀初め、アインシュタインによって存在が予言され、1979年に偶然に最初の重力レンズが発見されました。しかし、1990年にHSTが打ち上げられるまでは、それほど注目されませんでした。しかし、HSTの観測によって数多くの銀河団の画像に、重力レンズ現象が認められることがわかりました。HSTの高解像度の画像からは、これらの信じがたいような不思議な天体の姿を目にすることができます。重力レンズは形を歪める効果のほかに、光を最大1000倍ほどに増幅する効果もあるため、天然の望遠鏡として、遠方の宇宙を探るための道具に使われ始めています。

　加えて、重力レンズによって歪められた銀河の姿から、手前の銀河団の質量分布を知ることができます。これによって、目には見えない「ダークマター（暗黒物質）」と呼ばれる物質の分布が、詳しく調べられるようになりました。第5章では、最近、注目されている、この重力レンズ現象を記録した画像を多く紹介しています。

　遠方にあって、ひじょうに小さな領域から莫大なエネルギーを放ち、かつては「宇宙の怪物」とされた「クエーサー」と呼ばれる天体があります。HSTは、クエーサーに進化する手前の段階にあると思われるものや、かつて激しくエネルギーを放出していたものの、衰えつつある末期のクエーサーも紹介しています。

　そして、明るい星がない領域を探し、何日間にもわたる長い露出時間で捉えた遠方の宇宙の姿も捉えています。これはまさにHSTの観測限界に挑戦したものであり、そこには130億光年彼方の天体までが記録されているといわれています。

Stephan's Quintet
ステファンの
五つ子

ステファンの五つ子、HCG 92
種類：コンパクト銀河群　距離：2億9000万光年
明るさ：—　画角：4×4分角　星座：ペガスス座

発見者の名前と5つの銀河が集まって見えることから、「ステファンの五つ子」と名づけられました。そのうちひとつは偶然同じ方向にある銀河です。

コンパクト銀河群
左上の青い渦巻銀河だけが、ほかの銀河より手前にあります。それ以外の4銀河は直径50万光年ほどの場所に密集して集まっていて、重力の相互作用で形が変形しています。このように、数個の銀河が小さな範囲に集まっているものを「コンパクト銀河群」と呼んでいます。ステファンの五つ子は、天文学者ヒクソンがつくったコンパクト銀河群のカタログの92番目に載っているため、HCG 92 と記載されることもあります。

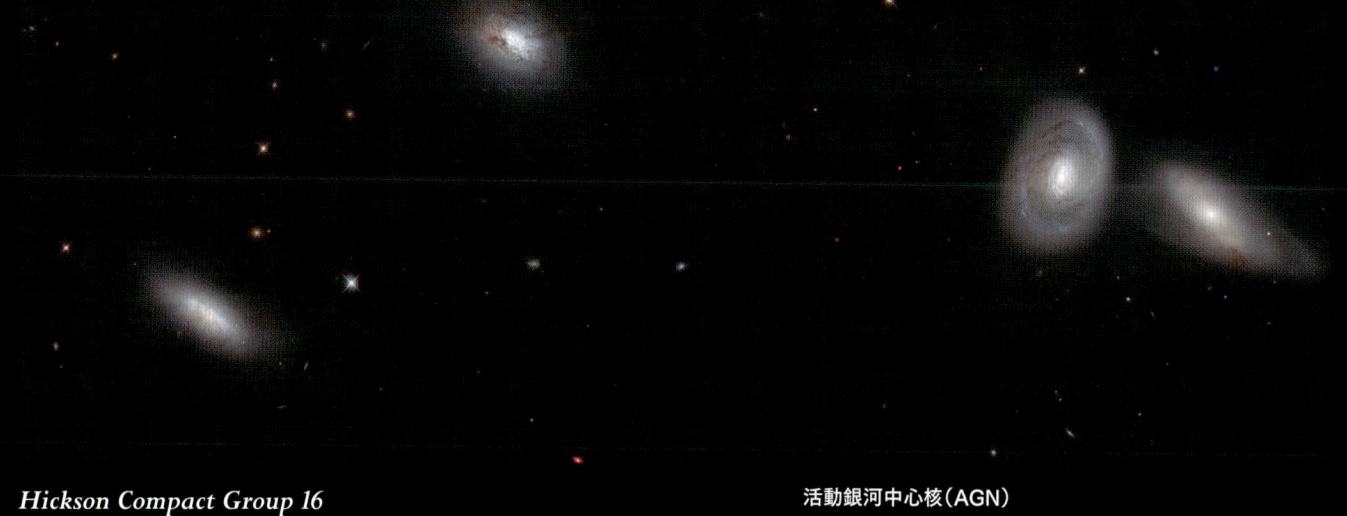

Hickson Compact Group 16
コンパクト銀河群

HCG 16
種類：コンパクト銀河群　距離：1億8000万光年
明るさ：等級　画角：8×3分角　星座：くじら座

7つの銀河が小さく集まったコンパクト銀河群です。7つのうち4つは、中心核が異常に活発な活動を示す「活動銀河中心核」をもっています。

活動銀河中心核（AGN）
4つの銀河はすべて、暗黒帯の位置が普通の銀河と異なり、特異な形を示しています。このことは、異常な現象が起きていることを暗示しています。4つの銀河はともに、中心核に潜む超巨大ブラックホールが活発にエネルギーを放出していて、強い赤外線、可視光、電波などが捉えられています。このような銀河中心核は「活動銀河中心核（AGN）」と呼ばれています。また、いちばん左の銀河NGC 839は、最近、ほかの銀河と衝突合体したことがわかっています。

Hickson Compact Group 7
変形しない銀河

HCG 7
種類：コンパクト銀河群　距離：2億光年
明るさ：－等級　画角：7×6分角
星座：くじら座

4つの銀河が集まって形づくるコンパクト銀河群です。銀河どうしが接近しているにもかかわらず、形が崩れていないのが謎だとされています。

HCG 7
左下が渦巻銀河NGC 192、中央上部が渦巻銀河NGC 197、右上の端がレンズ状銀河NGC 196です。NGC 197とNGC 196は、重力の相互作用をしていると考えられています。NGC 192は、強い電波を放っていて、中心にある超巨大ブラックホールからジェットが放出されていると考えられます。

Norma Cluster
じょうぎ座銀河団

じょうぎ座銀河団、Abell 3627
種類：銀河団　距離：2億2000万光年
明るさ：—　画角：3×3分角　星座：じょうぎ座

大質量をもつ銀河団で、グレート・アトラクターの中心だと考えられています。ただ、天の川の向こうにあるため観測が困難で、全容がつかめません。

グレート・アトラクター
じょうぎ座銀河団は、みなみのさんかく座とじょうぎ座の境界付近に広がる銀河の大集団で、グレート・アトラクター（うみへび座とケンタウルス座の方向にある巨大重力源）の中心近くにある銀河団だと考えられています。しかし、天の川の方向にあるため、銀河系内の星々やガスとちりによって光が遮られ、全容がなかなかつかめません。右に見える最も大きな銀河はESO137-002です。星の間に見える淡い拡散した光はすべて銀河です。

Huge Elliptical Galaxy and Cluster
巨大楕円銀河と銀河団

Abell 2261
種類：銀河団　　距離：30億光年
明るさ：—　　画角：2×3分角　　星座：ヘルクレス座

30億光年の距離にある比較的銀河の密度の低い銀河団です。その中心には、銀河系の直径の10倍もある巨大楕円銀河があり、注目を集めています。

モンスター銀河

銀河団の中は中心部ほど銀河が混み合い、かつていくつもの銀河が衝突合体してできたことを思わせる、巨大な楕円銀河が存在するものがあります。銀河団 Abell 2261 もそうした銀河団のひとつです。中心にある楕円銀河 A2261-BCG は、直径が約100万光年と銀河系の10倍ほどで、観測されている銀河のうち最も質量の大きなもののひとつです。

Coma Cluster
かみのけ座銀河団

かみのけ座銀河団、Abell 1656
種類：銀河団　距離：3億光年
明るさ：—　画角：9×6.5分角　星座：かみのけ座

銀河系に比較的近いところにある大型の銀河団で、1000個以上の銀河が数えられています。楕円銀河とレンズ状銀河が多い銀河団です。

超大型の銀河団
かみのけ座銀河団は、中心部に巨大な楕円銀河が2つあり、それをとり巻いてたくさんの楕円銀河やレンズ状銀河が集まっています。この画像は銀河団の周辺部分です。大小の銀河がたくさん見えていますが、銀河団中心部ほどには銀河は混み合っていません。また、渦巻銀河が見られるなど、中心部とは異なる様相を示しています。

巨大楕円銀河と重力レンズ効果

Large Elliptical Galaxy and Gravitational Lens

Abell 1413

種類：銀河団　距離：20億光年
明るさ：—　画角：2×2.5分角　星座：しし座

Abell 1413は、ひじょうに銀河の数の多い銀河団です。中央には細長く巨大な楕円銀河があり、周囲に重力レンズで歪められた銀河がいくつも見えています。

Abell 1413

とても銀河の密度の高い銀河団で、300以上の銀河が集まっています。周囲にある銀河に比べて、中央の楕円銀河MCG+04-28-097はとび抜けて大きく見えます。直径は約650万光年です。銀河系の直径が10万光年、銀河系の隣のアンドロメダ大銀河までの距離が250万光年ですから、いかに大きいかがわかります。周囲の銀河を飲み込み合体した結果なのでしょう。p197のモンスター銀河A2261-BCGより、さらに巨大な銀河です。

Pandora's Cluster

パンドラ銀河団

Abell 2744

種類：重力レンズ　距離：40億光年
明るさ：—　画角：2×2.2分角　星座：ちょうこくしつ座

この銀河団は、少なくとも4つの銀河団が次々に衝突して形成されました。パンドラ銀河団の名前は、ギリシャ神話の「パンドラの箱」にちなみます。

Abell 2744

この画像には、星よりも銀河のほうがはるかに数多く見えています。明るい銀河の近くに見える青く細い線状の天体は、銀河団Abell 2744の遠方にあって、銀河団の重力レンズによって歪められて見えているものです。Abell 2744は、最も複雑で大規模な銀河団だといわれています。

重力レンズ
Gravitational Lens

「重力レンズ」は、アインシュタインが一般相対性理論をもとに1936年に存在が予言した現象です。当初、そのような現象が実際に観測されるのか懐疑的でしたが、ハッブル宇宙望遠鏡によって多数発見されることとなりました。遠方の天体と地球の間に質量の大きな天体が存在すると、その重力によって空間が歪み、遠方の天体が複数見えたり、弓状に変形したりして見えます。また、像が拡大されたり、最大で1000倍も増光されたりするという、まさに自然の望遠鏡のようなはたらきもあります。この重力レンズの現象を使って、本来は観測できない遠方の天体を観測しようという試みが行われています。

Space Invaders Character
スペースインベーダー

Abell 68
種類：重力レンズ　距離：20億光年
明るさ：—　　画角：2.3×2分角　星座：うお座

多くの場合重力レンズは、遠方の天体の像を複数個つくったり、円弧状に歪めたりします。時にそれが組み合わされ、奇妙な像が形成されることがあります。

鏡像の虚像
この画像に写っている正常な形をした天体のほとんどは、銀河団 Abell 68 を形づくる銀河です。画像の至るところに細長く淡い光が見えますが、これらは Abell 68 の重力レンズによって歪められて見える遠方の銀河です。左上の巨大な銀河の右上に見えている鏡写されたような銀河（重力レンズによって二重に見えています）は、かつて流行したゲーム「スペースインベーダー」のキャラクターに似ている、と話題になりました。

Abell 1689
周辺部が黄色く拡散している天体は、銀河団 Abell 1689 の銀河で、その数は 2700 個以上にのぼると考えられています。重力レンズによって弓状に歪められた遠方の銀河が、至るところに見えています。

One of the Most Massive Galaxy Clusters
巨大な銀河団と重力レンズ

Abell 1689
種類：重力レンズ　距離：20億光年
明るさ：―　画角：3×3分角　星座：おとめ座

重い銀河団で、その重力で歪められた後方の天体が、細い筋となってたくさん見えています。ダークマターの分布が詳しく研究されている銀河団です。

203

A Spectacular Giant Arc
ヘビのような虚像

MACSJ1206.2-0847
種類：重力レンズ　距離：40億光年
明るさ：—　画角：2.5×1.7分角
星座：おとめ座

短縮してMACS1206とも呼ばれる銀河団の重力が、後方の12の銀河の光を歪めて47の虚像をつくり出しています。赤いヘビのようなものもそのひとつです。

MACS J1206.2-0847
この銀河団は、画像中央に見える巨大楕円銀河を中心にして、周囲に数多くの銀河が集まっています。画像中央の右に見える細長く赤い天体は、この銀河団より数百万光年後方にあり、銀河団の重力レンズ効果で歪められて見える銀河です。その左上にある同じような色の渦巻銀河らしき天体も、同じ銀河の虚像だと考えられています。

Dragon in the Far Universe
宇宙の深淵で
見つかったドラゴン

Abell 370
種類：重力レンズ　距離：49億光年
明るさ：—　画角：2.4×1.8分角　星座：くじら座

エイベルがつくった銀河のカタログのなかで、最も遠方に位置する銀河団です。多くの重力レンズ効果が認められます。

Abell 370
この画像で最も目につくのが、右の楕円銀河のすぐ右に見える、細長い奇妙な形の天体です。これも、Abell 370による重力レンズ効果によって歪められた後方の天体です。ひとつの銀河の像が2つつながって見えているもので、「ドラゴン」と呼ばれています。また、この画像には、誕生して間もない頃の宇宙の銀河も捉えられているといいます。

Happy Face
宇宙に浮かび上がる「スマイル」

SDSSCGB 8842.3とSDSSCGB 8842.4
種類：アインシュタイン・リング　距離：00光年
明るさ：—　画角：1.25×1.25分角
星座：おおぐま座

銀河団SDSS J1038+4849の重力レンズがつくり出した、まるで笑顔のような造形です。目は手前の2つの銀河、口と顔の輪郭は後方の銀河の虚像です。

アインシュタイン・リング
2つの巨大な楕円銀河SDSSCGB 8842.3と SDSSCGB 8842.4と、これらをとり巻く青いとぎれとぎれのリングが見えています。リングは重力レンズの特殊な例で、このような天体は「アインシュタイン・リング」と呼ばれています。後方の天体と大質量をもつ天体、そして地球が一直線上に並んだとき、「アインシュタイン・リング」が出現します。

Two Colliding Galaxies and Gravitational Lens
繭に包まれた銀河

SDSS J1531+3414
種類：重力レンズ　距離：45億光年
明るさ：—　画角：2.3×1.6分角　星座：かんむり座

衝突・合体中の2つの巨大銀河が、後方にある2つの銀河の光を歪めて、周囲にとても淡い青のリングをつくり出しています。

SDSS J1531+3414
中央やや上の銀河が目を引きます。衝突・合体中の2つの銀河で、それぞれの銀河の中心核は3万光年ほどしか離れていません。また、中心核の下には青く若い星からできた巨大星団が曲がりくねって並んでいて、その長さは10万光年もあります。2つの銀河を取り巻く青いリングは、重力レンズによって歪んで見えている遠方の銀河です。

Rich Galaxy Cluster Acting as a Powerful Lens
最も美しい重力レンズ
Abell 2218

種類：重力レンズ　距離：20億光年
明るさ：―　　画角：3×2分角　星座：りゅう座

HSTを使って何度も撮影が行われている銀河団です。約80の遠方の銀河が、この銀河団の重力によって歪められて見えています。

Abell 2218

この銀河団は約1万個の銀河が集まり、強い重力レンズ効果を及ぼしています。後方にある銀河は歪められて大きく引き伸ばされ、光が増幅されて見えています。約130億光年の距離にある銀河までが見えているといわれています。これは、宇宙が誕生してから8億年しか経っていない頃の、初期の宇宙に存在する銀河です。

この銀河団は強力な重力レンズとしてはたらいており、平均的な重力レンズによる拡大・増光に比べ、後方の銀河は20倍大きく、3倍明るくなっています。

Distorted and Amplified the Light of a Distant Galaxy

強力な重力レンズ効果を示す銀河団

RCS2 032727-132623

種類：重力レンズ　距離：50億光年
明るさ：—　画角：1.2×1.2分角　星座：エリダヌス座

この銀河団は強力な重力レンズとしてはたらいており、平均的な重力レンズによる拡大・増光に比べ、後方の銀河は20倍大きく、3倍明るくなっています。

100億光年彼方からの光

画像に散らばる黄色い銀河のほとんどは、銀河団RCS2 032727-132623に属していて、約50億光年の距離にあります。この銀河団の重力レンズ効果によって、100億光年彼方の銀河団RCSGA 032727-132609の銀河が、青く歪んだ形や弓形になって見えています。

Massive Galaxy Cluster and Arc-like Patterns

円弧状をした
たくさんの銀河の虚像

Abell 1703

種類：重力レンズ　距離：30億光年
明るさ：—　画角：3.3×1.3分角　星座：りょうけん座

銀河団をとり巻いて、重力レンズ効果で歪められた青い円弧状の天体がたくさんあります。ひとつの天体が多数の虚像として見えているものもあります。

Abell 1703

左上から右下へ細長い形に銀河が集まっています。黄色い楕円銀河のほとんどは、銀河団Abell 1703に属する銀河です。中央よりやや左上にある明るい銀河は、銀河団の中心にある巨大楕円銀河です。重力レンズ効果によってたくさんの円弧状に歪んだ銀河が見えますが、その中には、同じ銀河が複数の虚像として見えているものも少なくありません。

Supernova Split into Four Images by Cosmic Lens
重力レンズがつくった超新星の四重像

MACS J1149.5+223

種類：重力レンズ　距離：50億光年
明るさ：—　画角：1.9×1.9分角　星座：しし座

今までに見つかった重力レンズ効果を受けた天体は、後方の銀河やクエーサーだけでしたが、初めて、遠方の銀河に出現した超新星が見つかりました。

重力レンズ効果を受けた超新星像

中央やや下の青い光に取り巻かれた黄色の銀河の周囲に、4つの光の点が見えています。後方の銀河やクエーサーが、重力レンズによって複数個の像をつくっている例はいくつも見つかっていましたが、後方の銀河内に出現した超新星の光が重力レンズによって複数個検出された例は、これまでありませんでした。
※このような4つの虚像が見える現象は、「アインシュタインクロス」（p216）と呼ばれています。

宇宙の膨張速度を実測する「超新星レフスダール」

超新星付近の拡大画像で、矢印で示したのが重力レンズ効果を受けた超新星の光です。超新星の光は異なる光路をたどり、数日〜数週間の時間差で次々に地球に到達して4つの像をつくりだしました。天文学者レフスダールは、こうした現象を利用して宇宙の膨張速度を調べる手法を1964年に提唱しました。天文学者たちは、その検出を50年もの間待ちわびていたのです。この超新星はレフスダールと名づけられています。

上の画像には、この超新星が出現した銀河の虚像がほかに2つ確認されています。2015年暮れから2016年にかけて、そこに超新星が検出される可能性があり、定期的にHSTが向けられています。

※2015年12月11日撮影のHSTの画像から、右写真の左上にある同じ銀河の虚像の中に、同一の超新星の光が検出されたという発表がありました（太矢印）。

Five Star-like Images of a Single Quasar

5つのクエーサーの虚像

SDSS J1004+4112

種類：銀河団　距離：70億光年
明るさ：—　画角：1.8×2.5分角　星座：こじし座

銀河団SDSS J1004+4112の中心部に見える5つの天体は、銀河団の重力がつくり出した遠方のクエーサーの虚像でした。

SDSS J1004+4112
銀河団SDSS J1004+4112の中心に位置する黄色い大きな楕円銀河を囲むように、4つの青白い恒星のような天体が見えます。これらは、銀河団の重力によりつくり出された、100億光年遠方のクエーサーの像です。じつは、もうひとつ同じクエーサーの像がつくり出されていますが、これは黄色い銀河の中心核に重なっていて目立ちません。

Snowstorm of Distant Galaxies
遠方の銀河の吹雪

MACS J0717.5＋3745

種類：銀河団　距離：54億光年
明るさ：―　画角：3×2分角　星座：ぎょしゃ座

大質量の銀河団サーベイ（探査）によって発見された銀河団で、最も大質量で、強力な重力レンズ天体のひとつとして知られています。

MACS J0717.5＋3745
とてもたくさんの銀河が集まり混み合っている銀河団で、吹雪のときの雪のように、たくさんの銀河が見えることから「SNOWSTORM OF DISTANT GALAXIES（遠方の銀河の吹雪）」と呼ばれています。4つのサブグループが細長く連なった形をしており、形を歪められた遠方の銀河がたくさん見えています。フロンティア・フィールド観測プロジェクトの目標天体のひとつです。

フロンティア・フィールド観測プロジェクト
The Frontier Fields Project

このプロジェクトは、ハッブル宇宙望遠鏡、スピッツァー赤外線宇宙望遠鏡、チャンドラX線宇宙望遠鏡という3機の宇宙望遠鏡を使い、6つの銀河団の重力レンズで歪められた、はるか後方にある天体を研究するのが目的です。銀河団の巨大な質量によって凸レンズのようにはたらき、後方の天体からの光を増幅して最大1000倍以上も明るく見せてくれますし、像が拡大されるため、本来なら見えないほどの天体を観測することができます。重力レンズは天体の形を歪めてしまいますが、現在では、コンピュータを使って元の姿を復元することができるようになってきています。そのため、重力レンズは、遠方の天体を探る最新の観測手段として活用されています。

Gravitational Lens and Dark Matter
重力レンズとダークマター
MACS J0416.1-2403
種類：銀河団　距離：—　明るさ：—　画角：3×3分角　星座：エリダヌス座

フロンティア・フィールド観測プロジェクトの目標天体のひとつで、銀河の分布と重力レンズの観測から、ダークマターの分布が詳しく探求されています。

銀河団MACS J0416.1-2403
フロンティア・フィールド観測プロジェクトの目標天体のひとつです。この画像には、銀河団によって歪められた遠方の銀河の像が200以上見つかり、重力を及ぼしている見えない物質「ダークマター」の分布が詳しく研究されました。

ダークマター
Dark Matter

宇宙には、星や銀河を形づくる目に見える物質のほかに、光や電波などでは検出できませんが質量をもち、重力の影響を及ぼす「ダークマター(暗黒物質)」の存在が明らかになっています。ダークマターを撮影することはできませんが、重力レンズ効果などの観測によって、間接的にその量を推測することができます。ダークマターは、光を出す物質の約6倍も多く宇宙に存在することがわかっていますが、その正体はいまだ謎に包まれています。

質量の分布
銀河団の質量の分布を青で示し、左ページの銀河団の画像に重ねたもので、銀河団の周囲に広がるダークマターの分布を示しています。銀河がある場所だけでなく、周辺にも見えない物質が分布しているのがわかります。

Einstein Cross
四つ葉の
クローバー天体

G2237+0305

種類：アインシュタイン・クロス　距離：4億光年
明るさ：—　画角：0.1×0.1分角　星座：ペガスス座

重力レンズ効果により、後方のひとつの天体の虚像が、前方の天体のまわりに十字に並んで存在するものを、アインシュタイン・クロスと呼んでいます。

アインシュタイン・クロス
Einstein Cross

重力レンズ効果によってつくりだされる後方の天体の虚像は、その微妙な位置関係によってさまざまな形に変化します。時には、ひとつの天体から4つの虚像が十字架の形に並んでつくられることがあります。このような現象が「アインシュタイン・クロス」です。

クエーサーの
アインシュタイン・クロス

MACS J1149.5+223で見つかったのは、超新星によるアインシュタイン・クロス（p210）でしたが、これはクエーサー（p219）が形づくるアインシュタイン・クロスです。画像は約4億光年の距離にある渦巻銀河G2237+0305の中心部を撮影したもので、白い5つの点のうち、中央はこの銀河の中心核です。ほかの4つは、重力レンズによってつくりだされた約80億光年彼方にあるクエーサーQSO2237+0305の虚像です。

Einstein Ring
アインシュタイン・リング

LRG 3-757

種類：アインシュタイン・リング　距離：—
明るさ：—　画角：2.1×1.7分角　星座：しし座

重力レンズ効果により、後方のひとつの天体の像がリング形に歪められ、前方の天体をとり巻いて見えるものを、アインシュタイン・リングと呼んでいます。

アインシュタイン・リング
Einstein Ring

後方の天体と大質量をもつ天体、そして地球が一直線上にならんだとき、重力レンズ効果によって、後方の天体からの光は重力源のまわりを円形にとり巻いて、「アインシュタイン・リング」を形成します。

コズミック・ホースシュー

赤い銀河のまわりに、青い馬蹄形に歪められた後方の銀河が見えています。これは、アインシュタイン・リングだと考えられています。青い銀河は108億光年の彼方にあり、宇宙が誕生してから30億年しか経っていない頃の情報を私たちにもたらしてくれます。

J1000＋0221

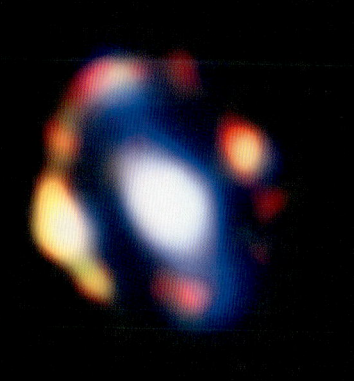

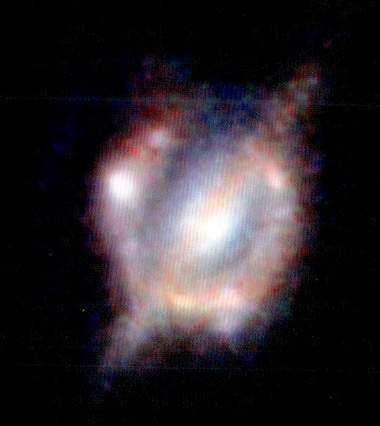

種類：アインシュタイン・リング　　距離：94億光年
明るさ：—　　画角：0.1×0.1分角　　星座：りゅう座

中央に輝くのは普通の銀河で、94億光年の距離にあります。その後方にある銀河が、重力レンズ効果によって中央の銀河のまわりにリングをつくっています。後方の銀河は若く、星の形成が異常なほどに活発に起きていると考えられます。

H-ATLAS J142935.3-002836

種類：アインシュタイン・リング　　距離：—
明るさ：—　　画角：0.1×0.1分角　　星座：おとめ座

巨大な渦巻銀河の重力によって後方の銀河からの光が歪められていますが、その後方の銀河は2つの銀河が衝突・合体しているところです。リングの中に見えるいくつもの明るい点は巨大な星形成領域で、たくさんの星が一気に形成されている場所です。

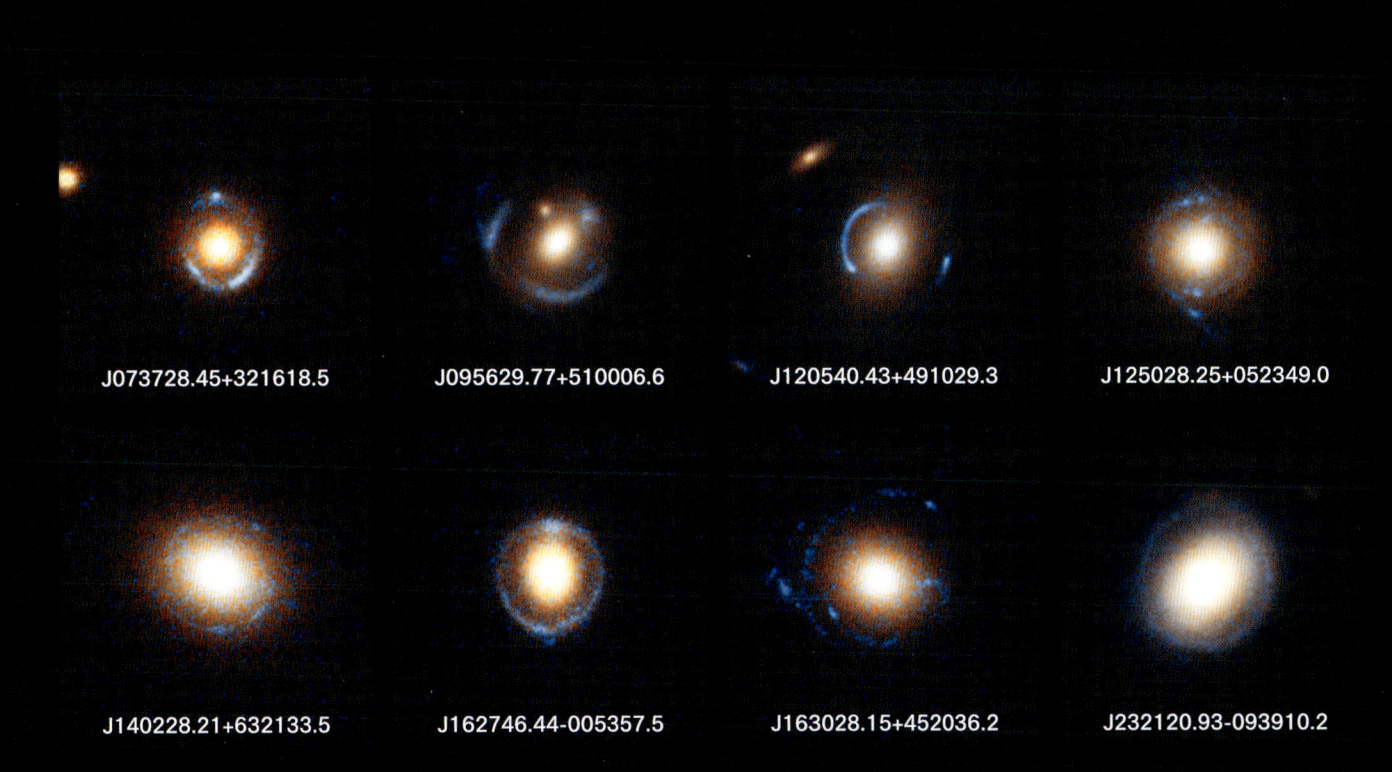

J073728.45+321618.5　　J095629.77+510006.6　　J120540.43+491029.3　　J125028.25+052349.0

J140228.21+632133.5　　J162746.44-005357.5　　J163028.15+452036.2　　J232120.93-093910.2

8つのアインシュタイン・リング

オレンジ色の天体を青い光がリング状にとり巻いています。これらはすべて、中央の重力源天体によって形成されたアインシュタイン・リングの候補天体です。中央の黄色い銀河は20〜40億光年の距離にあり、青白い天体はその2倍遠方にあると考えられています。

217

The Character of Quasar
クエーサーの正体

3C273
種類：クエーサー　距離：19億光年
明るさ：12.9等級　画角：0.7×1分角　星座：おとめ座

3C273はクエーサーの代表的存在です。初めてクエーサーと確認された天体であり、クエーサーが銀河中心核であることが発見された天体です。

最も名の知られたクエーサー
中央の天体は明るい星のように見えますが、実は19億光年彼方にあるクエーサーです。右下方向に見える糸くずのようなものは、クエーサーからほぼ光速で噴き出したジェットで、長さは15万光年に達しています。

クエーサー
Quasar

一見恒星のように見えながら、実は何十億光年も遠方にある天体です。光が数日で到達してしまうような数光日から数光年ほどの小さな領域から、直径10万光年の銀河系100個分にも匹敵する莫大なエネルギーを放出しています。光だけでなく、赤外線、エックス線、ガンマ線を放ち、電波を出すものもあります。1960年代に初めて発見された天体で、その後、銀河の中心核であることが判明しました。銀河中心にある超巨大ブラックホールが大量の物質を飲み込み、莫大なエネルギーを放出しているのだと考えられています。

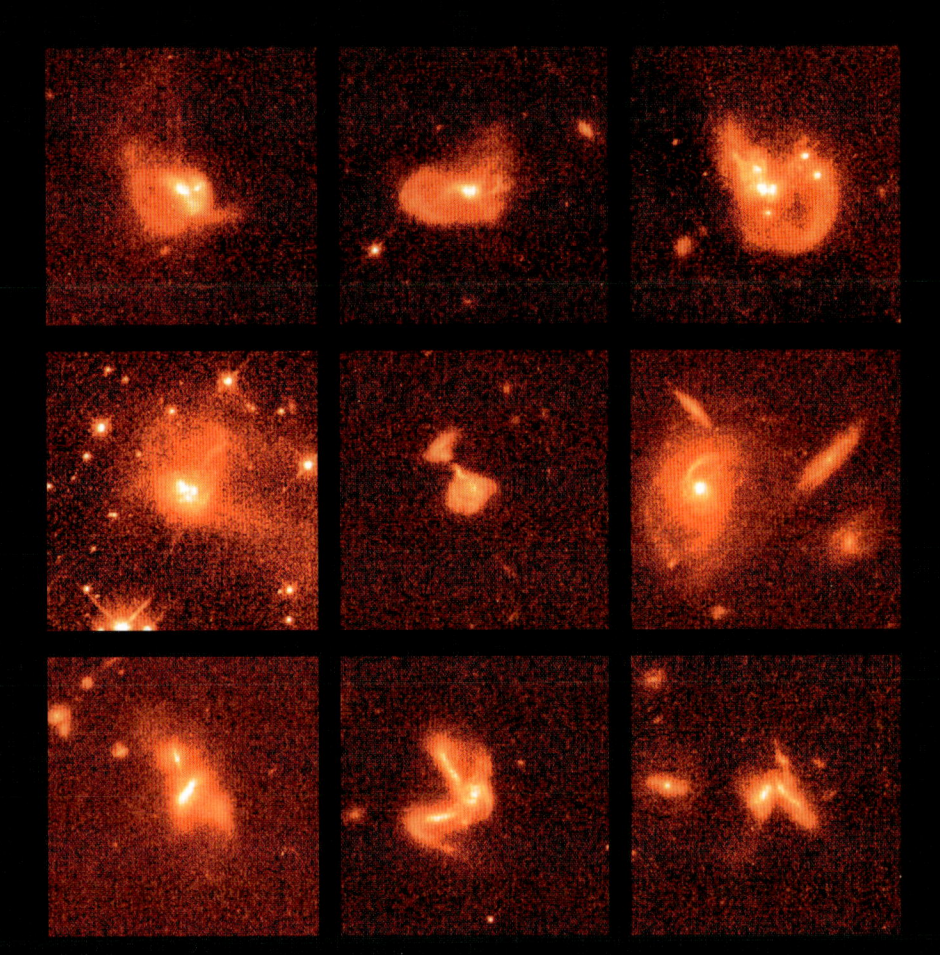

クエーサーの前身
これらは「超高光度赤外線銀河」と呼ばれる天体で、非常に強い赤外線を放っています。いくつもの銀河が衝突・合体をしているところです。衝突・合体は中心核ブラックホールに大量のガスや星々を供給する大きな原因となります。やがてブラックホールは激しくジェットを噴き出し、これらの銀河はクエーサーになるだろうと考えられています。

過去のクエーサーの残光
これらは、クエーサーが中心にある銀河です。周囲に緑色のループや渦巻のような形が見えています。これはガスとちりのかたまりで、かつてクエーサーが今よりずっと明るく輝いていた頃、クエーサーから発せられた光に照らされて見えている物質です。

Great Observatories Origins Deep Survey
GOODS CDF-S

種類：—　明るさ：—
画角9×13分角　星座：ろ座

長い露出時間をかけて、遠方のかすかな天体の光を捉えようというプロジェクトが実施されています。GOODSもHUDF2014も、そのようなプロジェクトのひとつです。

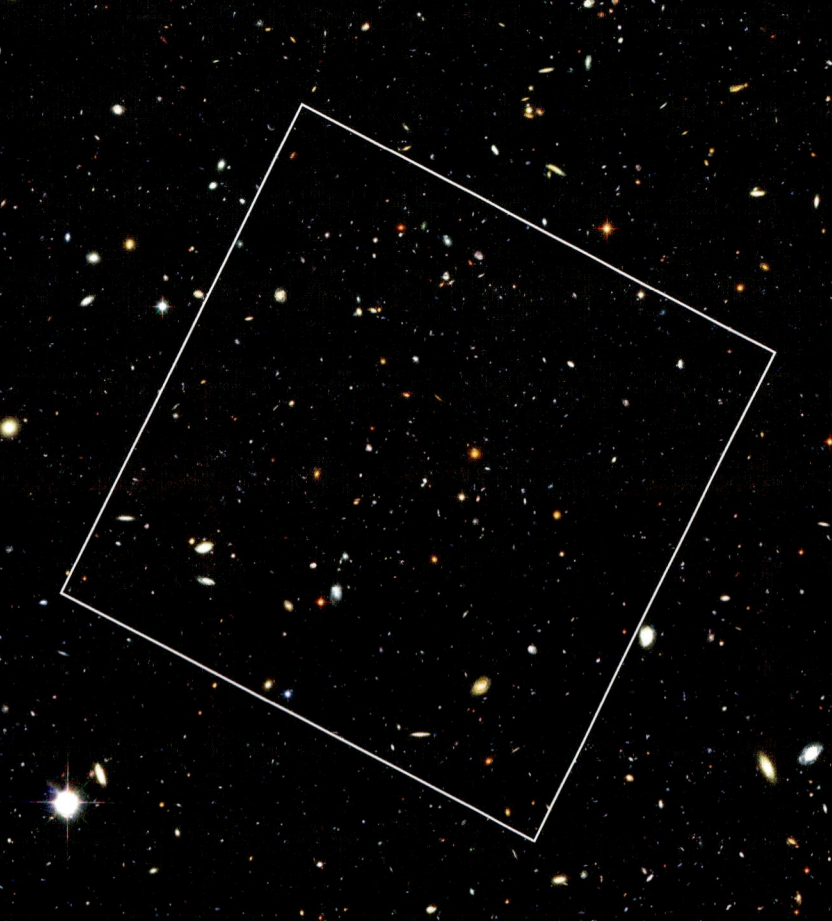

・ハッブル宇宙望遠鏡、チャンドラX線宇宙望遠鏡、X線宇宙望遠鏡XMM-Newton、スピッツァー赤外線宇宙望遠鏡のほか、地上の巨大望遠鏡を使って、さまざまな波長で同じ空の一角を調査し、近いところにある銀河から遠方の銀河までを観測して、銀河がどのようにして形成され、進化してきたのかを研究するプロジェクトです。GOODS（グレート・オブザーバトリーズ・オリジンズ・ディープ・サーベイ）のための観測領域は2か所あり、ここにあげたのは南の領域で、ろ座の一角です。この画像はハッブル宇宙望遠鏡によって撮影されたものです。31枚の画像をつないでつくられていて、1枚の画像につき露出時間は約5日間です。宇宙誕生から約10億年後の銀河から60億年後の銀河までがこの画像に捉えられています。
・また、GOODSの領域の一部は、ハッブル・ウルトラ・ディープ・フィールド（HUDF）と重なっています。この領域を四角で示しました。

Hubble Ultra Deep Field 2014

ハッブル・ウルトラ・ディープ・フィールド（HUDF）2014

ハッブル・ウルトラ・ディープ・フィールド（HUDF）は、星などの明るい天体が見えない空の一角に、ハッブル宇宙望遠鏡を長時間向けて撮影し、より遠方の、より昔の、より宇宙が若かった時代に存在した天体を捉えようという試みです。
2003年、ろ座の一角にハッブル宇宙望遠鏡が向けられ、約380時間の露出時間をかけた撮影が行われました。
その後、2009年にハッブル宇宙望遠鏡に新たなカメラが搭載されたことから、一部の画像が撮影し直されたり、新たに撮影されたりして、新しいHUDFの画像がつくり直されました。これが「HUDF2014」です。露出時間は約600時間にも及びます。
ACSとWFPC3を使って紫外光で撮影し、ACSを使って可視光で撮影した画像、WFPC3を使って赤外光で撮影した画像を重ね合わせて得られた画像です。

Young Galaxies
宇宙初期の銀河

現在、私たちは、130億年前に存在した銀河まで観測することができます。宇宙の年齢は138億年ですから、宇宙の誕生から8億年が経過した初期の頃に存在した銀河です。この頃の銀河は一般に、大きさが数千光年、質量は現在の銀河系の1/100〜1/1000程度と小さなものでした。127億年ほど前（127億光年の距離）には、これらの小さな銀河が衝突・合体で変形しているものが多く見られます。そのような現象が繰り返されて、銀河系のような大きな銀河が形成されたのだと考えられています。

オタマジャクシ銀河
HUDFの画像からピックアップされた35個の若い銀河です。いずれもとても小さな銀河で、オタマジャクシのような形は、重力の相互作用や衝突・合体によるものだと考えられます。

解説とデータ
Commentary and Data

　ここでは、第1章から第5章まで紹介してきた天体を「太陽系」「太陽系外惑星」「銀河系天体」「局部銀河群」「銀河宇宙」「ダークマターとダークエネルギー」という、より一般的な体系に分類し、基本的な解説をしています。

　第1章「惑星とその変化」の補足説明として、太陽系全体について、太陽系の大きさや構造、天体の分類のしかたなどについてまとめています。また、太陽系内の天体は、ハッブル宇宙望遠鏡（HST）による観測だけではなく、唯一、探査機やローバーが接近観測をしたり現地を訪れたりして直接探査を行っていますので、最新の観測結果についても紹介しました。第1章の最後で少し紹介した太陽系外惑星については「太陽系外惑星」の項目を設けています。第2章「星のゆりかご」と第3章「美しき残光」で紹介した天体は、ともに「銀河系天体」の項で解説しています。それより遠方の宇宙については「局部銀河群」「銀河宇宙」で紹介し、「ダークマターとダークエネルギー」では、重力レンズや遠方の宇宙の観測によって得られる宇宙の歴史や未来といった最新の宇宙像についても触れています。

◉太陽系

　太陽系は、太陽を中心とした、太陽の重力が支配する直径4光年ほどの広大な領域を指します。私たちの住む「地球」も太陽のまわりを回っています。

　中心の太陽は、直径が地球の109倍、体積は130万倍、質量は33万倍もあります。地球のように太陽のまわりを回る天体を「惑星」といい、太陽に近い順に水星、金星、地球、火星、木星、土星、天王星、海王星と名づけられています。

　これら8つの惑星は、その特徴から3つのグループに分けられています。水星、金星、地球、火星は、惑星のなかでは小さく、表面はかたい岩石で覆われています。これらは「地球型惑星」とか「岩石惑星」と呼ばれています。木星と土星は、直径が地球の10倍ほどある巨大な惑星で、主に気体や液体状の水素とヘリウムからできているため「木星型惑星」とか「巨大ガス惑星」と呼ばれます。天王星と海王星は、地球型惑星と木星型

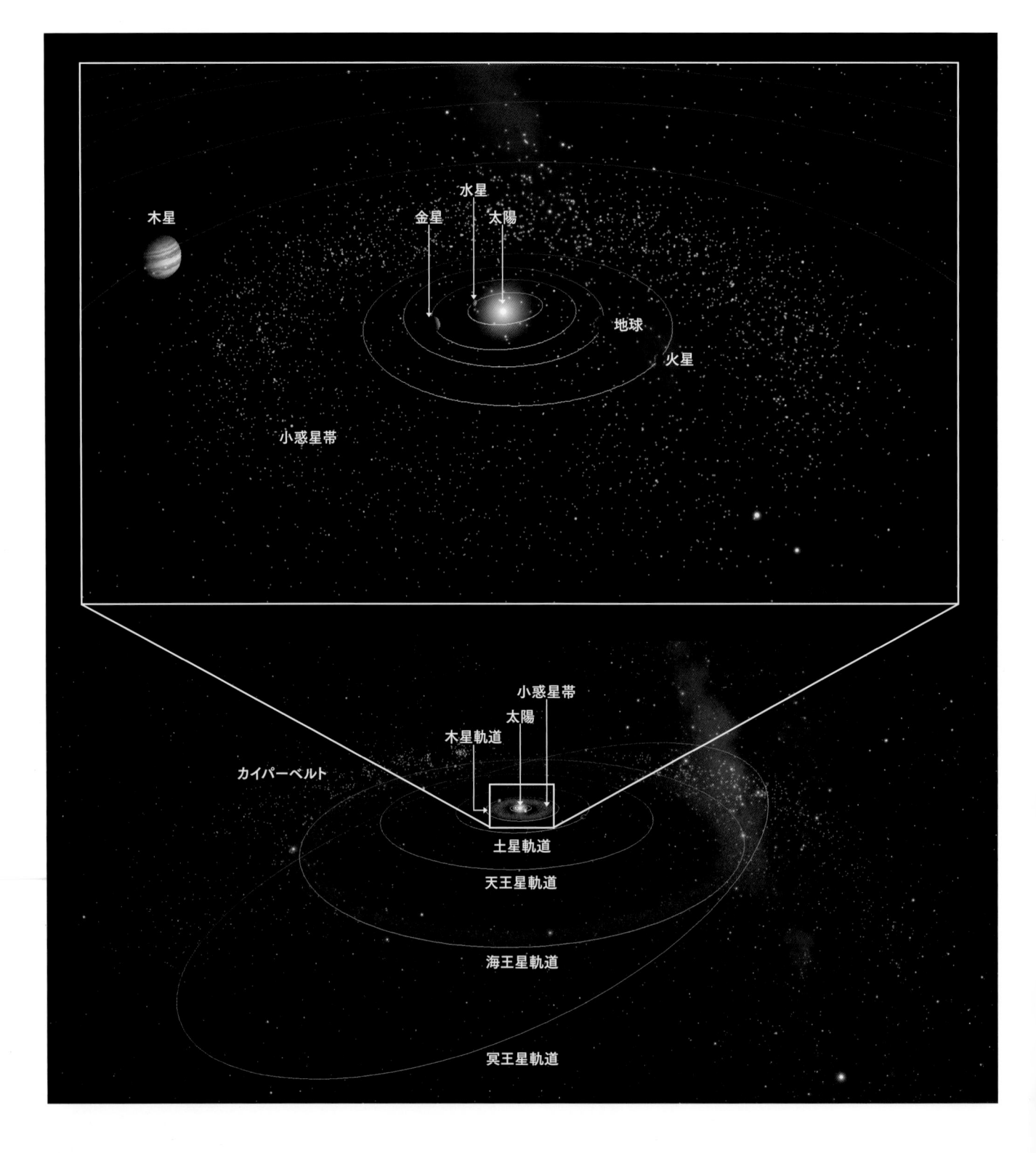

224　解説とデータ

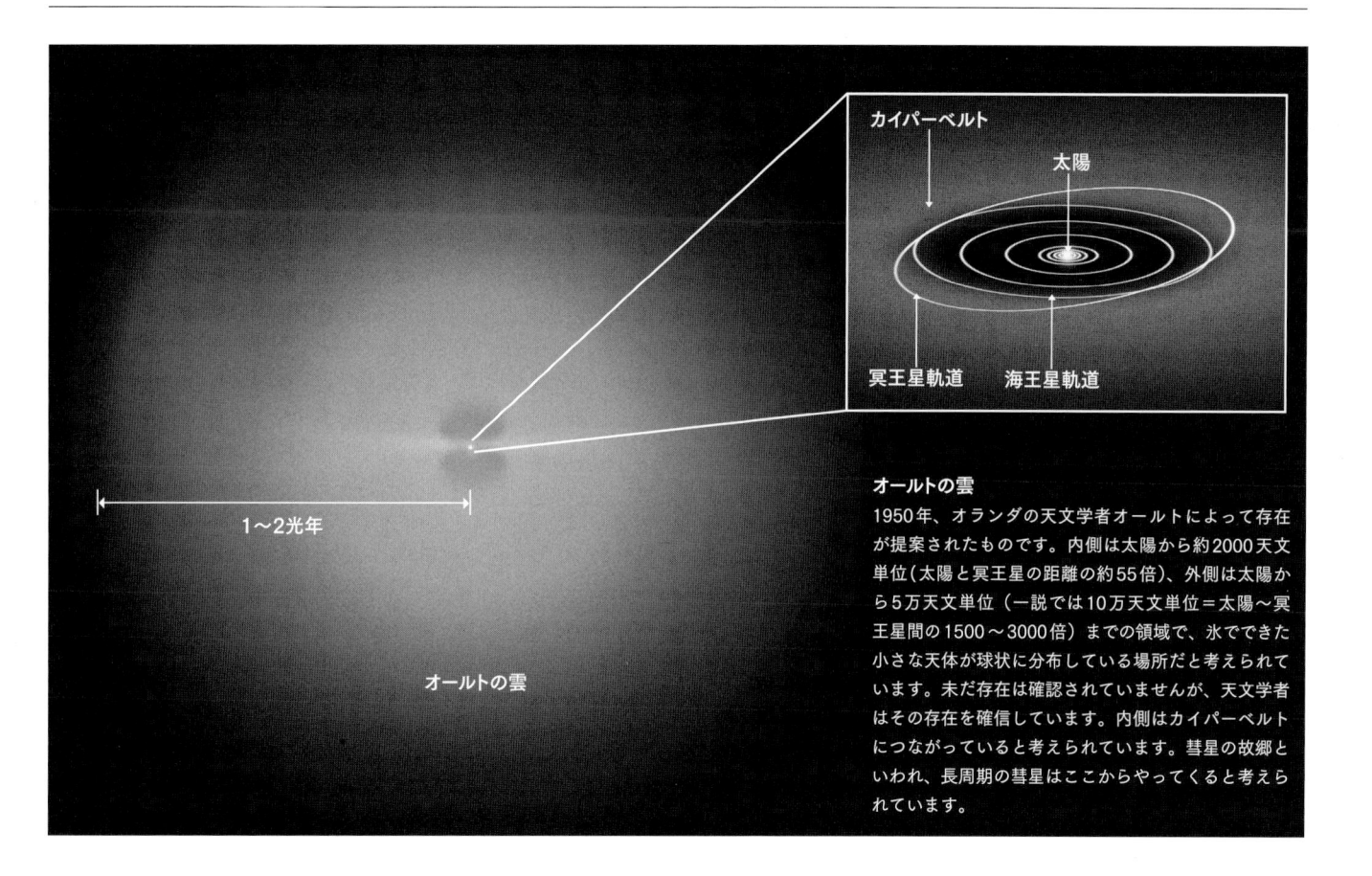

カイパーベルト

太陽

冥王星軌道 **海王星軌道**

1〜2光年

オールトの雲

オールトの雲
1950年、オランダの天文学者オールトによって存在が提案されたものです。内側は太陽から約2000天文単位（太陽と冥王星の距離の約55倍）、外側は太陽から5万天文単位（一説では10万天文単位＝太陽〜冥王星間の1500〜3000倍）までの領域で、氷でできた小さな天体が球状に分布している場所だと考えられています。未だ存在は確認されていませんが、天文学者はその存在を確信しています。内側はカイパーベルトにつながっていると考えられています。彗星の故郷といわれ、長周期の彗星はここからやってくると考えられています。

惑星の中間の大きさで、直径は地球の約4倍です。氷成分が多く「天王星型惑星」とか「氷惑星」と呼ばれます。

太陽は、その強力な光でハッブル宇宙望遠鏡の観測機器を破壊してしまうため観測できないばかりか、その付近の方向にも筒先を向けることができません。そのため、太陽に近い軌道を回る水星も観測できません。金星も太陽からあまり離れることはありませんが、それでも10か月に1度、太陽から最も離れて見えるときをねらって、謎の多い金星大気の観測が行われています。地球と大きさも質量もほとんど同じ金星が、地球とはまったく異なる大気をもっている理由を探り、金星大気の動きや変化の謎を調べることによって、ひいては地球の大気について、より詳しく知ることができるからです。

地球より太陽から遠くにある火星、木星、土星、天王星、海王星は太陽から大きく離れる期間がありますから、詳しい観測が行われ、多大な成果が得られています。定期的に観測が行われ、長期にわたる季節変化が追跡観測されていますし、火星に関しては、天気予報ができるほど詳しい観測がなされています。

同じように太陽のまわりを回っているものの、惑星よりひと回り小さく、太陽を回る軌道上にほかの天体が存在するものを「準惑星」と呼びます。現在、5個の天体が準惑星とされています。小惑星帯にあるケレス、カイパーベルト領域にある冥王星、マケマケ、ハウメア、散乱円盤天体のエリスです。ケレスや冥王星はハッブル宇宙望遠鏡で観測が行われていますが、それ以外は遠く、小さいため、ほとんど観測できません。

ほかにもたくさんの微小天体（小惑星や彗星のほか、カイパーベルト天体、散乱円盤天体、オールトの雲などの太陽系外縁天体）が太陽のまわりを回っています。これらは小さいため、ハッブル宇宙望遠鏡をもってしてもなかなか詳しい観測ができませんが、地球に接近した一部の小惑星や彗星の観測が行われ、また彗星―小惑星遷移天体を発見するなどの観測成果があがっています。

◀太陽系中心部
私たちがよく知っている、太陽系中心部の天体の配置です。軌道縮尺は正しく表しています。上の図は小惑星軌道までを示し、下の図は冥王星とカイパーベルトまでを示しています。ここで示した範囲は、太陽系全体の大きさのほんの1/3000程度しかない小さな領域です。図中の惑星の大きさは、かなり誇張してあります。

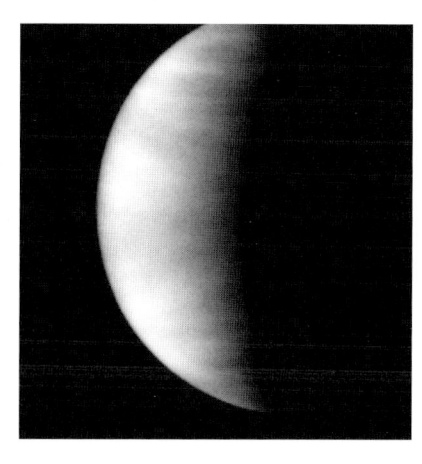

ハッブル宇宙望遠鏡が捉えた金星の雲（紫外線画像）
金星は地球のすぐ内側にあり、最も地球の近くにある惑星です。大きさ、質量とも地球とほぼ同じですが、分厚い雲に覆われており、望遠鏡を向けても模様はほとんどわかりません。地球から見ると、金星は太陽から大きく離れることがなく、また、（太陽光を反射して）とても明るく輝くため、ハッブル宇宙望遠鏡での観測にはあまり適しません。公開されているハッブル宇宙望遠鏡による画像は、たった1枚だけです。

WFPC1　　　　　　　　　　　　　　　　ACS

1990年　　　　　　　　　　　　　　　　2004年

カメラの違いによる土星
同じハッブル宇宙望遠鏡を使って撮影した土星です。左は1990年の打ち上げ当初に搭載されていたカメラWFPC1を使って撮影したもので、球面収差の補正はなされていません。右は2004年に搭載された高解像度のACSカメラで撮影したものです。同じ望遠鏡でも、収差の補正やカメラの高性能化で、まったく違う画像になることに驚かされます。

　太陽を周回するのではなく、惑星や準惑星、微小天体の周囲を回っているのが「衛星」です。地球の「月」は衛星の代表的存在です。月は地球に最も近い天体ですが、遠方の宇宙を観測するためにつくられたハッブル宇宙望遠鏡が実はここにも向けられ、月面の鉱物の分布などを調べています。将来、人類が月面で暮らすときに有用な資源を調べているのです。
　ほかの惑星では、火星が2個、木星は79個、土星は85個、天王星は27個、海王星は14個の衛星をもっています。衛星のなかでも巨大な、木星の4個のガリレオ衛星や土星の衛星タイタンの観測も行われています。ガリレオ衛星のひとつ、エウロパの表面から水が噴水のように噴き出しているのを発見しています。
　また、準惑星の冥王星は5個、マケマケは2個、エリスは1個の衛星をもっており、ほかにも200個以上の小惑星や太陽系外縁天体が衛星をもっているのが発見されています。冥王星の5つの衛星のうち4つが発見されたのも、ハッブル宇宙望遠鏡による観測からです。

　太陽系内の天体は、無人探査機やローバーが送られ、近距離からの観測や、実際に天体に降り立っての直接観測が行われている場所です。ハッブル宇宙望遠鏡のように長期にわたる観測はできませんが、それらの捉えた画像ははるかに鮮明で、詳細なデータを私たちにもたらしてくれます。

無人探査機・ローバーの活躍
太陽系内の天体のいくつかは、ハッブル宇宙望遠鏡を使った観測だけでなく、無人探査機やローバー（探査車）が送られ、近距離からの観測や、実際に現地での直接調査が行われています。上は2004年6月から土星の人工衛星となり、観測を続行している「カッシーニ探査機」（NASAとESAの共同開発）、下は2012年8月に火星に軟着陸し、火星表面を走行しながら探査を行っているローバー「キュリオシティ」（NASA）です。これらの直接探査のデータと、ハッブル宇宙望遠鏡の長期にわたる全体的な観測によって、各天体の全容が明らかにされていきます。

ケレス
NASAの無人探査機ドーンが、2015年に撮影した準惑星ケレスの表面です。たくさんのクレーターが刻まれています。ケレスには謎の明るい光点が数か所ありますが、この画像でも、中央のクレーターとその上のクレーターの一部が明るく輝いています。

ケレスの謎の光点
クレーターの中に白く明るい場所があります。ケレスの表面に、このような光点があることは、2004年にハッブル宇宙望遠鏡による観測で発見されていました。無人探査機ドーンは、2015年7月からケレスの人工衛星となっており、謎の光点の撮影を行いました。その後の観測により、これは炭酸ナトリウムだということが確認されました。

謎のピラミッド／アフナ山
無人探査機ドーンの観測によって、ケレスの表面に新たに発見されたピラミッド状の山です。高さ5000m級の山で、ケレスで唯一の高山ですが、どのようにして形成されたのかは不明です。山肌の白い部分は塩ではないかと考えられています。

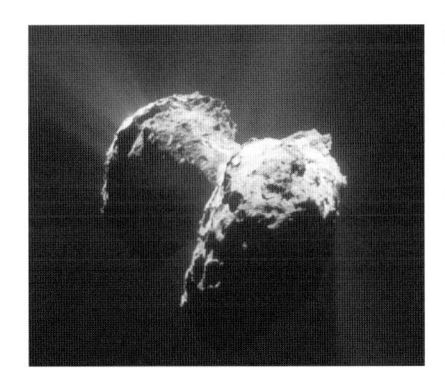

チュリュモフ・ゲラシメンコ彗星
ESAの彗星探査機ロゼッタが撮影した、チュリュモフ・ゲラシメンコ彗星の核の姿です。放射状に広がる光芒は、太陽に接近して彗星表面が暖められ、氷が気化して噴き出しているようすです。2015年8月、太陽に最接近する1週間前の画像です。

雪の岩山
2014年10月、チュリュモフ・ゲラシメンコ彗星から8km離れたところから彗星探査機ロゼッタが撮影した表面のようすです。まるで雪をかぶった岩山のように見えます。

冥王星の直接探査に成功
2015年7月、無人探査機ニューホライズンズ（NASA）が初めて冥王星に接近し、撮影した姿です。最も目立つハート型の地形は、氷に覆われていて、ひじょうに平らです。一方、周囲には高い山々や深い谷、クレーターに覆われた場所もありました。

衛星カロン
無人探査機ニューホライズンズが撮影した冥王星の衛星カロンで、人類が初めて目にする詳細な画像です。表面にはクレーターが少なく、長さ1000kmもの長さの渓谷が刻まれていました。これらは地質活動が続いていることを示しています。また、北極地方の巨大な暗い色の領域の正体は不明です。

冥王星の大気
3500m級の高い山々が連なる冥王星表面と、何層もの大気が捉えられています。冥王星には、地球の10万分の1の濃さの大気があり、130km上空まで広がっています。無人探査機ニューホライズンズが撮影した画像です。

◉太陽系外惑星

　昔、地球は宇宙の中心にあり、人類は特別な存在だと信じられていました。16世紀になると、天文学者コペルニクスによって、地球は太陽のまわりを回る惑星のひとつであることが発見され、宇宙の中心は太陽に変わりました。しかし、20世紀になると、その太陽も特別な存在ではなく、約2000億個の星々で形成する「銀河系」の周辺部に位置する、ありふれた星（恒星）のひとつにすぎないことがわかってきました。

　地球も太陽も宇宙の中心ではなく、太陽が特別な存在でないなら、宇宙には太陽系のような惑星系がいくつも存在し、地球のような惑星も存在するに違いないと考えられるようになりました。そして1940年代になると、天文学者は真剣に太陽系の外の惑星（系外惑星）の探査に乗り出しました。しかし、系外惑星の発見は容易ではなく、初めて系外惑星が発見されたのは、1992年になってからのことでした。観測機器の発達によって観測精度が向上し、しっかりした観測方法が確立されたことが大きな飛躍をもたらしたのです。

　最初の発見以降、系外惑星は続々と発見され、現在では2000個以上も見つかっています。ただし、発見された惑星は太陽系の惑星とはまったく異なり、想像を絶するような環境のものがたくさんあります。

　初期の頃に発見されたのは、中心にある恒星の表面に近いところを回る、木星の何倍もの質量をもつ惑星でした。恒星が発する熱によって、表面温度は1000度にもなるもので、このような惑星は、「ホット・ジュピター」と呼ばれました。恒星の熱で蒸発しつつある惑星も見つかっています。また、彗星のように細長い軌道をもち、恒星に接近する灼熱の時期と、星から遠く離れる極寒の時期をくり返す惑星も見つかりました。これらは「エキセントリック・プラネット」と呼ばれています。また、中心の恒星の自転方向とは逆向きに回転している「逆行惑星」も発見されています。しかし、最近では、観測精度のさらなる向上によって、地球くらいの大きさ、さらに小さな惑星まで発見されていますし、生命存在の可能性が高いといわれる「ハビタブルゾーン（水が液体状態で存在できる領域）」に存在する惑星も見つかっています。

　ハッブル宇宙望遠鏡を使った系外惑星の大気の成分や温度などの観測も成功していて、大気中に水が含まれている惑星もいくつか見つかっています。遠くない未来に、生命存在の痕跡が検出されるのではないかと期待が持たれています。

オシリスHD 209458b
ペガスス座の方向154光年の距離にある惑星です。ホット・ジュピターで、中心の恒星のまわりをわずか3.5日で周回し、質量は木星の約0.7倍です。惑星の表面は1200度に熱せられていて、毎秒1万トンのガスが星から逃げ出し、星とは反対方向に長い尾を引いていると考えられています。

乾ききった惑星
ハッブル宇宙望遠鏡は、地球から60～900光年の距離にある3つの系外惑星 HD 189733b、HD 209458b、WASP-12b の大気を調べました。3つの惑星はホット・ジュピターです。検出された水の量は、惑星形成理論から予想された量の1/10～1/1000程度しかなく、ひじょうに乾いた惑星であることがわかりました。

OGLE-2005-BLG-390Lb
銀河系の中心付近に発見された惑星で、スーパーアースと呼ばれる、地球の約5倍の質量のある岩石惑星です。中心の星は赤色矮星で、太陽より小さく表面温度の低い星です。惑星は、この星から約3天文単位離れたところにあって、表面温度はマイナス220度の、かたく凍りついた世界だと考えられています。

太陽系近傍の星の分布
太陽から半径15光年以内にある恒星の位置関係を示しました。系外惑星の探査は、ひじょうに高い観測精度が要求されるため、あまり遠方のものは発見できません。この図にある恒星は、将来人類が宇宙船に乗って直接探査をしにいくことが可能と思われる距離にあります。エリダヌス座ε星やくじら座τ星をはじめ、ここに示した恒星のいくつかは惑星をもっていることが知られています。

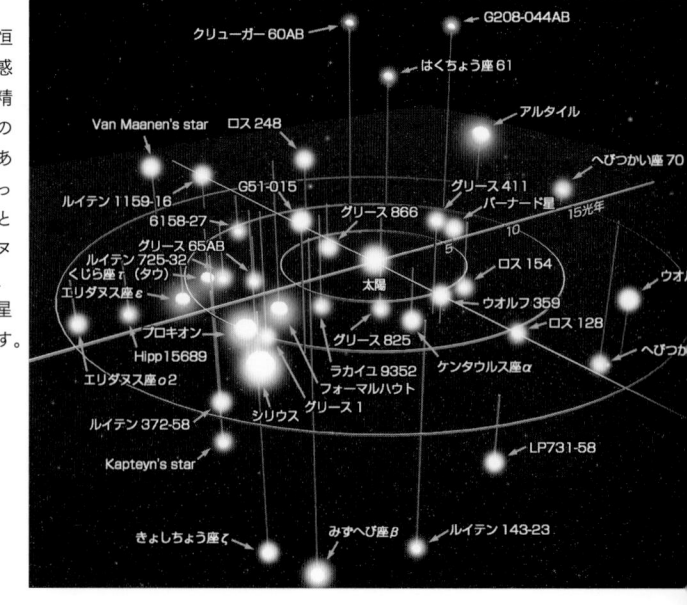

●銀河系天体

　私たちの太陽は、約2000億個の星々やさまざまな天体とともに、「銀河系」という大きな集団を形成しています。それは、ひじょうに薄い凸レンズのような形をしています。直径は約10万光年で、厚さは中心部の最も厚いところで1万5000光年です。上から見ると美しい渦巻を形づくっており、以前は、アンドロメダ大銀河M31によく似た「渦巻銀河」だと考えられていました。しかし、1980年代になって、中心部に棒状の構造をもつ「棒渦巻銀河」であることがわかってきました。

　銀河系の構造を見てみると、厚さ5000光年ほどの平らな「円盤部」、銀河系中心部を構成する楕円形の「バルジ」、これらを球状にとり囲む広い領域の「ハロー」で構成されています。バルジは比較的年老いた星が集まっていて、中心部ほど星が密集しています。それをとり巻くように広がる渦巻部分は、若い星々や星間物質、散開星団、散光星雲で形づくられます。ハローを構成するのは年老いた星や球状星団です。

　銀河系を構成するすべての天体は、銀河系中心のまわりを回っています。ちなみに私たちの太陽系は中心から約2万8000光年離れたところにあって、約2億年かかって銀河系をひと回りしています。太陽の年齢は約46億歳ですから、誕生してから23回ほど公転したことになります。

　銀河系を形づくる天体は、星の一生と深く結びついています。銀河系内のすべての場所は希薄なガスとちりで満たされています。これは「星間物質」といいます。星間物質が濃く集まった領域が暗黒星雲で、この内部ではガスとちりが凝集して星が形成されています。ひとたび星が誕生すると、周囲の星雲を加熱して輝かせ、散光星雲が出現します。

　生まれた星は、数千万年から数百億年輝き続けますが、さまざまな種類があります。大きさで区別するなら、太陽よりずっと小さなものは「矮星」、太陽より大きいものは「巨星」、さらに大きなものは「超巨星」と呼ばれます。

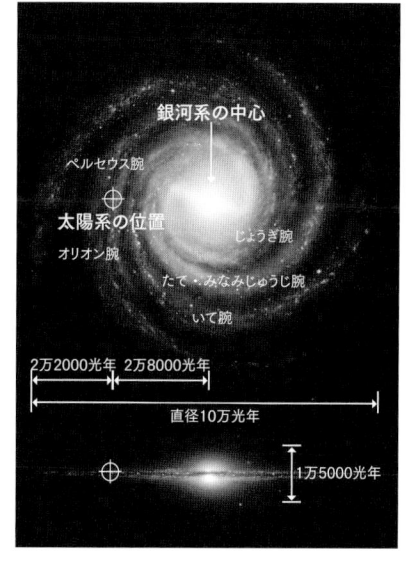

銀河系の形状
上図は銀河系を上（銀河の北極）から見たものです。銀河系は渦巻型の銀河だといわれますが、正確には中心部を棒状構造が貫いている「棒渦巻銀河」です。下図は銀河系を真横から見たものです。

銀河系天体の位置
太陽系周辺のよく知られた天体の位置関係を示しました。幾重にも描かれた円の中心にあるのは太陽で、細い円の間隔は1000光年です。小口径望遠鏡で観測できる天体の多くが、太陽から半径1万光年以内の範囲にあることがわかります。

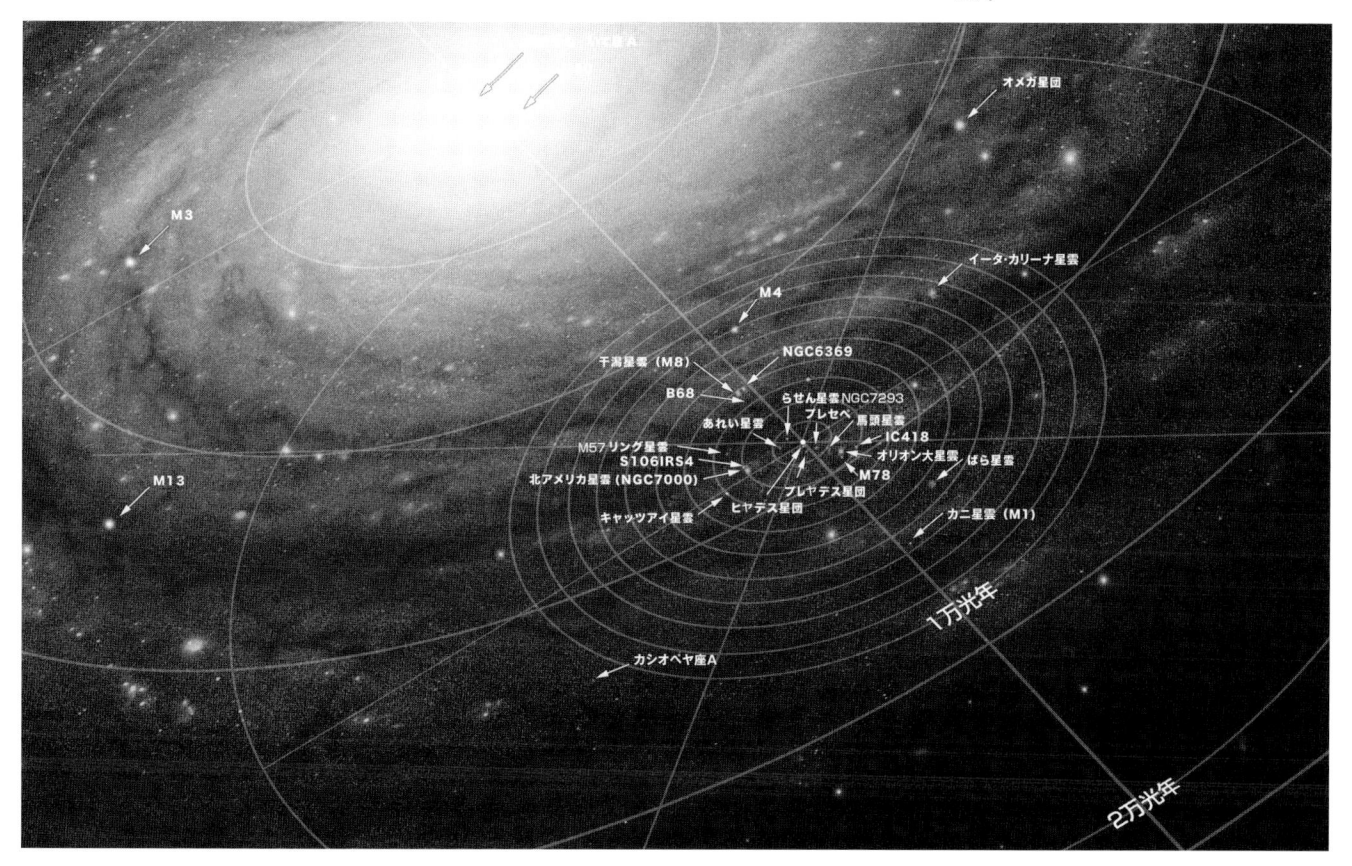

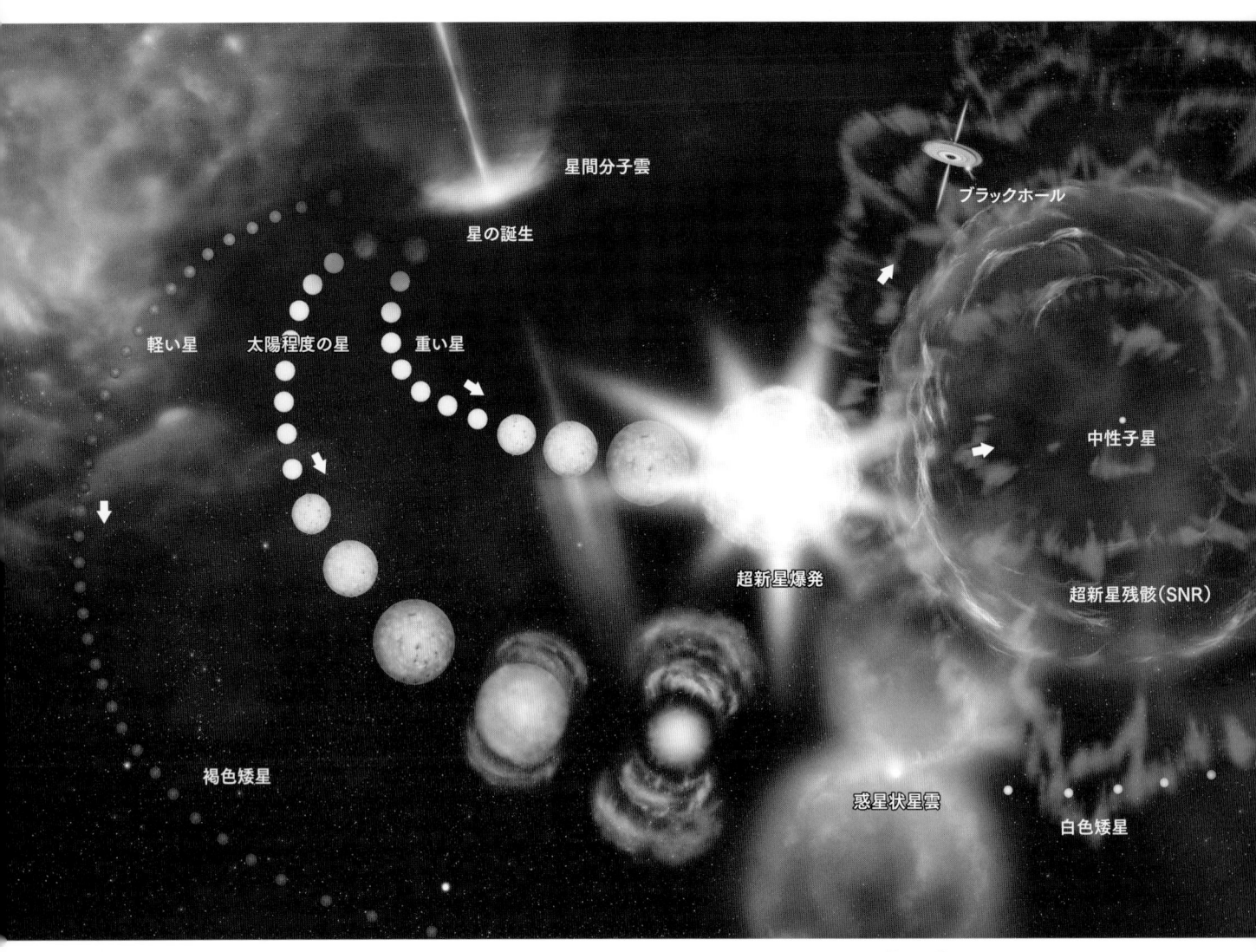

星間分子雲
星の誕生
軽い星
太陽程度の星
重い星
ブラックホール
中性子星
超新星爆発
超新星残骸(SNR)
褐色矮星
惑星状星雲
白色矮星

星の一生

銀河系内には、大きく分けて星と、ガスやちりからなる星間物質があります。両者は密接な関係にあります。星間物質が濃く集まって星がつくられ、星は質量によって異なる寿命と運命をたどりますが、死に際して一部もしくはほとんどの物質を周囲に放出します。それは星間空間に薄く広がって星間物質に戻っていきます。

　進化の段階で区別することもあります。中心核で水素の核融合が始まる前の段階の星を「原始星」と呼び、水素の核融合反応で安定して輝く星が「主系列星」です。星の一生では、この期間が最も長くなります。やがて中心部で水素が枯渇し、ヘリウムが核融合反応を起こすようになると星は巨大化し、表面の温度が下がって「赤色巨星」や「赤色超巨星」となります。年老いて核融合反応ができなくなり収縮した高密度天体には、その密度により「白色矮星」「中性子星」「ブラックホール」があります。

　星は単独で存在するものがありますが、複数個の星が互いのまわりを回り合っている場合もあります。このような星を「連星」と呼び、星々の1/3は連星だと考えられています。数十から数百個の星が重力で結びつき、直径50光年くらいの範囲に集まっているのが「散開星団」で、数万から100万個以上の星が直径100光年くらいの範囲に密集しボール状になっているのが「球状星団」です。

　太陽のような主系列星は安定して輝いていますが、星のなかには明るさが変わるものもあります。これは「変光星」といいます。変光星には、星自身が不安定で明るさを変えているものと、連星系の2つの星がお互いに隠したり隠されたりするため、明るさが変わって見えるものの2種類があります。

　そして、星が死に際して、外層部を噴き出して形成するのが「惑星状星雲」、大爆発を起こしてほとんどが吹き飛ばされて形成される天体が「超新星残骸」です。惑星状星雲も超新星残骸も膨張しており、時とともに希薄になっていきます。そして、星間空間に薄く広がって星間物質と混じり合い、次の星を生み出す材料となるのです。

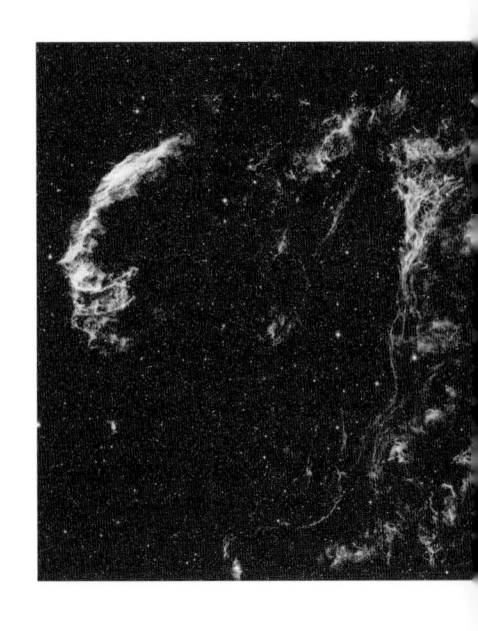

M16の全体像
へび座（尾）にある散光星雲で、活発な星形成領域として知られています。p58–59で紹介した「創造の柱」（右）と「取り残された濃い領域」（左）の画像の範囲を示しています。

三裂星雲M20の全体像
2つの星雲がつながっているように見えますが、下の星雲が三裂星雲です。p60–61で紹介した「三裂星雲中心部」（右下）と「角を出したカタツムリ」（左上）の画像の範囲を示しています。

◀網状星雲全体像
p120で紹介した網状星雲の全体像です。とぎれとぎれながら円形に連なっているようすがわかります。直径は約3°で、満月が横に6個並ぶ大きさがあります。

干潟星雲M8の全体像
いて座にある散光星雲で、星雲に重なって見える星は、この星雲の中で誕生しました。p62で紹介した「若い高温度星がもたらす嵐」の画像の範囲を示しました。

りゅうこつ座イータ星

イータ・カリーナ星雲
イータ・カリーナ星雲の全体像です。p72–73で紹介した「イータ・カリーナ星雲中心部」の画像の範囲と、p76で紹介した「イータ・カリーナ星」を示しました。

土星状星雲
p114で紹介した土星状星雲を、小型望遠鏡で見たときのイメージです。この種の天体は、昔、望遠鏡で見たときに小さな青い円盤にしか見えず、天王星によく似て見えたために「惑星状星雲」と呼ばれました。

231

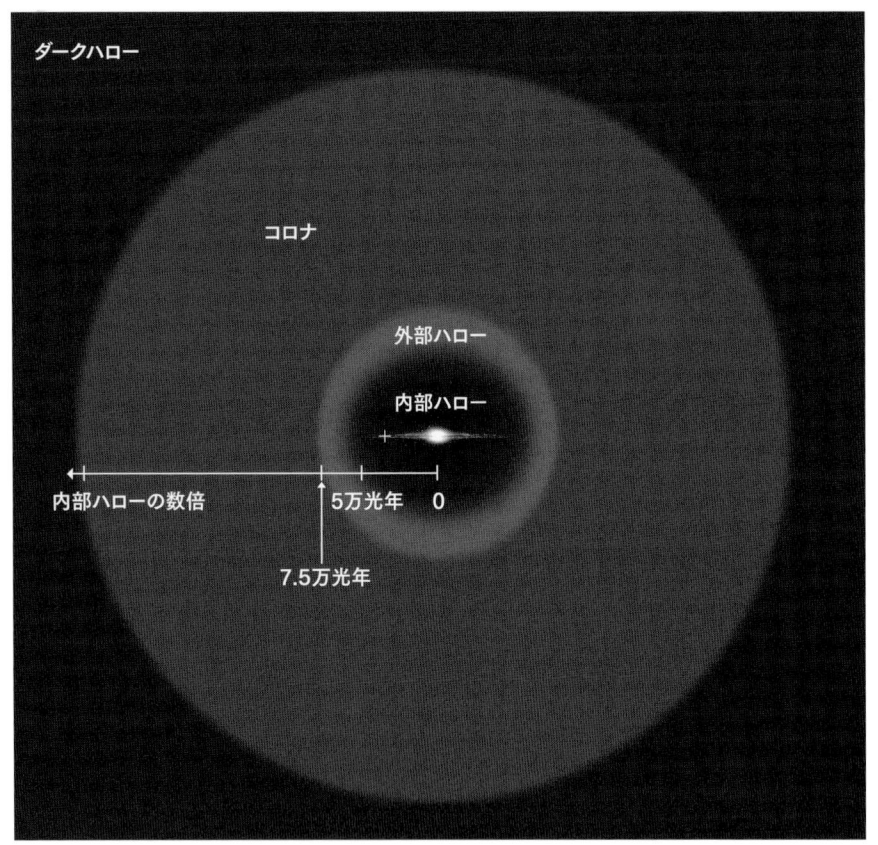

ハローの構造

銀河系円盤を球状に取り巻く「ハロー」は、希薄な星間物質とまばらな星々や球状星団からできています。奇妙なことに、「内部ハロー」を構成する星は円盤部分と同じ方向に回転していますが、「外部ハロー」の星は逆方向に回転しています。また、所属する星の成分も少し異なるため、違った過程でできたと考えられています。その外側には星や球状星団がほとんどなく、希薄で高温のガスがとり巻いており、これは「コロナ」と呼ばれています。その外側にあるのが「ダークハロー」です。質量はありますが、光を出さないため目には見えないダークマター（暗黒物質）でできています。銀河の全質量の95％はこのダークマターが担っているといわれています。

球状星団M22
いて座の方向1万600光年の距離にある大型の球状星団です。直径110光年の範囲に約20万個の星が集まっています。

　私たちの銀河系の中心には、太陽の300万倍の質量をもつ「超巨大ブラックホール」が存在することがわかっています。渦を巻きながらブラックホールへ吸い込まれていくガスの円盤の直径は約2光年で、時折大量の物質が吸い込まれ、そのときに強いエックス線が放たれます。約350年前にこのようなできごとがあった痕跡が見つかっており、2000年にもそのようすが観測されています。

　銀河系の最も外側を形成する「ハロー」は、半径30万～40万光年もあります。この領域で最も目立つ天体が球状星団で、現在まで150個ほどが見つかっています。そのなかには、ひじょうに大型の球状星団がいくつかあります。通常、球状星団を構成する星の年齢は同じですが、このような大型の球状星団では、銀河系のように年老いた星と若い星が混在しており、中心に太陽の数千倍の質量の「中間質量ブラックホール」があります。そのため、これらは銀河系の近くにあった「矮小銀河」が、銀河系の重力の影響で外部のガスや星をはぎ取られ、星の密度が高い中心部だけが残ったものなのではないかと考えられています。150個の球状星団の1/4に同様の特徴があります。

中心核ブラックホール
銀河系の中心には、質量が太陽の300万倍もある超巨大ブラックホールがあります。ブラックホールの周囲には、飲み込まれていく物質が渦巻円盤を形成しています。これは「降着円盤」と呼ばれていて、直径は約2光年です。ブラックホールからは上下にジェットが放出されています。

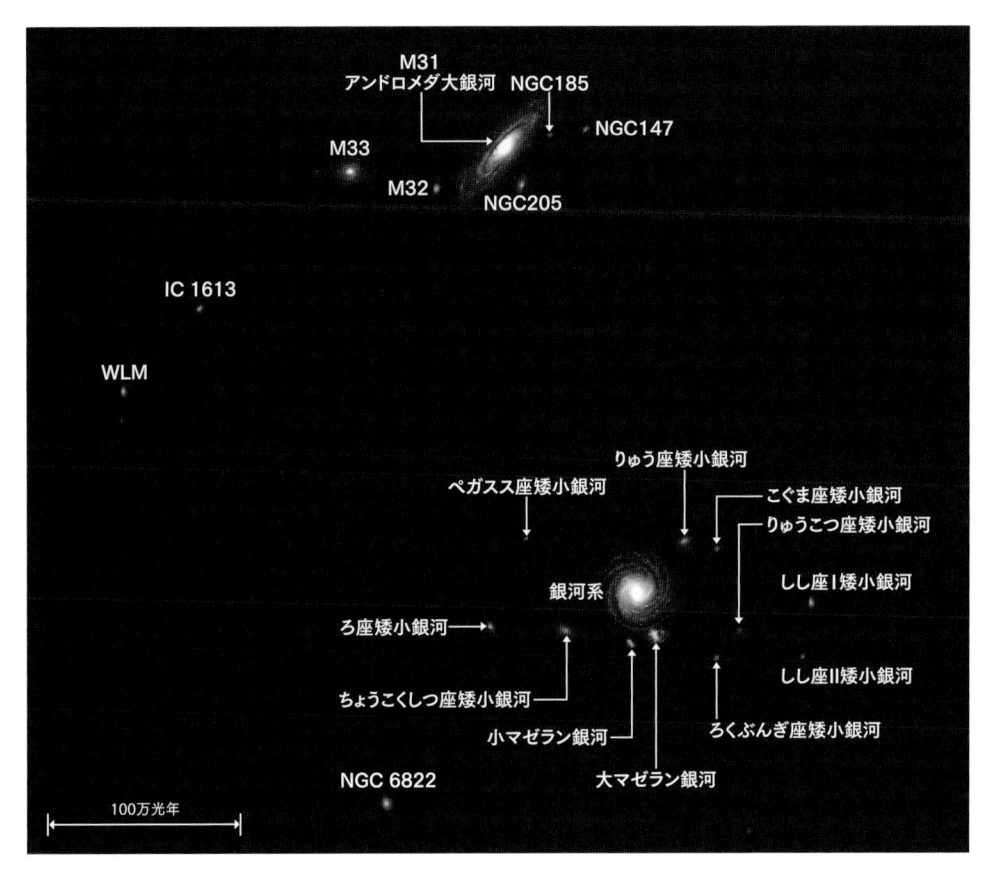

局部銀河群
私たちの銀河系が属する銀河群で、直径600万光年の範囲に約50個の銀河が集まっています。この中には、銀河系を中心としたグループとアンドロメダ大銀河を中心としたグループがあり、グループに所属しない銀河もいくつか存在しています。

●局部銀河群

　太陽の重力が惑星などの太陽系天体を支配しているように、銀河系もその周辺にあるいくつかの小さな銀河を重力的に支配しており、それらは銀河系の周囲を周回しています。このような銀河を「伴銀河」と呼んでいます。その代表は大マゼラン銀河と小マゼラン銀河です。20世紀後半、銀河系の伴銀河は続々と発見され、現在では26個が確認されています。

　最近、銀河系を周回する帯状のガスと星の集まりや、リング状に銀河系をとり巻く物質も発見されました。これらは、銀河系との重力の相互作用で伴銀河がバラバラに引き裂かれ、銀河系に飲み込まれていくようすを示していると考えられています。

　また、銀河系はアンドロメダ大銀河（M31）やさんかく座の銀河（M33）などと重力的に結びついており、直径約600万光年の「局部銀河群」を形成しています。ここには、現在約50個の銀河が確認されています。これらは一様に散らばっているのではなく、2つのサブグループとそれには属さないいくつかの銀河からできています。サブグループのひとつが私たちの銀河系を中心としたグループで、もうひとつは銀河系よりひと回り大きなアンドロメダ大銀河を中心としたグループです。アンドロメダ大銀河は16個の伴銀河をもっています。

大・小マゼラン銀河
左は大マゼラン銀河で、銀河系から約16万光年の位置にある、銀河系に最も近い銀河です。直径約2万5000光年で、質量は銀河系の約1/10です。右は小マゼラン銀河で、銀河系からの距離は21万光年です。長さ約1万5000光年で、質量は銀河系の約1/100の小さな銀河です。長い間、2つの銀河は銀河系の伴銀河だと考えられてきましたが、最近になって、たまたま銀河系の近くを通過している独立した銀河であるという新説が提案されました。その真偽についてはまだわかっていません。本書で紹介しているいくつかの天体の位置を記しました。

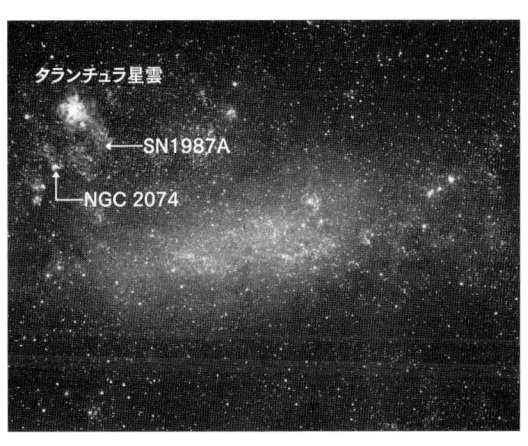

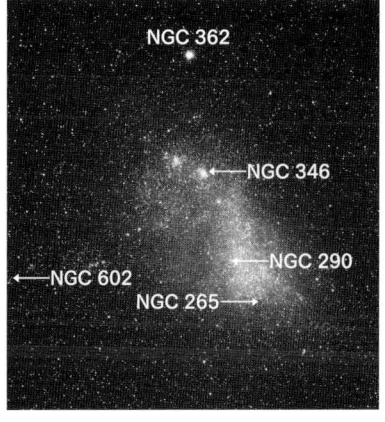

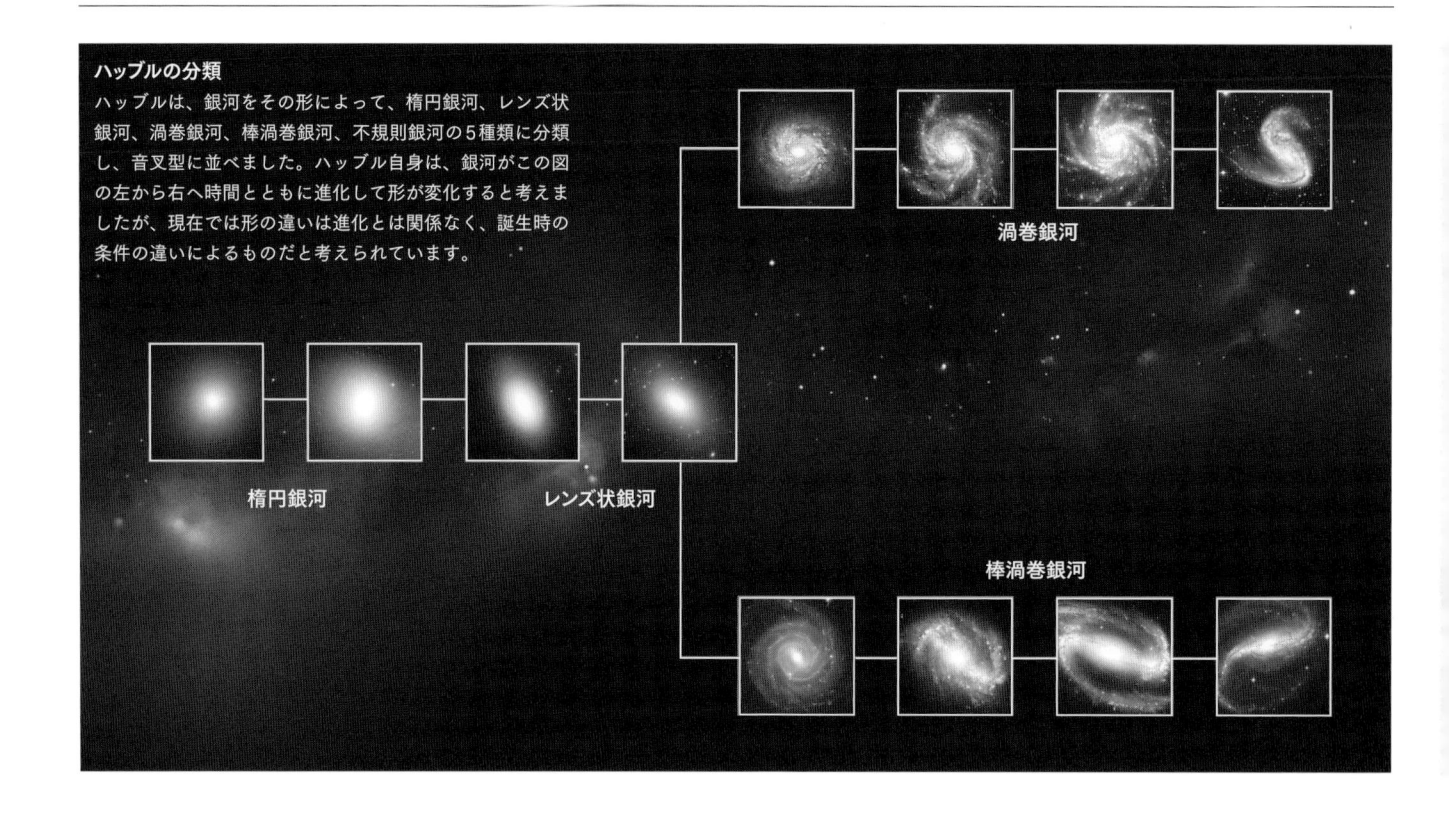

ハッブルの分類

ハッブルは、銀河をその形によって、楕円銀河、レンズ状銀河、渦巻銀河、棒渦巻銀河、不規則銀河の5種類に分類し、音叉型に並べました。ハッブル自身は、銀河がこの図の左から右へ時間とともに進化して形が変化すると考えましたが、現在では形の違いは進化とは関係なく、誕生時の条件の違いによるものだと考えられています。

楕円銀河　レンズ状銀河　渦巻銀河　棒渦巻銀河

●銀河宇宙

広大な宇宙には、銀河系のような「銀河」が無数といってよいほどたくさん存在します。1926年、アメリカの天文学者エドウィン・ハッブル（ハッブル宇宙望遠鏡の名前のもとになった天文学者）は、見た目の形の違いから銀河を5つの種類に分類しました。「楕円銀河」「渦巻銀河」「棒渦巻銀河」「レンズ状銀河」「不規則銀河」です。これは、現在も「ハッブルの分類」として使われています。

楕円銀河は、名前のとおり楕円形に星が集まっています。中心部ほど星が密集していますが、目立った構造は見られません。比較的年老いた星ばかりでできており、若い星や星間物質はほぼ存在しません。内部の星々はランダムな方向に移動しています。

渦巻銀河と棒渦巻銀河は、中心に明るく膨らんだ楕円形のバルジをもち、その周囲に渦巻く腕をもっています。渦巻部分には星間物質を大量に含み、現在も星の形成が起きています。また内部の天体は、中心核のまわりを回転運動しています。渦巻銀河と棒渦巻銀河の唯一の違いは、中心核バルジを貫く棒状の構造があるかないかという点です。

レンズ状銀河は、渦巻銀河／棒渦巻銀河の腕がない状態の銀河です。上から見ると楕円銀河に似ていますが、横から見ると渦巻銀河や棒渦巻銀河と同様、濃い星間物質が暗黒帯を形成しています。星々は渦巻銀河同様、中心核のまわりを回転運動しています。

不規則銀河は、もともと特定の形をもたない銀河か、衝突や接近遭遇のため重力の影響を受けて形が変形した銀河です。

しかし、銀河の研究が進むにつれ、これらの範疇に収まらない銀河も出てきました。それらはハッブルの分類とは別に、特徴を表す呼び名で呼ばれたり、そのような天体を集めてカタログをつくった天文学者の名前で呼ばれたりしています。

たとえば、普通の銀河の1/100以下の星しか含まない小さな銀河は「矮小銀河」と呼ばれます。矮小銀河には楕円形をしたもの、不規則な形のもの、数は少ないものの渦巻構造をもつものもあります。土星のように赤道上にリング構造をもつ「リング銀河」や、垂直方向のリングをもつ「極リング銀河」もあります。

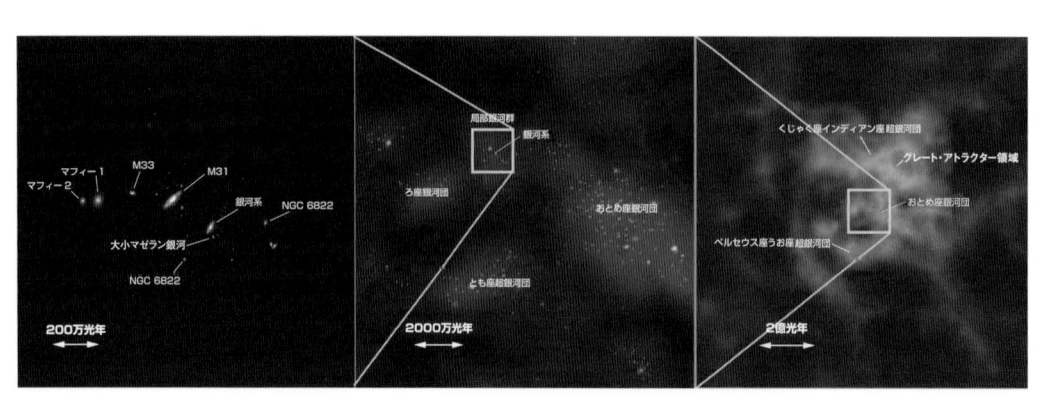

宇宙の階層構造

銀河系は約50個の銀河とともに局部銀河群を形成しています。この局部銀河群は、おとめ座銀河団やほかの銀河団とともに、グレート・アトラクターを中心とする直径約5億光年のラニアケア超銀河団を形成しています。

アンドロメダ大銀河の全体像
アンドロメダ大銀河 M31の全体像です。p130–131で紹介した「アンドロメダ大銀河」の範囲（A）、p132–133で紹介した「アンドロメダ大銀河の周辺部」の範囲（B）を示しています。

大質量星が急速に形成されている銀河は、「スターバースト銀河」と呼ばれます。また、中心核が異常に活発な活動を示し、強い電波や赤外線、エックス線などを出す銀河は、「活動銀河中心核（AGN）」と呼ばれています。そのなかで、けた違いに活動が活発で、中心核の1光年にも満たない範囲から銀河系100個分ものエネルギーを放つ天体が「クエーサー」です。

このような銀河は、宇宙に一様に散らばっているのではなく、大小の集団をつくっています。直径数十万光年の範囲に数個の銀河が集まっているものを「コンパクト銀河群」、数百万光年の範囲に数十個集まっているものを「銀河群」、そして、数千万光年の範囲に数千個の銀河が集まっているものを「銀河団」と呼んでいます。それらは、いくつか集まり連なって直径1億光年ほどの「超銀河団」を形成しています。

銀河系の所属する最も巨大な構造がラニアケア超銀河団で、直径は約5億2000万光年です。銀河系はその端のほうにあります。この超銀河団に所属する銀河団のすべては、中心にある正体不明の巨大重力源「グレート・アトラクター」に引き寄せられています。

触角銀河NGC4038/4039
p176で紹介した触角銀河の全体像です。ハッブル宇宙望遠鏡の画像はここに見える明るい部分を捉えています。触覚銀河は、2つの銀河が重力の相互作用で変形したもので、それぞれの銀河から放出された星とガスが、長い触覚に似た「尾」を形づくっています。

NGC5128
p168で紹介したNGC5128の全体像で、掲載した画像の範囲を示しました。全体像からは、楕円銀河が2つに裂けているような特徴的な姿が見えてきます。

M51の中心核ブラックホール
p174で紹介したM51（子持ち銀河）の中心核の位置と範囲を示しています。

235

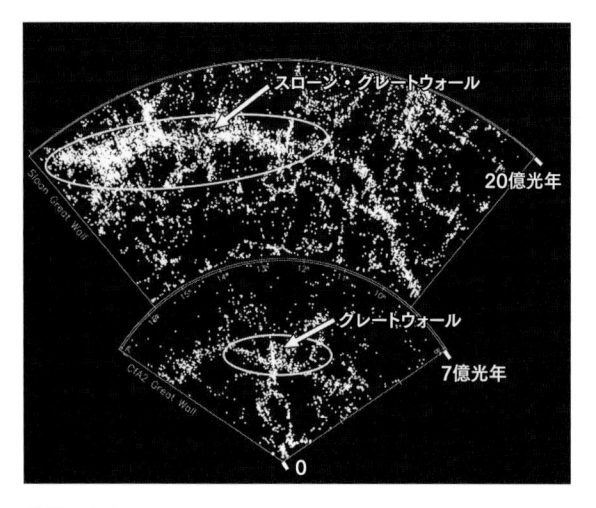

銀河の分布
白い点のひとつひとつが銀河です。0（ゼロ）と記されている扇形の要の部分（下端）が銀河系の位置、扇の先（上）へいくに従って距離は遠くなっています。銀河団は、時にいくつも連なって巨大なグレートウォール（壁）と呼ばれる構造をつくっています。

ラニアケア超銀河団
直径約5億2000万光年の巨大な銀河団で、私たちの住む銀河系はその端のほうにあります。重力的な中心は、うみへび座-ケンタウルス座超銀河団で、ラニアケア超銀河団のメンバーは、すべて中心に引き寄せられています。

　私たちの宇宙は、こうした銀河団や超銀河団によって、石鹸の泡に似た構造をつくっていることがわかってきました。これは「宇宙の泡構造」または「宇宙の大規模構造」と呼ばれています。泡の表面に銀河群や銀河団が存在し、泡と泡がくっついたところにあるのが超銀河団です。泡の内部は直径数億光年にわたって銀河がほとんど存在しない空白な領域「ボイド」が広がっています。このような大規模構造は、少なくとも80億光年遠方まで続いているのが確認されています。

　超銀河団が連なっている場所も発見されています。私たちから2億光年離れたところにある「グレートウォール」と、10億光年の距離にある「スローン・グレートウォール」です。前者は長さ5億光年以上、幅3億光年、厚さ1500万光年あり、後者は長さが13.7億光年に及びます。まだ、すべての銀河の位置が三次元的に測定されているわけではないので、今後、さらに同様の構造が見つかるかもしれません。

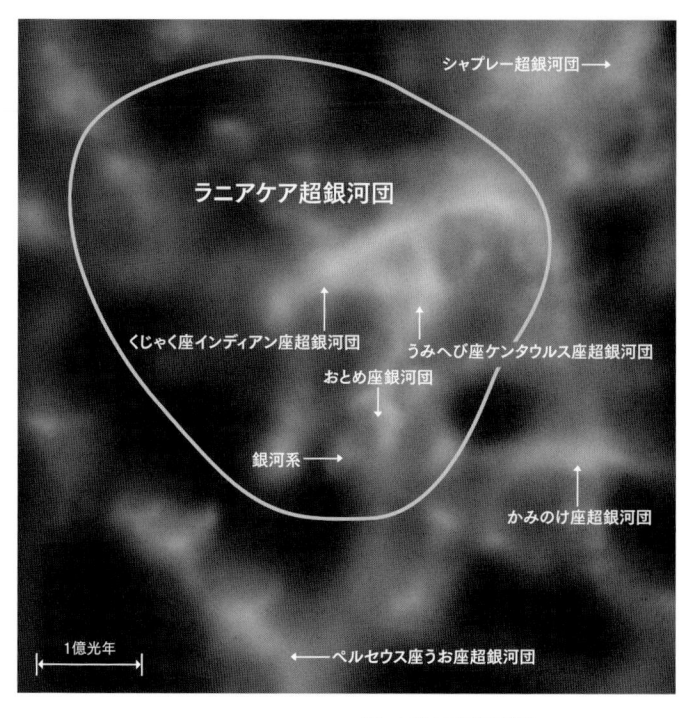

　現在観測されている最も遠方の天体は、約130億光年の彼方にあります。宇宙の年齢は138億歳ですから、宇宙誕生から約8億年後の姿を見ていることになります。

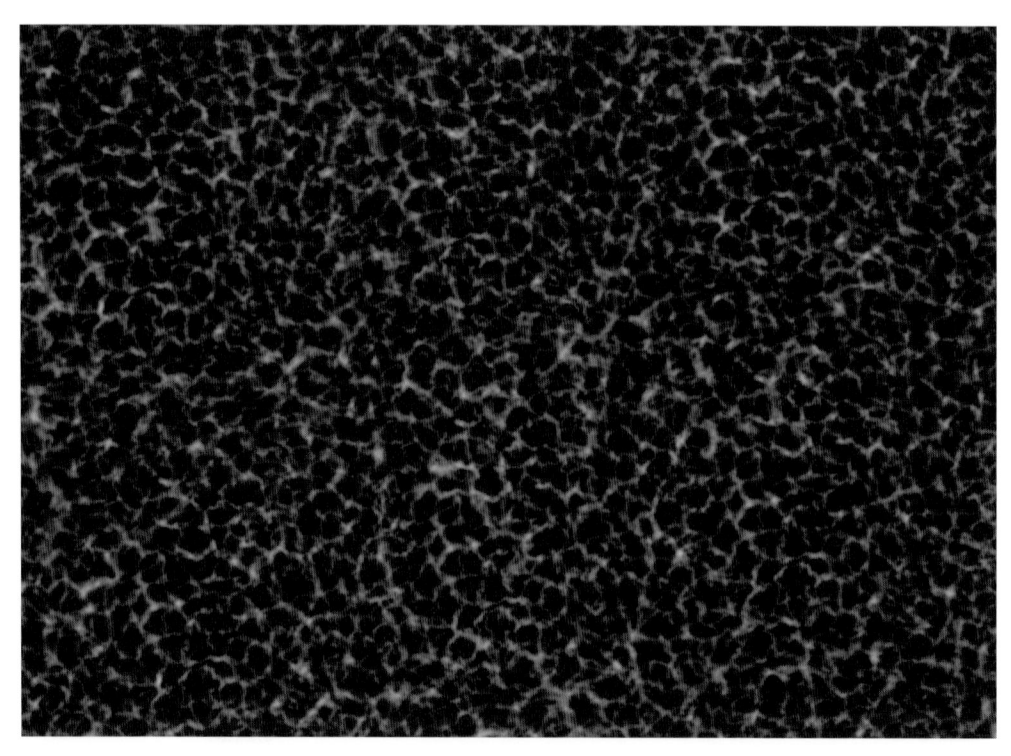

宇宙の泡構造
宇宙には銀河が集まった密度の高い部分と、銀河がほとんど存在しない密度の低い場所があります。それらがくり返し連なって宇宙の泡構造をつくっています。

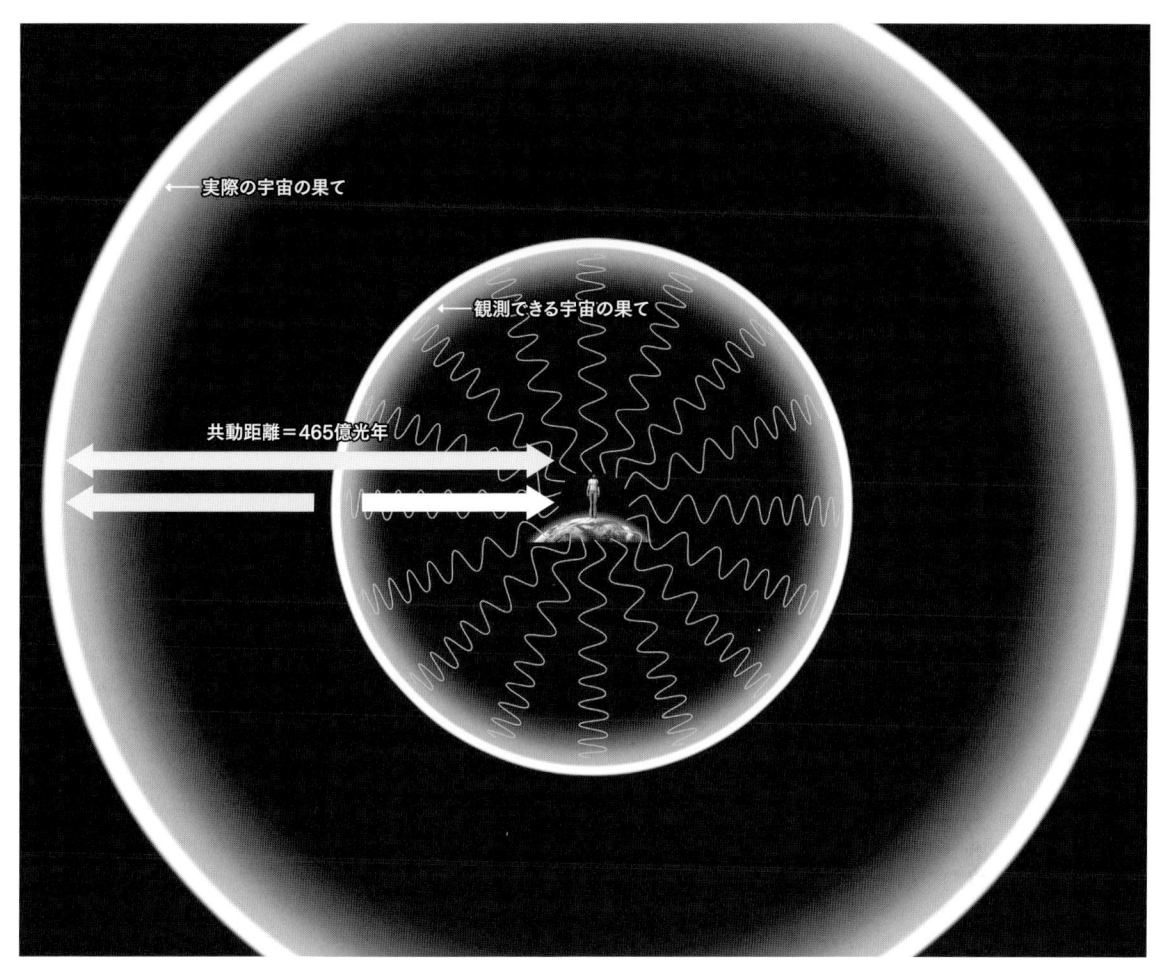

宇宙の大きさ

「1億光年彼方の銀河」という場合、光が天体を発してから1億年かかったことを意味しており、天体と地球の間の現在の距離ではありません。光は、一瞬で天体から私たちのところに届くのではありません。光が1億年かかってその天体から私たちのところまで旅している間に、宇宙の膨張によって、天体は1億年前よりずっと遠方に遠ざかってしまっているからです。

宇宙は今から138億年前に生まれましたから、もし138億光年の天体が見えるならそれは宇宙誕生のときの天体です。しかし、その天体までの距離は宇宙の膨張を考慮した距離（共動距離）にすると、現在私たちからおよそ465億光年のところにあります。しかし、宇宙誕生直後には「インフレーション」と呼ばれる急激な膨張が起きており、どれくらい膨張したのかはっきりわかっていません。そのため、宇宙はもっと巨大である可能性が高いのです。

銀河の進化

生まれたばかりの原始銀河は、私たちの銀河系の1/100くらいの小さなものでした。それが周囲の原始銀河と合体して銀河系のような大きな銀河がつくられてゆきました。矢印は時間の流れ、進化の方向を示しています。特に、ダークマターや物質の密度の高いところでは早くから銀河が形成され、しかも数多くつくられて、銀河群や銀河団が形成されました。

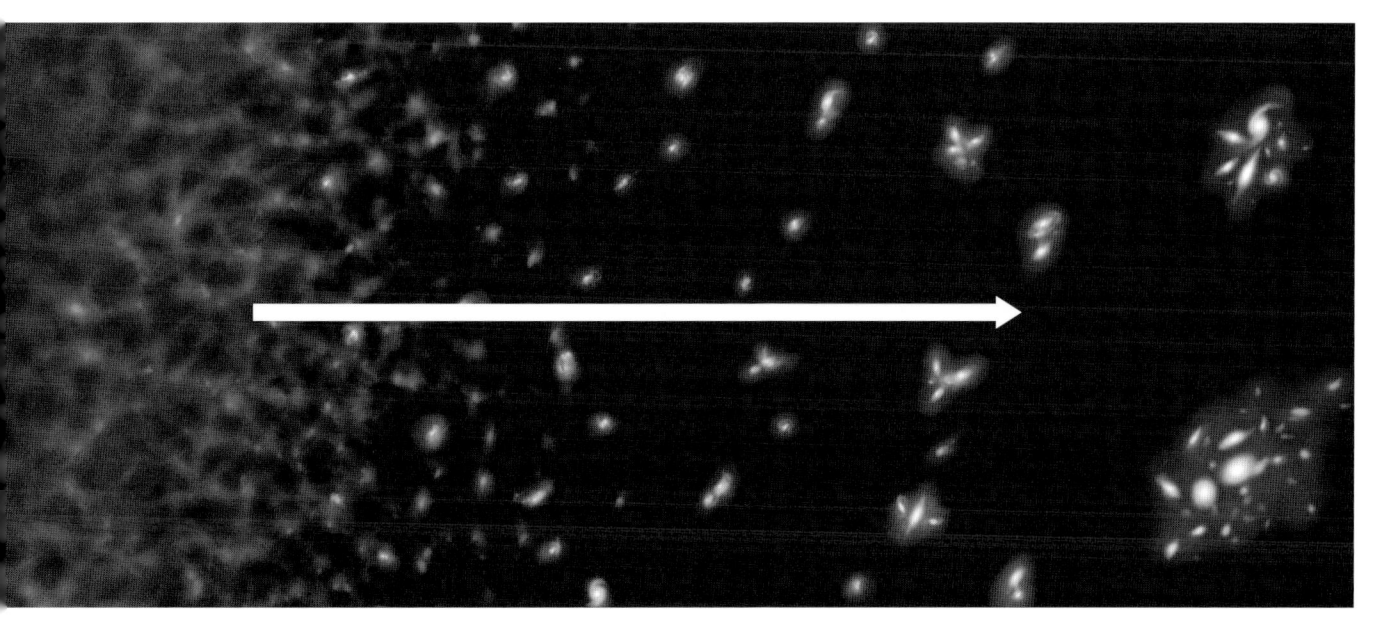

● ダークマターとダークエネルギー

これまでの観測で、宇宙には星や銀河、暗黒星雲や散光星雲のように目に見える天体のほかに、光も電波も出していない、目で見ることのできない天体「ダークマター（暗黒物質）」が存在していることがわかっています。ダークマターは質量をもつため重力を及ぼし、重力レンズなどの観測からその存在や分布を調べることができます。その結果、ダークマターは目に見える物質の約6倍もの量があることがわかっています。その正体については、いくつかの候補が考えられていますが、これほど大量にありながら未だ発見にいたっておらず、正体不明のままです。そして、宇宙には、さらに謎に包まれた「ダークエネルギー（暗黒エネルギー）」が存在することがわかっています。

宇宙はビッグバンという大爆発で始まり、以来、膨張を続けています。宇宙には、光を放つ天体やダークマターが存在するため、その重力によって縮もうとする力がはたらき、膨張速度は次第にゆっくりになると考えられていました。しかし、1998年、宇宙の膨張が加速していることが発見されました。その原因が「ダークエネルギー」だと考えられています。

「ダークエネルギー」は、空間そのものがもっているエネルギーだと考えられており、目には見えず、普通の物質やダークマターと相互作用もしませんが、重力に反発する力を及ぼします。重力は宇宙が小さいほど強く、大きくなるに従って弱くなります。しかし、ダークエネルギーの宇宙を膨張させようとする力は、宇宙の大きさには関係なく同じ強さです。宇宙がある程度大きくなると、重力に比べてダークエネルギーの割合が増大し、宇宙の膨張がどんどん加速していると考えられているのです。

物理学者アルバート・アインシュタインは、「物質とエネルギーは同等であり、互いに入れ替われる」ことを発見しました。そのため、光輝く物質やダークマターはエネルギーに換算することができます。この宇宙が観測されているような姿であるために必要なエネルギーの分布を計算したところ、通常物質とダークマターを合計しても必要なエネルギーの30％にしかならないことが明らかになりました。それを補うために、70％のダークエネルギーの必要性が考え出されたのです。

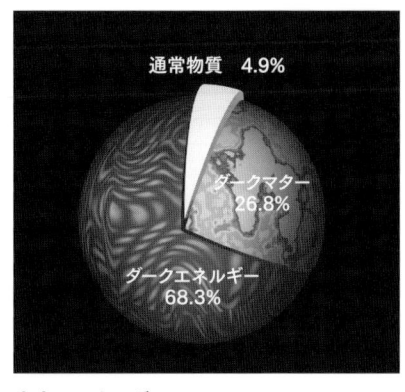

宇宙のエネルギー
アインシュタインは、物質とエネルギーは同じものであることを発見しましたが、宇宙を構成する物質をエネルギーに換算して表すとこのようになります。この数値は、最新の宇宙背景放射観測衛星「プランク」の高精度な測定によって導き出された値です。

通常物質 4.9%
ダークマター 26.8%
ダークエネルギー 68.3%

重力レンズ
中央の銀河が重力レンズとしてはたらき、遠方の天体の姿を弓状に歪めています。歪められた天体の形や見える場所から、重力を及ぼす銀河の質量や、主に銀河とともに存在する目には見えないが重力を及ぼすダークマターの分布を知ることができます。

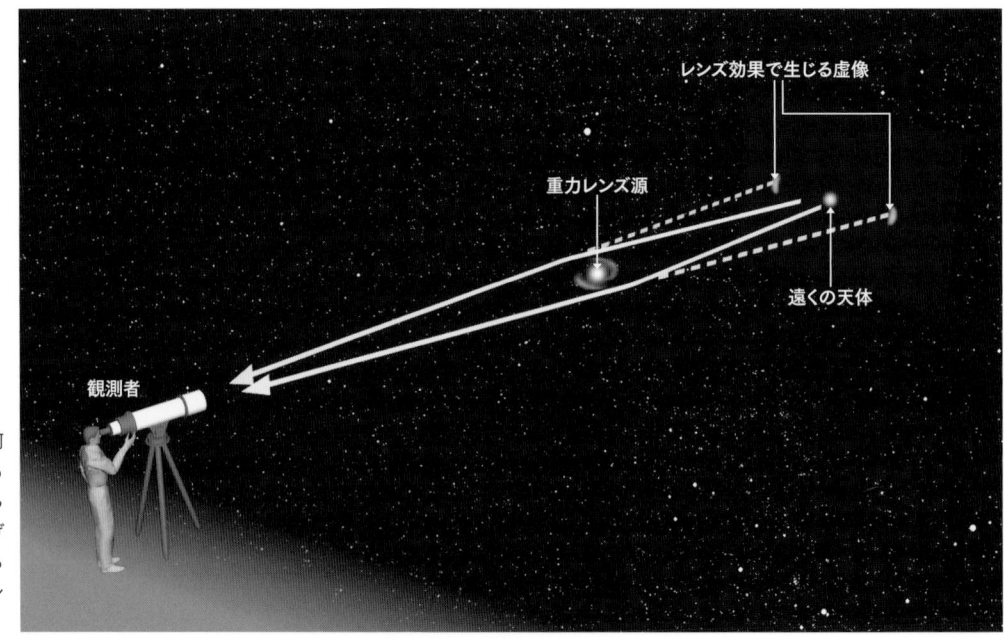

重力レンズの仕組み
遠方の天体と地球の間に、銀河や銀河団、ダークマターのような大質量をもつ天体が存在すると、後方の天体からの光は前景の天体の重力の影響で曲げられ、実際の位置とは違う場所にあるかのように見えます。これが重力レンズです。

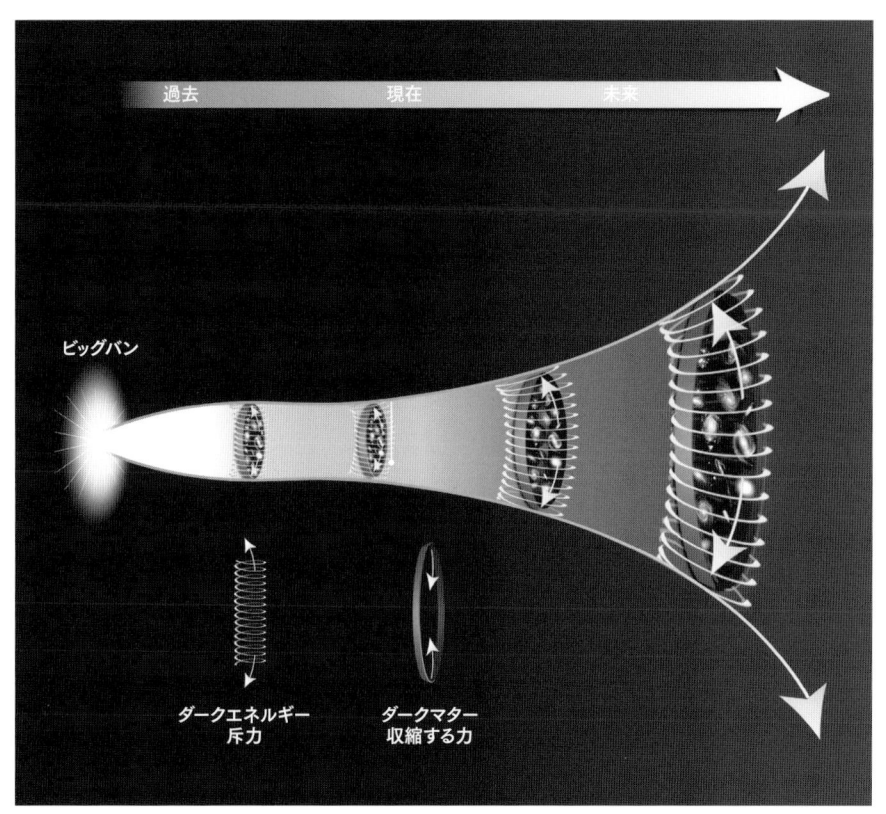

宇宙の歴史

図の横軸は時間の流れ、縦軸は膨張速度を表しています。超高温高圧の小さな火の玉として誕生した宇宙は、その直後から膨張を始めました。時間とともに、重力の影響で膨張の速度はゆっくりになっていきました。しかし、宇宙には重力とは反対に膨張しようとする力を及ぼすダークエネルギーが存在します。重力は宇宙が小さいほど強くはたらき、宇宙が大きくなるにしたがって弱くなります。一方、ダークエネルギーは宇宙の大きさには関係なく常に同じ強さです。そのため、宇宙がある一定の大きさになったとき、重力よりダークエネルギーの力が優勢となって宇宙は加速度膨張を始めたのです。

遠方の超新星

p123で紹介したような白色矮星が大爆発する超新星の場合、爆発のときの明るさはどれも同じになります。このようなとき、見かけの明るさが暗いほど遠い距離にあり、距離を計算することができます。また、これとは別に宇宙が膨張していることを利用して距離を計算することもできます。ところが、2つの方法で計算した距離が別々の値になることがわかりました。このことから、宇宙の膨張速度が約50億年前から徐々に加速していることが発見されたのです。

そのほかにも、宇宙の加速膨張や宇宙の背景放射（ビッグバン直後に発せられた観測可能な最も初期の電磁波）の観測からも、ダークマターなどの割合が計算されています。私たちの住むこの宇宙は、目に見える通常物質はわずか数％しかなく、その6倍の量の目には見えない正体不明のダークマターが存在し、さらに、これらをたした量の2倍以上の、まったく謎のダークエネルギーによって構成されているのです。

ダークエネルギーの存在は宇宙の未来に大きな影響を与えます。しかし、その性質も謎に包まれているため、予想される宇宙の運命も極端に異なります。ダークエネルギーが、このまま同じように膨張を加速させ続ければ、やがて宇宙全体がバラバラに引き裂かれてしまうだろうと考えられています。しかし、ダークエネルギーの性質がとちゅうで反転して、重力と同じような力に変わると考える科学者もいます。すると、やがて宇宙は膨張をやめ、収縮を始めます。そして、最後には、ひじょうに小さな高温の火の玉になってしまうと考えられています。あるいは、膨張の速度は再びゆっくりになり、永遠に宇宙が膨張をし続ける可能性もあります。いずれにしろ、宇宙の運命は、ひとえにダークエネルギーが握っているといえるかもしれません。

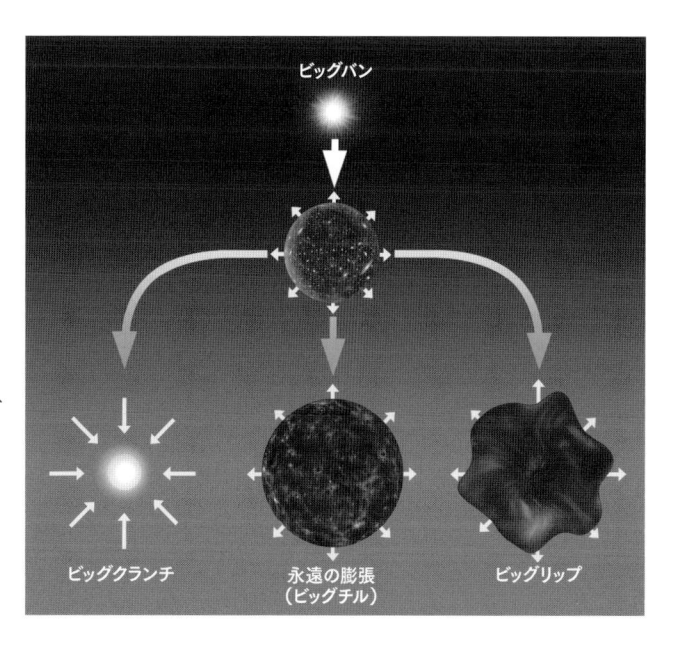

ダークエネルギーと宇宙の未来

宇宙の未来は、ダークエネルギーが握っていると考えられています。現在、宇宙は、ダークエネルギーの作用によって次第に速度を増しながら膨張を続けています。それがこのまま続くならば、やがて宇宙は急速膨張に耐えられず、バラバラに引き裂かれてしまうと考えられています（ビッグリップ）。もし、ダークエネルギーの性質がとちゅうで反転して重力と同じようにはたらくようになると、宇宙は膨張をやめ、収縮を始めて、やがて誕生のときと同じような高温高圧の小さな火の玉になってしまうでしょう（ビッグクランチ）。あるいは、やがて膨張速度はゆっくりになり、永遠に膨張を続けることも考えられます（ビッグチル）。

HST
ハッブル宇宙望遠鏡
Hubble Space Telescope

1990年から25年にわたって観測を続けているハッブル宇宙望遠鏡。口径2.4m、約3000億円の巨費を投じて実現された巨大プロジェクトは、予想をはるかに上回る成果をあげ、現在もなお活動を続けています。ここでは、その構想から実現に至る経緯と打ち上げ後のさまざまな問題、いかにして問題を克服してきたかなどについて、また、HSTの性能についてまとめました。

HSTの履歴

1990年4月24日
スペースシャトル・ディスカバリーによって打ち上げられる。

1993年12月
第1回サービスミッションでWFPCからWFPC2への交換、COSTAR（補正光学系）の取りつけ、太陽電池パネルの交換などを行う。

1997年2月
第2回サービスミッション。NICMOS（近赤外カメラ／多天体スペクトル観測装置）、STIS（宇宙望遠鏡画像スペクトル観測装置）の取りつけを行う。

1999年11月
6台ある姿勢制御用ジャイロのうち4台目が故障、観測困難になる。

1999年12月
第3回サービスミッション。全ジャイロの交換を行う。

2002年3月1日
第4回サービスミッション。ACS（掃天観測用高性能カメラ）取りつけ。太陽電池パネルを交換（発電効率が改善され、小型のパネルとなった）する。

2004年1月16日
NASAは今後のサービスミッションを中止すると発表。

2006年10月31日
NASAは5度目のサービスミッション実施を発表。HSTを2013年まで利用することが決定される。

2007年2月19日
故障と復旧を繰り返してきたACSが再度故障、主要機能が機能しなくなる。

2009年5月11日
第5回目（最終）のサービスミッションを行う。WFPC2をWFC3へ交換、故障したACSとSTISの修理、COSの設置、ジャイロとバッテリーの交換し、不要になったCOSTARの取り外しなどを行う。

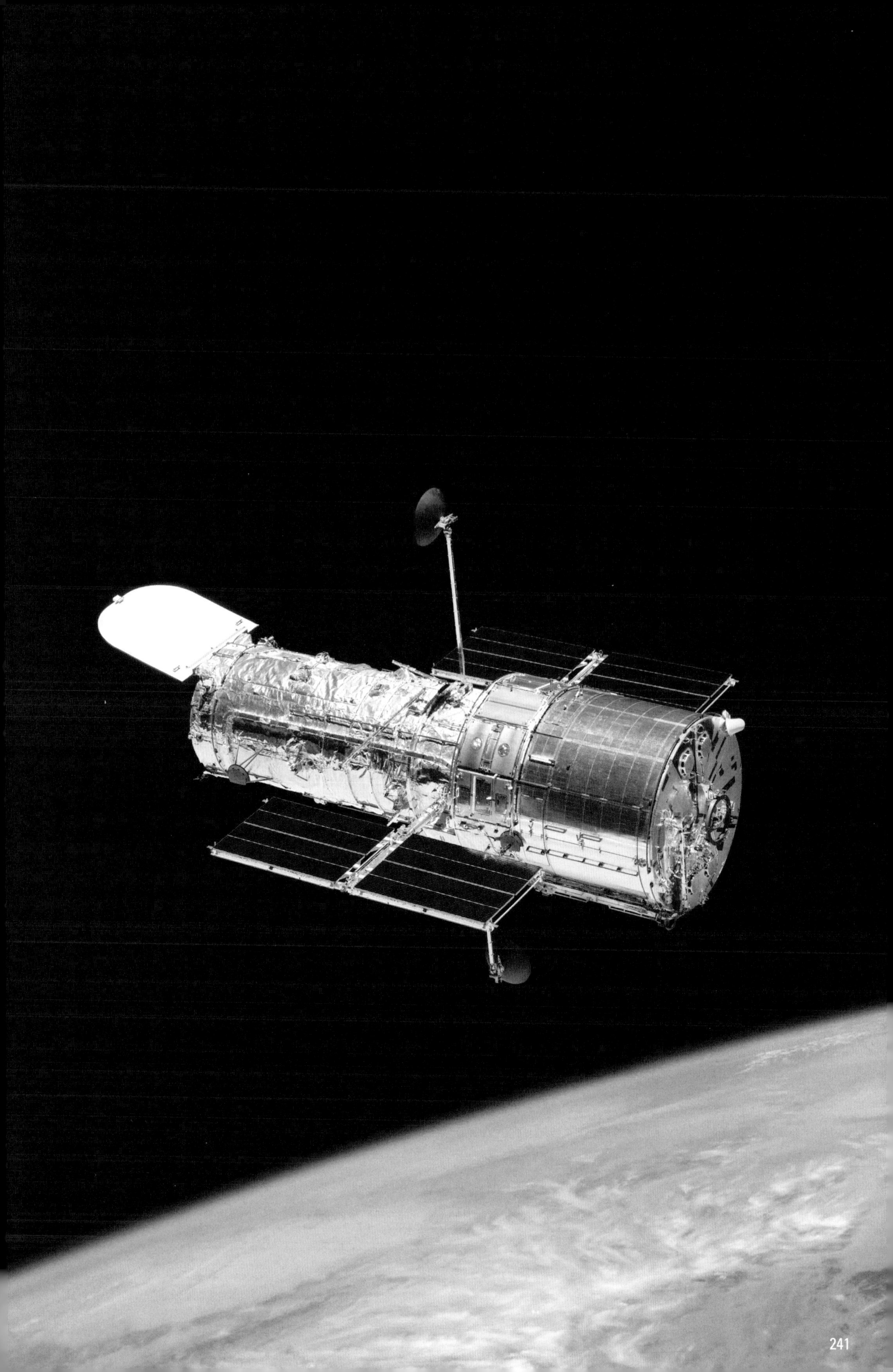

● ハッブル宇宙望遠鏡の歴史

宇宙の天文台建設計画

　1609年、イタリアの科学者ガリレオ・ガリレイが星空に望遠鏡を向けて以来、望遠鏡は宇宙の謎を解明する観測機器としてなくてはならないものとなりました。天文学の発達はまさに望遠鏡の発達によってもたらされたのです。大きな望遠鏡は、より詳しく天体のようすを見せ、新たな発見を導いてきたからです。当初は肉眼で覗くことが観測のすべてでしたが、後に写真撮影の技術や分光器などが発明されると、天体観測の方法は分化され、多様化していきました。現在、望遠鏡を使って行われる観測法は、大きく分けると「撮像観測」「分光観測」「測光観測」「偏光観測」があります。

　ハッブル宇宙望遠鏡に名前を冠したアメリカの天文学者エドウィン・ハッブル（Edwin Hubble）は、「宇宙の膨張」を発見したことで知られます。彼は、当時世界最大を誇った口径2.5mのウイルソン山天文台（カリフォルニア州）のフッカー望遠鏡を使った分光観測（銀河のスペクトルの観測）によって、その偉業を成し遂げたのです。やがて、ハッブルが使用した望遠鏡をはるかにしのぐ大きさの望遠鏡が建設されていきます。今日では、口径10mもの大きさの望遠鏡も稼働しています。ところが、いかに口径を大きくしたとしても、地上の望遠鏡はその能力をフルに発揮できない制約を受けてしまいます。その原因は、地球の大気です。

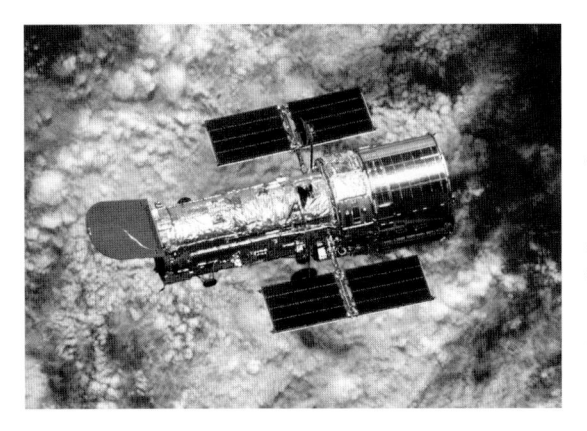

　地上からの観測は、天気の影響を受け、大気の散乱によって、昼間は空が明るく、星が見えないのはもちろんです。そして、赤外線や紫外線などは大気に吸収され、大気のゆらぎは、細かな部分を見ることを妨げます。

　1946年、アメリカの天文学者スピッツァー（Lyman Spitzer）は、地球大気の外から宇宙を観測したら、天文学者はどれほど素晴らしい成果を上げられるだろう、という画期的な論文を発表しました。そして、1970年代になり、宇宙から天体を観測する計画が立案されたのです。ちょうどその頃は、アポロ11号による人類初の有人月面探査に世界が熱狂していた時代でもありました。やがて、アポロ計画の膨大な予算が問題視されるようになり、それ以後の資金繰りは次第に厳しいものとなっていきました。そのような状況下でNASA（アメリカ航空宇宙局）は、1971年に宇宙望遠鏡のアイデアを採用しましたが、当初の計画内容は縮小され、現在のハッブル宇宙望遠鏡のスペックに落ち着きました。1976年にはESA（ヨーロッパ宇宙機関）との間で共同開発の契約が交わされ、ESAは費用の15%を負担することになりました。それによって1977年、宇宙望遠鏡計画は4億6000万ドルの予算で発注されました。

　しかし、宇宙望遠鏡の実現には、常に想像を絶する問題がつきまとっていました。宇宙望遠鏡は地球の周回軌道に配置され、およそ90分で地球を1周します。その間にプラスマイナス100℃以上の急速な温度変化を経験しますが、それでも高精度な観測性能を連続的に長期間維持しなければなりません。

ハッブル宇宙望遠鏡（HST）
1990年、スペースシャトル・ディスカバリーによって高度600kmの地球周回軌道に投入されました。口径は2.4m。アメリカの天文学者で、宇宙が膨張していることを発見し、天文学を飛躍的に前進させたエドウィン・ハッブルにちなんで、その名前が冠されています。

ライマン・スピッツァー
アメリカの理論天体物理学者で、1940年代から宇宙望遠鏡の建設を提案し、その有用性についての論文を発表しました。それがハッブル宇宙望遠鏡計画の礎となりました。彼の名前はスピッツァー赤外線宇宙望遠鏡（2003年8月打ち上げ）に冠されています。

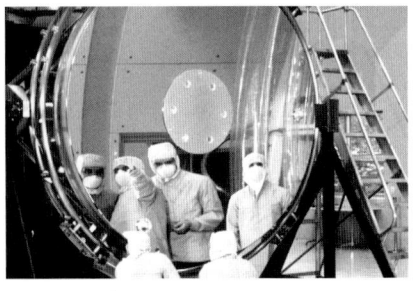

完成した主鏡
完成した口径2.4mの主鏡をチェックしているところです。主鏡は、アルミ蒸着のあとフッ化マグネシウムでコーティングされています。これは紫外線の反射率を向上させる効果があります。中央には直径60cmの穴がありますが、この画像ではふさがれています。

鏡筒の組み立て
主要光学部分の組み立てのようすです。鏡筒は、グラファイト・エポキシ材によるトラス構造で、この素材は温度変化に対して無伸縮です。温度変化によってピントの変化がないように、あらゆる工夫がなされています。右の筒部分は主バッフルです。

メインとなる口径2.4mの主鏡は、地上では重力と気圧によって（宇宙環境に比較すれば）比較的容易に面精度が維持されますが、宇宙ではあらゆる方向に変形しやすくなります。そのため、HSTの主鏡は薄くつくられ、複数のアクチュエーターによって加圧変形されて面精度が保たれます。鏡材は、コーニング社のULE（超低膨張）ガラスを使用し、ヒーターによって常に15℃に保たれています。それぞれのエレメントや観測機器は、温度による焦点変化が起きないような無膨張素材で連結されています。搭載される観測機器、光学機器以外の部分についても、無重量の真空状態で長期間メンテナンスなしで機能するために、特別の注意が払われて開発が行われました。

計画がスタートしてから15年の歳月が過ぎ、最終的には当初予算の5倍以上の25億ドルという巨費を投じて、1986年夏に宇宙望遠鏡が完成しました。望遠鏡は、天文学者ハッブルにちなんで、ハッブル宇宙望遠鏡（Hubble Space Telescope = HST）と名づけられました。

ところが不運にも、完成直前の1月28日に起こったスペースシャトル・チャレンジャーの爆発事故により、打ち上げは延期、計画は4年間足踏み状態となってしまいました。

念願の打ち上げと挫折

スペースシャトルミッションが再開されて間もなくの1990年4月24日、HSTはスペースシャトル・ディスカバリーに積み込まれ、ケープカナベラルから打ち上げられました。そして、地上600kmの上空で周回軌道に無事放出されたのです。

打ち上げ
1990年4月24日、HSTはスペースシャトルミッションSTS-31で、スペースシャトル・ディスカバリーによって予定の軌道に運ばれました。

軌道へ投入されるHST
スペースシャトル・ディスカバリーのペイロードベイに設置されたIMAX Cargo Bay Cameraによって撮影されたHST放出のようすです。この映像は、キャビン内からリモート操作で撮影されたものです。

ピンぼけの星
HSTのワイドフィールドプラネタリーカメラ（WFPC1）が最初に捉えた、大マゼラン銀河内タランチュラ星雲の近くにある Melnick 34 という13等星です。この画像は、中心の明るい点像のまわりに、淡く広がるベール状の光がとり巻いているのがわかります。この部分は焦点の合っていない光がぼけて写っているもので、まわりの光を収束させると中心部分がぼけていきます。これは、典型的な球面収差であることを示しています。

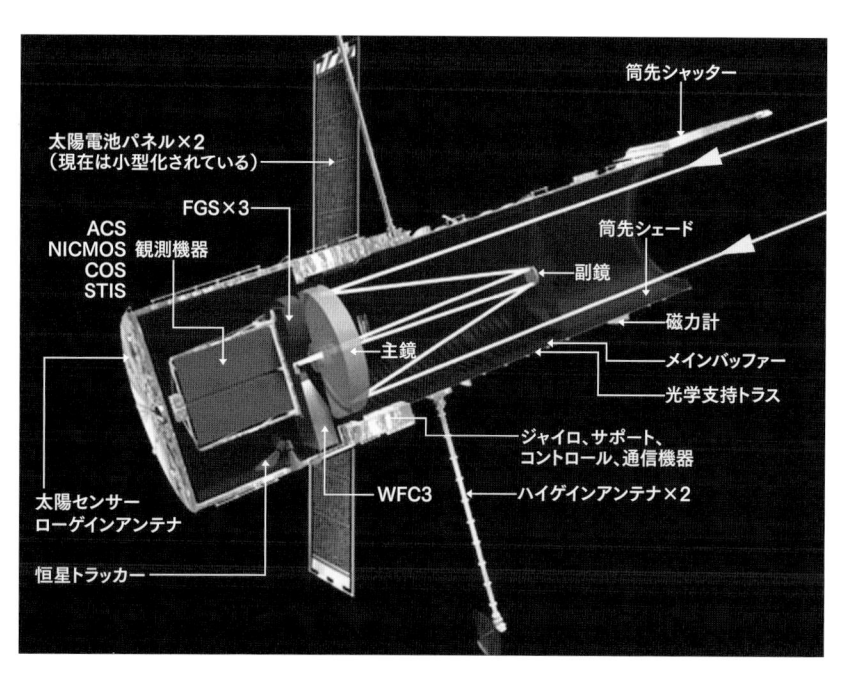

HSTの主な構造
口径2.4mの主鏡で集められた光は、前方にある直径30cmの副鏡で反射され、後部の観測装置に導かれます。「観測機器」の部分には、大型冷蔵庫ほどの大きさの観測装置が4基あります。手前のWFC3は、2009年に交換された現在の「ワイドフィールドカメラ3」です。この部分は、最初に「ワイドフィールドプラネタリーカメラ（WFPC1）」、次に「ワイドフィールドプラネタリーカメラ2(WFPC2)」がインストールされていました。

243

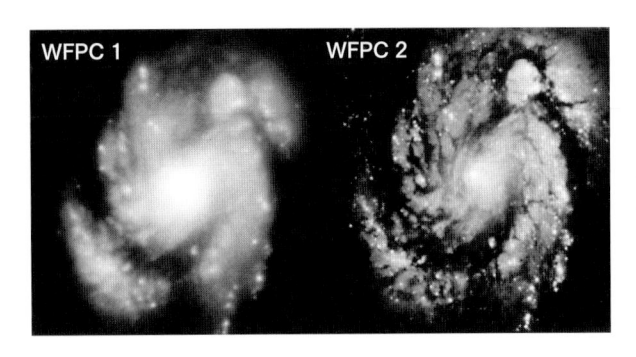

改修前後の画像比較
M100（銀河）の中心部の画像です。左は球面収差が改修前のWFPC1で撮影された画像、右は第1回サービスミッションで交換されたWFPC2で撮影された画像です。球面収差の補正によって、素晴らしい解像度を発揮するようになりました。

軌道には乗ったものの、HSTは、太陽電池パネルが原因で前後左右に振動していました。それでもなんとか、5月20日に初めての試写が行われました。ところがこの直後、関係者は血の気が引くような現実に直面します。HSTの致命的な欠陥が発見されたのです。望遠鏡の主鏡が設計通りではなく、望遠鏡の捉えたイメージは、「球面収差」という不良状態が認められ、焦点が1点に集約しなかったのです。その画像は、地上の大望遠鏡を使って撮影したものを上回ってはいましたが、予定されていた性能とはかけ離れたものでした。

HSTのピンぼけの原因は、口径2.4mの主鏡の制作段階で行われた検査方法に問題があったとされています。NASAはこの問題を詳細に調べ、100ページ以上の報告書にまとめて公開しています。これによれば、「作業の詳細についての記録が残っていないので、さまざまな状況証拠によって推測することしかできないが、おそらく鏡面測定に使用された反射式ヌルコレクター部分のフィールドレンズの位置が1.3mm異なった位置にセットされたのが原因と思われる」と記されています。

本来は副鏡、主鏡ともに双曲面という形状に仕上がっていなければならなかったのですが、この間違った検査法の結果に沿って制作されたため、主鏡形状は周辺部の曲率が過度に整形され、全体としては球面収差のような「焦点が1点に集約しない」結果をもたらしたのです。

しかも、HSTの欠陥はこれだけではありませんでした。1990年には動力源である太陽電池パネルが外れそうになり、1991年には姿勢を制御するためのジャイロ2つとデータの記録装置が故障、1992年には再び記録装置が壊れ、磁気計も故障、1993年にはもうひとつのジャイロとセンサーが壊れ、太陽電池パネルの出力が低下しました。

これほどの欠陥を抱えながらも、HSTの活躍はめざましいものがありました。1990年8月、鏡面の収差を補正するための画像改善ソフトが複数開発され、画像処理を施したHSTの映像は見違えるほど素晴らしいものとなっていました。冥王星とその衛星カロンをはっきりと捉え、オリオン大星雲内に原始惑星系円盤を検出、M51とM87の中心核にブラックホール存在の証拠を捉えるなど、着々と成果を上げていきました。

1993年12月2日、スペースシャトル・エンデバーによって第1回のサービスミッション（修理ミッション）が行われました。故障箇所の修理と、望遠鏡の主鏡の収差を修正する光学系の設置が目的でした。

HSTは、スペースシャトルがやっと到達できるたいへん高いところにあるため、操縦には高い技術が必要です。しかも、通常のシャトルのミッションの5倍に相当する作業量をたった6日間で成し遂げなければなりません。そのため、シャトルのクルーにはベテランばかりが採用されていました。修理は、ドライバーでネジをはずすような細かい作業を、精密につくられたHSTの中に入って行います。必要なものだけを中から取り出し、取りつけ、ほかのものには決して触れないようにしなければなりません。それを無重量状態で、動きにくい宇宙服を着たままで行うのです。そのため、ベテランの宇宙飛行士たちは、作業のシミュレーショ

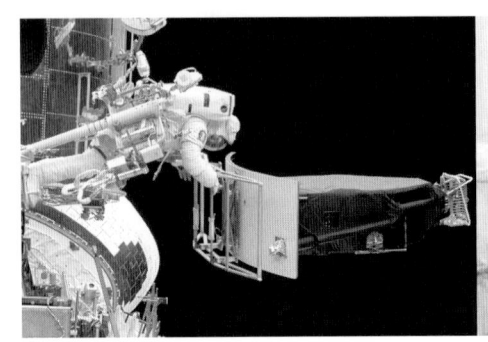

WFPC1の交換
1993年に行われた最初のサービスミッションで、ジェフリー・ホフマン宇宙飛行士によって取り外されたワイドフィールドカメラ（WFPC1）。代わりに、補正光学系が内蔵されたWFPC2がインストールされました。

WFPC2
組み立て調整中のWFPC2です。球面収差を補正する光学系が内蔵され、高い分解能が発揮されるようにつくられたものです。観測波長は、近紫外線から可視光、近赤外線の全域に及びます。

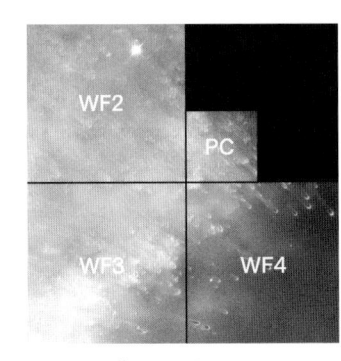

WFPC2の画像レイアウト
WFPC2は3つのワイドフィールドカメラ用CCDとひとつのプラネタリーカメラ用CCDによって構成されています。特徴的なHSTの画像の形は、このレイアウトが反映されたものです。現在のWFC3の画角は正方形です。

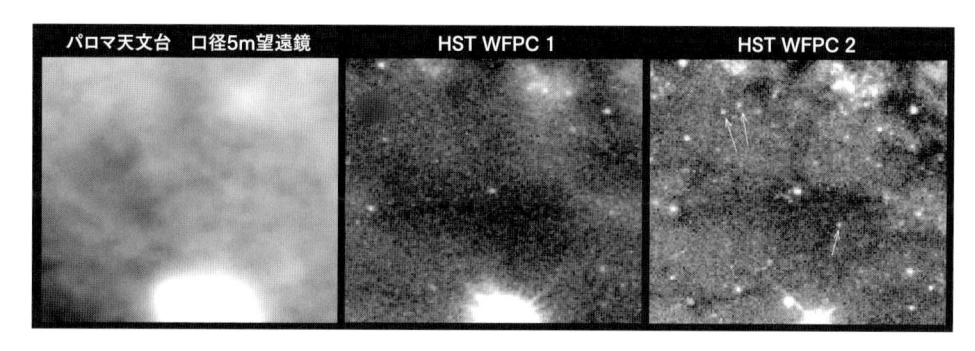

M100銀河の中の星

M100銀河の周辺部の拡大画像です。WFPC2の解像度がいかに素晴らしいかがわかります。矢印で示した星は、M100の中で検出可能と思われる「ケフェウス座デルタ型変光星」の明るさと同等の星を示しています。より遠くの銀河でこの種の変光星が検出できれば、その銀河までの距離を正確に測定することができます。実際、この方法によって多くの銀河の距離について直接測定が実施されました。

ンを400時間も繰り返しました。

作業の困難さに加え、修理には6億ドルもの費用がかかっていたため、このミッションの結果は今後の宇宙基地計画にも多大な影響を与えると考えられていました。NASAは威信を懸けて、スペースシャトル史上最も困難な作業に挑みました。

このミッションで、鏡面の収差を補正する装置が組み込まれたWFPS2（広視野惑星カメラ2）がインストールされ、ほかの観測装置のための光学補正装置COSTARも取りつけられました。

蘇った宇宙望遠鏡

1994年1月13日、修理後初めての画像がHSTから送られてきたとき、だれもがHSTの実力に息をのみました。そのクリアーな映像は天文学者を喜ばせると同時に、一般の人たちにも美しい芸術作品を見ているかのような感動を与えました。それからのHSTの活躍は、まさに「新発見の連続」だったといえるでしょう。

HSTは、当初5年に1回、観測装置を更新する計画になっていました。しかし、打ち上げの遅れと、1993年の第1回のサービスミッションでは修理が優先されたことから、初めての観測装置の交換は、1997年2月の第2回サービスミッションで行われました。このとき、紫外域から赤外域までの波長で観測が行える近赤外カメラ/多天体スペクトル観測装置NICMOSが、新たに取りつけられました。残念ながら、NICMOSの3つのカメラのうちひとつがピンぼけ状態となっていましたが、新しい観測装置の威力は素晴らしく、今までは捉えられなかった惑星状星雲の内部のようすや、散光星雲内部の誕生したての星々などの存在を明らかにしていきました。その後、1999年に第3回サービスミッションが行われ、2002年の第4回サービスミッションでは、強力なACS（掃天観測用高性能カメラ）が装備されました。

その後、NASAは一度はHSTの延命中止を発表しますが、次期宇宙望遠鏡の開発の遅れなどもあって、それに引き継ぐ2013年までの運用を決め、それに伴って2008年の第5回目のサービスミッションが決定されました。実際、このサービスミッションは2009年5月に行われ、運用期間も2014年に延ばされました。

2011年8月31日、スペースシャトル計画が公式に終了したため、その後のHSTのメンテナンスを行うことができなくなりました。HSTが周回している高高度まで行ける宇宙船は存在しないからです。幸い、最終サービスミッションを終えてからもほとんどの機器は動作し、観測は継続されています。そして2015年現在、運用25周年を過ぎてなお、HSTは人々がまだ見たことのない宇宙の深淵の姿を捉え続けています。

HSTの観測機器の履歴

HSTに搭載された観測機器の使用された時期を示しています。SM-1などとあるのは、サービスミッションの名前を示しています。たとえば、SM-1は1993年に行われ、WFPCがWFPC2に、HSPがCOSTARに変換されています。

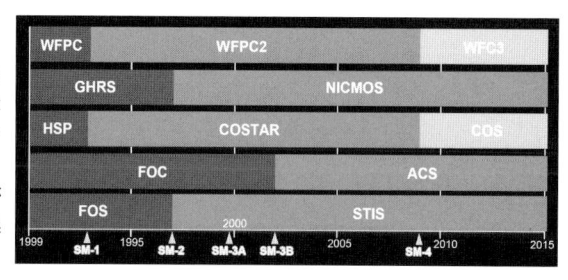

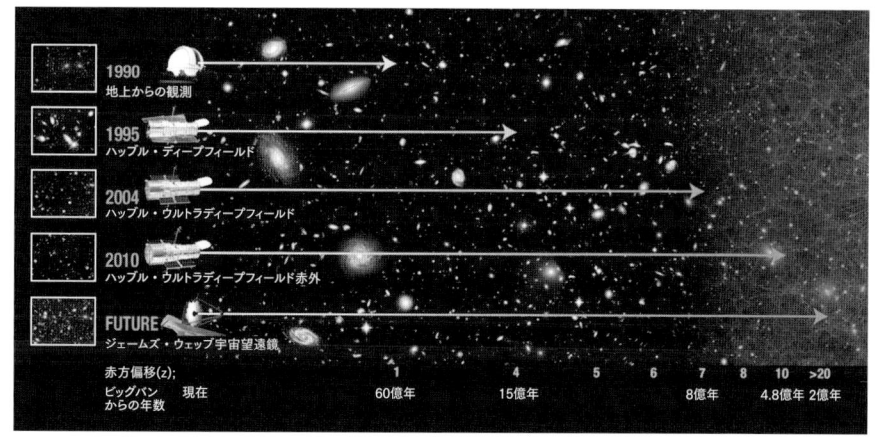

HSTの実績

左図は、HSTによって、どれほど遠い宇宙まで観測できるようになったかを示した図です。地上からの観測ではせいぜい70〜80億光年先までしか観測できなかったのが、HSTによって130億光年先の宇宙まで捉えることができるようになりました。それはまた、どれほど宇宙の過去の姿を見ることができるようになったかを意味しています。ジェームズ・ウェッブ宇宙望遠鏡（口径6.5mの赤外望遠鏡）は、HSTの次期宇宙望遠鏡として計画が進んでいるものです。

ハッブル宇宙望遠鏡の性能と観測装置

HSTは最大直径4.27m、長さ13.2m、質量11tの円筒形で、両サイドに太陽電池パネルと通信用パラボラアンテナが取りつけてあります。光学系はリッチークレチエン式の反射望遠鏡で、主鏡と副鏡の2枚の反射鏡で構成されているシンプルなものです。主鏡も副鏡も鏡面の曲率は双曲面につくられており、球面収差とコマ収差が補正され、フラットで広大な焦点面を形成します。ただし、打ち上げ後に主鏡面が設計通りの曲面につくられていなかったことが判明し、後に補正光学系を備えた観測機器が用意されました。直径2.4mの主鏡に反射した光は、主鏡の前方4.9mにある直径30cmの副鏡に反射し、主鏡の中心にある60cmの穴を通り抜けて、観測装置や天体を追尾するためのセンサーに導かれます。

HSTには、現在、6種類の観測装置が搭載されています。

そのほかの特徴は次の通りです。

■ 安定した焦点：望遠鏡の主鏡と副鏡は、激しい温度変化によって距離が変化しないよう無膨張素材で連結されています。距離の変動は1/400mm以下です。
■ 電気効率：それぞれが大型冷蔵庫サイズの大きさの観測装置の消費電力は110～150ワットに抑えられています。
■ 正確な導入：ハッブルの天体導入システムは、0.01秒角の精度で天体に向くことができます。その後24時間、0.005秒角の精度で天体を追尾し続けることができます。
■ 時計のような動き：HSTの向きを90°回転させるには15分かかります。腕時計の長針の回転スピードと同じです。
■ 情報量：ハッブルによる写真、スペクトルの情報、明るさの測定は、1秒間に100万ビットのスピードで電気的な信号として地球へ送られます。

HSTの分解能

大気のない宇宙空間で観測するHSTの最大の特徴は、その高い解像度にあります。HSTは当初、主鏡の制作段階のミスから球面収差が明らかになり、関係者を落胆させましたが、それを補正する光学系の導入により、口径2.4mの光学的理論限界までコンスタントに能力を発揮しています。

圧倒的な解像度は、その検出装置によって分解能の制約を受けます。

たとえば、2009年まで長期にわたって活躍してきたWFPC2は、3つのWide-Field Cameraとひとつのplanetary Cameraの4枚のCCDアレイから構成されていましたが、それぞれの画素数は800×800ピクセルです。Wide-Field Cameraの大型の3枚のCCDは、感度を高めるためにピクセルサイズが大きく、f/12.9の焦点で、1ピクセルあたり0.1秒角の分解能をもっていました。それより小型ながら画素数は等しいPlanetary Cameraは、f/30の焦点で、1ピクセルあたり0.043秒角の能力です。これは、約320km離れたところから野球ボールサイズの大きさを見分けることができる分解能を意味し、2.4m口径の光学限界にほぼ等しい値です。現在稼働中のACSの最小解像度（画素サイズ）は0.025秒角、WFC3の分解能は0.04秒です。

地上に設置された大型望遠鏡では、大気のゆらぎの制限を受け、条件のよいときでも分解能は0.3～0.5秒が限界です。大気のゆらぎを補正する波面補償光学系（AO）が実用化されても、コンスタントに0.1秒角を得るのは難しいとされています。

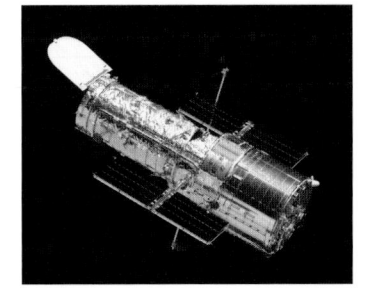

HSTの外観

現在のHSTの外観です。2002年3月のサービスミッションで、太陽電池パネルが高効率の小型のものに交換され、外観は大きく変化しました。2003年3月撮影。

■本体性能

長さ：13.2m
直径：4.27m
重さ：1万1000kg
光学系：リッチークレチエン
主鏡：直径2.4 m
副鏡：直径0.3 m
焦点距離：57.6m（F24）
追尾精度：24時間でズレは0.005 秒角
波長領域：110～1万100nm（近紫外～近赤外光）
軌道：高度593 km、赤道に対して28.5°の傾斜角をもつ
軌道周期：97分
寿命：15年の予定だったがすでに25年が経過している

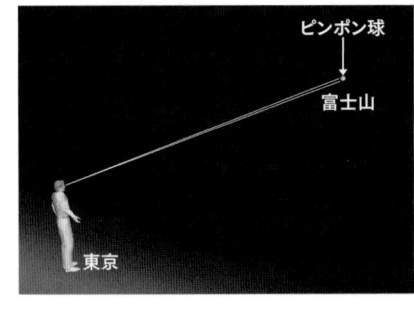

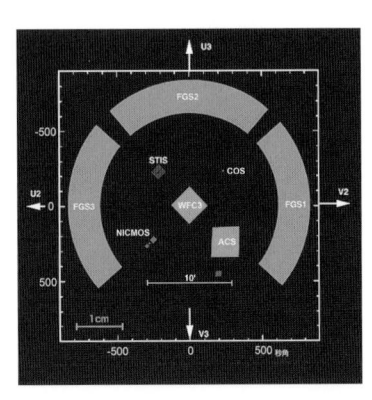

観測装置の焦点面レイアウト

現在使用されている焦点面における各観測装置の利用エリアを示しました。3個のFGS（ファインガイダンスセンサー）が周囲を囲んでいます。NICMOSは波長の違う3つの異なった受光部からなり、ACSは2つの受光面があります。四角イメージエリアの画角は、30分角に相当します。これは満月の直径に等しい大きさです。

HSTの解像度

HSTの理論解像度は0.043秒角です。これは、約320km（だいたい東京から京都までの直線距離）離れたところから野球ボールサイズの大きさを識別できることを意味します。また、都心から眺めた富士山頂のピンポン球に相当します。

巨大なCCDセンサー
ACS（The Advanced Camera for Surveys）に組み込まれたWide Field Camera本体です。画素サイズ15μm、2048×4096画素のCCDが2列並んでいます。

WFC3
2009年の最後のサービスミッションで、輝かしい実績を上げたWFPC2にかわってインストールされた最新のカメラです。構造体の一部は初代のWFPC1のものを利用しつつも、最先端の技術が投入され、新たに加えられた赤外チャンネルのカメラは、冷却装置にペルチェ電子冷却方式が採用されました。

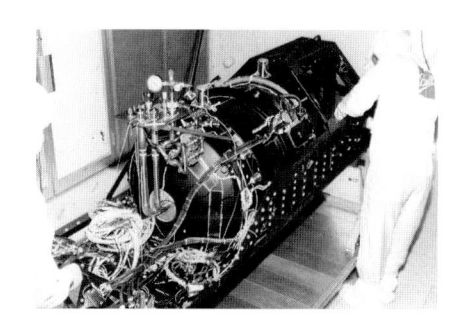

NICMOS・近赤外カメラ及び多天体分光器
1997年に行われた2回目のサービスミッションでインストールされた赤外線観測装置です。現在は冷却のための窒素冷媒が枯渇し、その観測範囲もWFC3にカバーされています。

■HSTに搭載された観測機器の仕様（WFPC2は現在使用されていません）

主観測装置	入力装置	観測波長(Å)	種別	画素数(pixel)	画角	画素分解能(/pixel)	リードノイズ※	暗電流ノイズ※	サチュレーション※
ACS（Advanced Camera for Surveys）(掃天観測用高性能カメラ)	WFC	3700-11000	SITe CCD	2048×4096	202"×202"	0.05"	5.0e-	0.002e-/s/pixel	84700e-(gain2)
	HRC	2000-11000	SITe CCD	1024×1024	29"×26"	0.027"	4.7e-	0.0025e-/s/pixel	155000e-(gain4)
	SBC	1150-1700	MAMA	1024×1024	35"×31"	0.032"	0e-	0.000012e-/s/pixel	—
WFPC2（Wide Field and Planetary Camera2）(広視野惑星カメラ2)		1150-11000	Loral CCD	800×800×3	150"×150"	0.1"	5.5e-	0.004e-/s/pixel	53000e-(gain15)
		1150-11000	Loral CCD	800×800	34"×34"	0.046"	7.5e-	0.004e-/s/pixel	53000e-(gain15)
NICMOS(Near Infrared Camera and Multi-Object ctrometer)(近赤外カメラ/多天体スペクトル観測装置)		8000-25000	HgCdTe	256×256	11"×11"	0.043"	30e-	0.1e-/s/pixel以下	200000e-
		8000-25000	HgCdTe	256×256	19"×19"	0.075"	30e-	0.1e-/s/pixel以下	200000e-
		8000-25000	HgCdTe	256×256	51"×51"	0.2"	30e-	0.1e-/s/pixel以下	200000e-
STIS(Space Telescope Imaging Spectrograph)(宇宙望遠鏡画像スペクトル観測装置)	FUV-MAMA	1150-1700	MAMA	1024×1024	25"×25"	0.024"	0e-	0.000007e-/s/pixel	114000e-(gain4)
	NUV-MAMA	1700-3100	MAMA	1024×1024	25"×25"	0.024"	0e-	0.001e-/s/pixel	114000e-(gain4)
	CCD	2000-11000	SITe CCD	1024×1024	51"×51"	0.05"	5.4e-	0.004e-/s/pixel	114000e-(gain4)
WFC3（Wide Field Camera3）(広視野カメラ3)	UVIS	1150-1700	CCD	4096×4102	163"×163"	0.04"	3.1e-	0.0014e-/s/pixel以下	80000e-
	IR	2000-10000	HgCdTe	1024×1024	123"×137"	0.13"	16e-	0.4e-/s/pixel以下	77900e-
		9000-17000	HgCdTe	1024×1024	123"×137"	0.13"	16e-	0.4e-/s/pixel以下	77900e-
FGS (Fine Guidance Sensors)※(精密ガイドセンサー)		5670-7000		—	5"×5"	—	—	—	—
		5670-7000		—	60"×60"	—	—	—	—
COS(Cosmic Origins Spectrograph)(超高感度紫外線スペクトログラフ)	FUV	1150-2050	XDL FCD	—	—	—	—	—	—
	NUV	1700-2300	MAMA	—	(2"×2")	—	—	—	—

※リードノイズは撮像素子に蓄えられた電気信号を読み取るときに発生するノイズで、電荷の最小単位である電子の電荷1e-を基準にして表記しています。
※暗電流ノイズは、光が当たらない状態で発生するノイズで、ピクセル（画素）1個あたりの1秒間の電荷量で示しています。
※サチュレーションは、各画素に蓄積可能な電荷量を示し、フルウェルキャパシティーと関連します。
※FGSは3基あり、最低2基は天体の追尾のために用いられますが、残りの1基は観測に用いることができます。

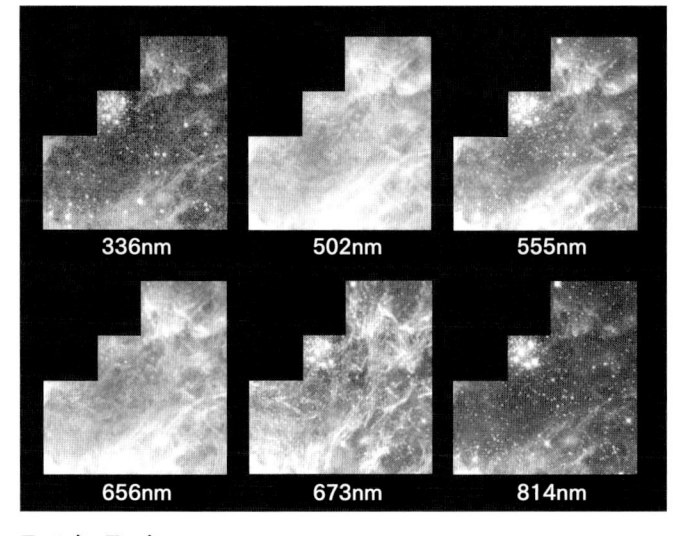

336nm 502nm 555nm
656nm 673nm 814nm

フィルターワーク
HSTの観測装置に組み込まれたカメラは、たくさんのフィルターが選択できるようになっています。フィルターを用いることにより特定の波長の光を選択して観測することができます。それによって各元素の分布や、物質の物理状態を観測することが可能になります。

この画像は、大マゼラン銀河の中にある散開星団HODGE301をWFPC2で撮影したものです。WFPC2には41種のフィルターが組み込まれており、ここに示した数値は、使用したフィルターの透過波長のピークを示しています。

観測機器と観測波長域
現在HSTに装備されている観測機器の観測波長域を示しました。NICMOSは現在機能停止中ですが、新しくインストールされたWFC3は近赤外域まで観測可能です。

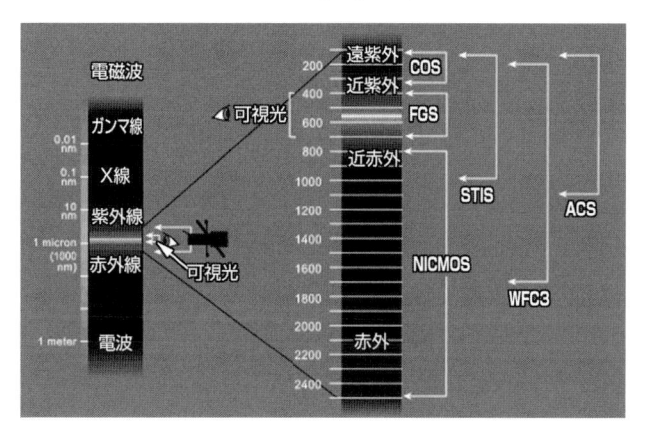

天体DATA

■太陽系　太陽をめぐる天体

ページ	天体名	種別	太陽からの平均距離	直径(赤道部)	質量	密度	公転周期	自転周期	衛星数
18–23	火星	岩石惑星	2億3000万km	1.52天文単位	6779km	0.107（地球を1）	3.93g/cm^3	1.88089年	1.0260日	2
26–29	木星	巨大ガス惑星	7億9000万km	5.20天文単位	139,822km	318（地球を1）	1.33g/cm^3	11.8622年	0.414日	79
34–39	土星	巨大ガス惑星	14億3000万km	9.54天文単位	116464km	95.2（地球を1）	0.69g/cm^3	29.4578年	0.444日	85
40–41	天王星	氷惑星	28億8000万km	19.2天文単位	50724km	14.5（地球を1）	1.27g/cm^3	84.0223年	0.718日	27
41–42	海王星	氷惑星	45億km	30.1天文単位	49244km	17.1（地球を1）	1.64g/cm^3	164.774年	0.671日	14
24	ケレス	準惑星（小惑星帯）	4億1000万km	2.77天文単位	952km	0.000159（地球を1）	2.09g/cm^3	4.6年	0.378日	0
43–44	冥王星	準惑星（カイパーベルト）	59億1000万km	40.5天文単位	2302km	0.002（地球を1）	2.05g/cm^3	247.921年	6.387日	5
45	エリス	準惑星（散乱円盤天体）	101億8000万km	68天文単位	2400km	0.0028（地球を1）	2.52g/cm^3	561.37年	1.079日	1
25	ベスタ	小惑星	3億6000万km	2.36天文単位	530km	0.0000434（地球を1）	3.5g/cm^3		0.223日	0
50	P/2010 A2	彗星・小惑星遷移天体		2.29天文単位	0.22〜0.14km			3.47年		0
50	P/2013 P5	彗星・小惑星遷移天体		2.189天文単位	〜0.48km		3.3g/cm^3	3.24年		0
51	P/2013 R3	彗星・小惑星遷移天体		3.03天文単位						0
45	1998 WW31	外縁天体		44.5天文単位	133km	1.3〜2.5×10^18kg	1.5g/cm^3		570日	1

ページ	天体名	種別	太陽に最接近した時の距離(近日点距離)	直径（赤道部）	公転周期	自転周期
31–33	シューメーカー・レビー第9彗星	彗星				
46	百武彗星	彗星	0.230天文単位	4.2km	70000年	0.25日
46	ヘール・ボップ彗星	彗星	0.914天文単位	60km	2520年	0.49日
47	リニア彗星C/1999 S4	彗星	0.765天文単位	0.9km		
48	シュワスマン・ワハマン第3彗星	彗星	0.9426天文単位		5.36年	
49	アイソン彗星C/2012 S1	彗星	0.0125天文単位	4.8km		
49	サイディング・スプリング彗星C/2013 A1	彗星	1.39875天文単位	0.4〜0.7km		0.333日

■衛星

ページ	天体名	種別	中心の惑星	中心の惑星からの平均距離	直径(赤道部)	質量	密度	公転周期	自転周期
16–17	月	衛星	地球	38万4000km	3475km	0.0123（地球を1）	3.34g/cm^3	27.3日	27.3217日
30	イオ	衛星	木星	42万1800km	3643km	0.0150（地球を1）	3.53g/cm^3	1.769日	1.769日
30	エウロパ	衛星	木星	67万1100km	3122km	0.0080（地球を1）	3.01g/cm^3	3.551日	3.551日
30	ガニメデ	衛星	木星	107万400km	5262km	0.0248（地球を1）	1.94g/cm^3	7.154日	7.145日
30	カリスト	衛星	木星	188万2700km	4821km	0.0102（地球を1）	1.83g/cm^3	16.698日	16.698日
39	タイタン	衛星	土星	122万1900km	5150km	0.0225（地球を1）	1.88g/cm^3	15.95日	15.95日
43	カロン	衛星	冥王星	1万7500km	1207km	0.000254（地球を1）	1.68g/cm^3	6.387日	6.387日
43	ニクス	衛星	冥王星		32〜113km				
43	ヒドラ	衛星	冥王星	6万4700km	72km	9.8912E^17 kg	5 g/cm^3		
43	ケルベロス	衛星	冥王星		13〜34km				
43	ステュクス	衛星	冥王星	4万7000km	10〜24km				

■太陽系外惑星

掲載ページ	惑星を持つ星の名前	惑星番号	中心星からの平均距離	直径(赤道部)	質量	公転周期	その他
52	らせん状星雲NGC 7293						惑星を形成中
52	HR 8799	b	68天文単位	1.2（木星を1）	7（木星を1）	170000日	
52		c	38天文単位	1.2（木星を1）	10（木星を1）	69000日	
52		d	24天文単位	1.2（木星を1）	10（木星を1）	37000日	
52		e	14.5天文単位			18000日	
53	フォーマルハウト	b	115天文単位	1.2（木星を1）	2.6（木星を1）	318280日	

■惑星またはデブリ円盤をもつ星

掲載ページ	惑星を持つ星の名前	地球からの距離	星座	明るさ（等級）	位置-赤経	位置-赤緯	主星の質量	主星の直径	その他
52	HD 181327	169光年	ぼうえんきょう座	7	19h 22m 58.94s	-54°32′16.97″			デブリ円盤をもつ
52	らせん状星雲NGC 7293	714光年	みずがめ座	7.6	22h 29m 48.20s	-20°49′26.0″			惑星を形成中
52	HR 8799	129.4光年	ペガスス座	5.96	23h 07m 28.72s	+21°08′03.30″	1.47（太陽を1）	1.34（太陽を1）	4つ惑星をもつ
53	フォーマルハウト	24.9光年	みなみのうお座	1.16	22h 57m 39.05s	-29°37′20.05″	2（太陽を1）	1.8（太陽を1）	1つの惑星とデブリ円盤をもつ

■銀河系天体・銀河外系天体

大きさは天体の見かけの大きさを示しています。本編のタイトル下に掲載されている画角は、掲載画像の大きさを示しています。

ページ	名称	名称2	名称3	種別	見かけの大きさ	明るさ（等級）	位置-赤経	位置-赤緯	距離（光年）	星座	その他
56	NGC 281		NGC 281	散光星雲	35分角		00h 52m 59.33s	+56°33′54″	9,500	カシオペヤ	
57	IC 2944		IC 2944	散光星雲	75分角	4.5	11h 38m 20.4s	-63°22′22″	6,500	ケンタウルス	
58–59	わし星雲	M16	NGC 6611	散光星雲	35×28分角	6.4	18h 18m 48.2s	-13°48′26″	6,500	へび	
60–61	三裂星雲	M20	NGC 6514	散光星雲	28分角	6	18h 02m 23.00s	-23°01′48″.0	9,000	いて	
62	干潟星雲	M8	NGC 6523	散光星雲	90×40分角	6	18h 03m 40.44s	-24°22′32.15″	4,100	いて	
63	モンキー星雲		NGC 2174	散光星雲	40分角	6.8	06h 09m 10s	+20°27′20″	6,400	オリオン	
64–65	馬頭星雲	LBN 953	IC 434	暗黒星雲	66×10分角	2.1	05h 41m 00.9s	-02°27′14″	1,600	オリオン	
66–70	オリオン星雲	M42	NGC1976	散光星雲	66×60分角	3	05h 35m 16.5s	-05°23′23″	1,500	オリオン	
71	M43	M43	NGC 1982	散光星雲	20×15分角	9	05h 35m 25.06s	-05°09′49.81″	1,400	オリオン	
72–75	イータ・カリーナ星雲		NGC 3372	散光星雲	120×120分角		10h 45m 19.0s	-59°53′21″	7,500	りゅうこつ	
76	人形星雲			散光星雲	0.3分角	6.2	10h 45m 03.6s	-59°41′04″	7,500	りゅうこつ	
76	イータ・カリーナ星	HD 93308		恒星		-1.0～7.6	10h 45m 03.6s	-59°41′04″	7,500	りゅうこつ	
77	Westerlund 2とGum 29			散開星団+散光星雲			10h 23m 58.10s	-57°45′48.96″	20,000	りゅうこつ	
78–79	NGC 3324		NGC 3324	散光星雲		6.69	10h 36m 59s	-58°37′00″	7,200	りゅうこつ	イータ・カリーナ星雲内
80	Sh2-106			散光星雲	3×3分角		20h 27m 27.10s	+37°22′39″.0	2,000	はくちょう	
81	NGC 3603		NGC 3603	散光星雲	3分角	9.1	11h 15m 09.1s	-61°16′17″	20,000	りゅうこつ	
82	HH 47	IRAS 08242-5050		ハービッグ・ハロー天体			08h 25m 44.81s	-59°03′27″.0	1,470	ほ	
82	HH 34			ハービッグ・ハロー天体			05h 35m 30.96s	-06°28′37″.2	1,350	オリオン	
82	HH 2			ハービッグ・ハロー天体			05h 36m 24.00s	-06°46′48″.0	1,350	オリオン	
82	宇宙のキャタピラー	IRAS 20324+4057		原始星			20h 34m 14.12s	+41°08′03″.55	4,500	はくちょう	
83	トランプラー16			散開星団			10h 44m 19.95s	-59°41′53.03″	7,500	りゅうこつ	イータ・カリーナ星雲内
84	Pismis 24 と NGC 6357			散開星団+散光星雲			17h 25m 24.00s	-34°26′0.″0	8,000	さそり	
85	RS Puppis	HD 68860	SAO 198944	恒星		6.98	08h 13m 04.22s	-34°34′42″.70	6,500	とも	
86	V838 Mon			恒星			07h 04m 04.8s	-03°50′57″		いっかくじゅう	
87	NGC 7635			散光星雲		11	23h 20m 48.3s	+61 12 06	7,100	カシオペヤ	
88	IC 349			反射星雲			03h 46m 21.30s	+23°56′28.0″	380	おうし	北斗七星のひとつメローペの周囲
88	NGC 1999		NGC 1999	反射星雲			05h 36m 25s	-06°43′05″	1,500	オリオン	
89	IRAS 23166+1655			原始惑星状星雲			23h 19m 12.00s	+17°11′43.88″		ペガスス	
90–91	タランチュラ星雲	30 Dor	NGC 2070	散光星雲	40×25分角	8	05h 38m 17.08s	-69°07′33.37″	17万	かじき	大マゼラン銀河内
92	NGC2074		NGC 2074	散光星雲			05h 39m 02.44s	-69°29′38″.01	17万	かじき	タランチュラ星雲の一部
92	星形成領域N11			散開星団+散光星雲			04h 56m 46.53s	-66°26′19.30″	17万	かじき	大マゼラン銀河内
92	NGC 265		NGC 265	散開星団		12	00h 47m 11.1s.	-73°28′40.1″	21万	きょしちょう	小マゼラン銀河内
92	NGC 290		NGC 290	散開星団			00h 51m 15.2s	-73°20′58.9″	21万	きょしちょう	小マゼラン銀河内
93	NGC 346		NGC 346	散開星団+散光星雲		10	00h 59m 18.0s	-72°10′48″	21万	きょしちょう	小マゼラン銀河内
94–95	NGC 602		NGC 602	散開星団+散光星雲	1.5 × 0.7分角	11	01h 29m 31s	-73°33′15″	19万6,000	みずへび	小マゼラン銀河内
96	NGC 604		NGC 604	散光星雲	1.93 x 1.2分角	14	01h 34m 33.80s	+30°46′59.0″	270万	さんかく	銀河M33内
97	ハニー天体	Hanny's Voorwerp		散光星雲		19	09h 41m 03.80s	+34°43′34.21″	6億5,000万	こじし	
98、99	NGC 104	きょしちょう座47	NGC 104	球状星団		4.1	00h 24m 06.21s	-72°05′00.5″	15,000	きょしちょう	
99	NGC 121		NGC 121	球状星団		11.2	00h 26m 44.89s	-71°32′02.54″	20万	きょしちょう	
99	M92	M92	NGC 6341	球状星団		6.5	17h 17m 07.37s	+43°08′11.15″	25,000	ヘルクレス	
99	M15	M15	NGC 7078	球状星団		6.2	21h 29m 58.09s	+12°10′01.62″	35,000	ペガスス	
102	キャッツアイ星雲		NGC 6543	惑星状星雲	0.7×0.6分角	8.9	17h 58m 33.42s	+66°37′59.5″	3,000	りゅう	
103	エスキモー星雲		NGC 2392	惑星状星雲	0.8×0.8分角	9.5	07h 29m 10.77s	+20°54′42.5″	5,000	ふたご	
104–105	らせん状星雲		NGC 7293	惑星状星雲	25分角	7.6	22h 29m 48.20s	-20°49′26.0″	650	みずがめ	惑星形成領域
106	K4-55	コホーテク星雲		惑星状星雲		16.6	20h 45m 10.02s	+44°39′14.58″	4,600	はくちょう	
106	NGC 6369	Little Ghost Nebula	NGC 6369	惑星状星雲	0.47×0.47分角	12.9	17h 29m 20.40s	-23°45′37.9″	2,000～5,000	へびつかい	
106	スピログラフ星雲		IC 418	惑星状星雲		9.8	05h 27m 28.2s	-12°41′50.3″	2,000	うさぎ	
106	NGC 6751		NGC 6751	惑星状星雲	0.73×0.65分角	11.9	19h 05m 58s	-05°59′20″	6,500	わし	
107	南のリング星雲		NGC 3132	惑星状星雲	0.75×0.75分角	9.9	10h 07m 01.8s	-40°26′11.1″	2,000	ほ	
108–109	リング星雲	M57	NGC 6720	惑星状星雲	1.15×1.15分角	8.8	18h 53m 35.0s	+33°01′43″	2,300	こと	
110	青い雪だるま		NGC 7662	惑星状星雲	0.62分角	8.6	23h 25m 53.77s	+42°32′05.99″	2,500	アンドロメダ	
110	NGC 6826		NGC 6826	惑星状星雲	0.45×0.4秒角	8.8	19h 44m 48.2s	+50°31′30.3″	2,000	はくちょう	
110	IC 3568		IC 3568	惑星状星雲		12.3	12h 33m 06s	+82°34′00″	−	きりん	
110	アカエイ星雲	Hen-1357		惑星状星雲	0.027分角	10.75	17h 16m 21.1s	-59°29′23.6″	18,000	さいだん	
111	砂時計星雲	MyCn18		惑星状星雲		13	13h 39m 35.1s	-67°22′51″	8,000	はえ	
112	M2-9	Minkowski's Butterfly		ツインジェット星雲	1.92×0.3分角	14.7	17h 05m 37.95s	-10°08′34.58″	2,100	へびつかい	
113	CRL2688	エッグ星雲		惑星状星雲	0.5×0.25分角	14	21h 02m 18.8s	+36°41′38″	3,000	はくちょう	
113	レッドレクタングル	HD 44179		惑星状星雲		9.02	06h 19m 58.22s	-10°38′14″.7	2,300	いっかくじゅう	
113	Mz 3 アリ星雲	Menzel 3		惑星状星雲	0.83×0.017分角	13.8	16h 17m 17.35s	-51°59′00″	3,000	じょうぎ	
114	土星状星雲		NGC7009	惑星状星雲	0.68×0.58分角	8	21h 04m 10.88s	-11°21′48″.26	1,400	みずがめ	
115	バタフライ(蝶)星雲		NGC 6302	惑星状星雲	3分角	7.1	17h 13m 44.34s	-37°06′10.95″	4,000	さそり	
116	NGC 2440		NGC 2440	惑星状星雲	1.23×0.7分角	9.4	07h 41m 55.3s	-18°12′31″	3,600	とも	
116	NGC 7027		NGC 7027	惑星状星雲	0.23分角	10	21h 07m 01.8s	+42°14′10″	3,000	はくちょう	
116	NGC 5189		NGC 5189	惑星状星雲	1.5×1.03分角	8.2	13h 33m 32.91s	-65°58′26″.58	1,800～3,000	はえ	
116	SuWt 2			惑星状星雲			13h 55m 43.23s	-59°22′40″.03	6,500	ケンタウルス	
116	NGC 6537		NGC 6537	惑星状星雲	1.5分角	13	18h 05m 13.39s	-19°50′32.56″	6,000	いて	
116	NGC 2346		NGC 2346	惑星状星雲		11.6	07h 09m 22.43s	-00°48′23.62″	6,520	いっかくじゅう	
117	IC 4406		IC 4406	惑星状星雲	0.5分角		14h 22m 25.9s	-44°09′00″	1,900	おおかみ	
117	IC 4593		IC 4593	惑星状星雲	0.28分角	10.9	16h 11m 44.50s	+12°04′17″.00	7,900	ヘルクレス	
117	NGC 5315		NGC 5315	惑星状星雲	0.1分角	13	13h 53m 57.00s	-66°30′50.00″	7,000	コンパス	
117	PN G054.2-03.4 ネックレス星雲	IPHASX J194359.5+170901		惑星状星雲			19h 43m 59.50s	+17°09′01.08″	15,000	や	
117	He 2-47	ヒトデ星雲		惑星状星雲			10h 23m 09.00s	-60°32′43.00″	6,600	りゅうこつ	
117	NGC 5307		NGC 5307	惑星状星雲	0.49×0.35分角	10	13h 51m 03.3s	-51°12′21.00″	7,900	ケンタウルス	
118	かに星雲	M1	NGC 1952	超新星残骸	7×4.8分角	8.4	05h 34m 32s	+22°00′52″	6,000	おうし	

ページ	名称	名称2	名称3	種別	見かけの大きさ	明るさ(等級)	位置-赤経	位置-赤緯	距離(光年)	星座	その他
119	カシオペヤ座A	3C461		超新星残骸	5分角	6	23h 23m 24s	+58°48′54″	10,000	カシオペヤ	
120	網状星雲		NGC 6992-5・NGC 6960	超新星残骸	180分角	7	20h 50m	+30°30′	1,500	はくちょう	
121	NGC 2736		NGC 2736	超新星残骸		12	09h 00m 17.72s	-45°54′57.27″	815	ほ	
121	SN 1006の超新星残骸			超新星残骸			15h 02m 48.40s	-41°54′42.00″	6,850	おおかみ	
122	LMC N 49	DEM L 190		超新星残骸			05h 25m 57.3s	-66°05′20″	16万	かじき	大マゼラン銀河内
123	SNR 0509-67.5			超新星残骸			05h 09m 31.70s	-67°31′18.01″	17万	かじき	大マゼラン銀河内
124	E0102			超新星残骸			01h 04m 01.50s	-72°01′55″.7	21万	きょしちょう	小マゼラン銀河内
125	SN 1987A			超新星			05h 35m 28s.26	-69°16′13.0″	16万	かじき	大マゼラン銀河内
128	M101	Pinwheel Galaxy	NGC 5457	渦巻銀河	28.8×26.9分角	8.3	14h 03m 34.71s	+54°18′03.65″	2300万	おおぐま	
129	NGC 1672		NGC 1672	棒渦巻銀河	6.6×5.5分角	10.3	04h 45m 43.80s	-59°14′45.41″	6000万	かじき	
130–133	アンドロメダ銀河	M31	NGC 224	渦巻銀河	190×60分角	4.4	00h 42m	+41°15′	250万	アンドロメダ	
134	ESO 498-G5			渦巻銀河			09h 24m 40.88s	-25°05′35.45″	1億	らしんばん	
134	NGC 3344		NGC 3344	渦巻銀河	28.8×26.9分角	8.3	10h 43m 31.82s	+24°55′53.99″	2000万	こじし	
135	M74	M74	NGC 628	渦巻銀河	10.5×9.5分角	10	01h 36m 41.84s	+15°46′59.60″	3200万	うお	
136–137	M81	Bode's Galaxy	NGC 3031	渦巻銀河	26.9×14.1分角	7.9	09h 55m 33s	+69°03′55″	1160万	おおぐま	
138	M106	M106	NGC 4258	渦巻銀河	18.6×7.2分角	9.1	12h 18m 57.5s	+47°18′14.29″	2350万	りょうけん	
138	NGC 2841		NGC 2841	渦巻銀河	8.1×3.5分角	10.1	09h 22m 02.64s	+50°58′35.47″	4600万	おおぐま	
139	M65	M65	NGC 3623	渦巻銀河	8.7×2.5分角	10.3	11h 18m 54.89s	+13°05′45.73″	4000万	しし	
139	NGC 3370		NGC 3370	渦巻銀河	3.2×1.8分角	12.3	10h 47m 04.18s	+17°16′22.8″	9800万	しし	
139	NGC 4603		NGC 4603	渦巻銀河	3.4×2.5分角	12.3	12h 40m 55.70s	-40°58′34.0″	1億800万	ケンタウルス	
139	NGC 3982		NGC 3982	渦巻銀河	1.7×1.5分角	12	11h 56m 28.13s	+55°07′30.86″	6800万	おおぐま	
140	M66	M66	NGC 3627	渦巻銀河	9.1×4.2分角	8.9	11h 20m 15.93s	+12°58′54.89″	3500万	しし	
141	NGC 2442/2443		NGC 2442/2443	渦巻銀河	5.5×4.9分角	11.2	07h 36m 21.33s	-69°32′44.10″	5500万	とびうお	
142–143	NGC 1300		NGC 1300	棒渦巻銀河	6.2×4.1分角	11.4	03h 19m 40.8s	-19°24′40″	6900万	エリダヌス	
144	NGC 1097		NGC 1097	棒渦巻銀河	9.3×6.3分角	10.2	02h 46m 19.66s	-30°16′12.82″	6500万	ろ	
145	NGC 1073		NGC 1073	棒渦巻銀河	4.9×4.5分角	11.5	02h 43m 38.91s	+01°22′39.91″	5500万	くじら	
145	M83	M83	NGC 5236	棒渦巻銀河	12.9×11.5分角	7.5	13h 37m 00.37s	-29°51′47.48″	1500万	うみへび	
146	NGC 6217		NGC 6217	棒渦巻銀河	3.3×3.3分角	11.2	16h 32m 39.18s	+78°11′47.82″	9000万	こぐま	
146	M77	M77	NGC 1068	渦巻銀河	7.1×6.0分角	9.6	02h 42m 40.99s	+00°00′52.33″	4500万	くじら	
146	NGC 1084		NGC 1084	渦巻銀河	3.2×1.8分角	10.7	02h 45m 59.36s	-07°34′48.42″	7000万	エリダヌス	
146	NGC 7479		NGC 7479	棒渦巻銀河	4.1×3.1分角	11.6	23h 04m 55.91s	+12°19′31.83″	1億1000万	ペガスス	
147	NGC 634		NGC 634	渦巻銀河		14	01h 38m 18.35s	+35°21′56.36″	2億5000万	さんかく	
148	NGC 4402		NGC 4402	渦巻銀河	3.9×1.1分角	11.8	12h 26m 07.58s	+13°06′52.34″	5500万	おとめ	
148	NGC 4217		NGC 4217	渦巻銀河	4.6×1.5分角	11.8	12h 15m 48.99s	+47°05′06.22″	6000万	りょうけん	
149	NGC 4710		NGC 4710	渦巻銀河	4.9×1.2分角	11.9	12h 49m 38.52s	+15°10′01.01″	6000万	かみのけ	
149	NGC 7814		NGC 7814	渦巻銀河	5.5×2.3分角	11.6	00h 03m 13.96s	+16°08′23.43″	4000万	ペガスス	
149	ESO 121-6			渦巻銀河	2.2×0.4分角	13.5	06h 07m 31.20s	-61°48′08.97″	6500万	がか	
150	NGC 7090		NGC 7090	渦巻銀河		10.5	21h 36m 28.87s	-54°33′26.35″	6500万	インディアン	
150	NGC 5793		NGC 5793	渦巻銀河		13.2	14h 59m 24.67s	-16°41′32.47″	1億5000万	てんびん	セイファート銀河, AGN
150	NGC 4522		NGC 4522	渦巻銀河	4.0×0.8分角	12.1	12h 33m 39.2s2	+09°10′36.12″	6000万	おとめ	
151	NGC 6503		NGC 6503	渦巻銀河		10.2	17h 49m 23.40s	+70°08′51.12″	1800万	りゅう	矮小銀河
151	NGC 4634		NGC 4634	渦巻銀河	2.6×0.4分角	13.6	12h 42m 40.77s	+14°17′51.60″	7000万	かみのけ	
151	NGC 660		NGC 660	極リング銀河	2.7×0.8分角	12	01h 43m 02.19s	+13°38′45.57″	4500万	うお	
152–153	ソンブレロ銀河	M104	NGC 4594	渦巻銀河	8.7×3.5分角	9	12h 39m 59.43s	-11°37′23.0″	2800万	おとめ	
154	NGC 5866		NGC 5866	レンズ状銀河	4.7×1.9分角	10.7	15h 06m 29.48s	+55°45′47.2″	4400万	りゅう	
155	NGC 5010		NGC 5010	レンズ状銀河	1.3×0.9分角	14	13h 12m 26.20s	-15°47′49.15″	1億4000万	おとめ	
155	ESO 243-49			レンズ状銀河	0.9×0.3分角	14.9	01h 10m 27.74s	-46°04′27.3″	3億	ほうおう	
156	NGC 1132		NGC 1132	楕円銀河	2.5×1.3分角	12.3	02h 52m 51.72s	-01°16′10.9″	3億1800万	エリダヌス	
157	M60	Arp 116	NGC 4649	楕円銀河	7.4×6.2分角	9.8	12h 43m 36.10s	+11°34′01′.99	5000万	おとめ	
157	NGC 4696		NGC 4696	楕円銀河	4.5×3.2分角	11.4	12h 48m 46.12s	-41°19′15.36″	1億,000万	ケンタウルス	
158	NGC 4449		NGC 4449	不規則銀河	6.2×4.4分角	10	12h 28m 10.96s	+44°05′33.4″	1300万	りょうけん	マゼラン型矮小銀河
159	DDO 68	UGC 5340		矮小不規則銀河	2.7×1.0分角	15.2	09h 56m 45.56s	+28°49′15.66″	4000万	しし	特異銀河
159	NGC 2366		NGC 2366	矮小不規則銀河	8.1×3.3分角	11.4	07h 28m 52.97s	+69°12′47.68″	1000万	きりん	
160	UGC 5497			矮小楕円銀河	0.9×0.9分角	15.7	10h 12m 49.01s	+64°06′26.39″	1200万	おおぐま	
160	PGC 39058	UGC 7242		矮小渦巻銀河?		14.6	12h 14m 09.98s	+66°05′53.18″	1800万	りゅう	
161	NGC 5474		NGC 5474	矮小特異銀河	4.8×4.3分角	11.3	14h 05m 01.71s	+53°39′28.75″	2000万	おおぐま	
162	NGC 2787		NGC 2787	レンズ状銀河	3.2×2.0分角	11.8	09h 19m 18.6s	+69°12′11″.9	2400万	おおぐま	
162	NGC 524		NGC 524	レンズ状銀河	2.8×2.8分角	10.4	01h 24m 47.56s	+09°32′23″.33	9000万	うお	
162	NGC 6861		NGC 6861	レンズ状銀河	3×2分角	11	20h 07m 19.28s	-48°22′11.72″		ぼうえんきょう	
162	NGC 4526		NGC 4526	レンズ状銀河	7.2×2.4分角	10.7	12h 34m 02.94s	+07°42′01.42″	5500万	おとめ	
163	NGC 7049		NGC 7049	レンズ状銀河	2.4×1.8分角	10.7	21h 19m 00.17s	-48°33′43.15″	1億	インディアン	
164	NGC 4452		NGC 4452	渦巻銀河	2.8×0.6分角	12	12h 28m 43.26s	+11°45′20.68″	800万	おとめ	
164	IC 335		IC 335	レンズ状銀河	2.3×0.5分角	12.1	03h 35m 30.69s	-34°26′50.37″	6000万	ろ	
165	NGC 4762		NGC 4762	レンズ状銀河	8.7×1.7分角	10.1	12h 52m 55.84s	+11°13′54.23″	6000万	おとめ	
164–165	ESO 510-G13			特異銀河	1.9×1.3分角	13.4	13h 55m 04.8s	-26°46′48.0″	1億5000万	うみへび	
166–167	M82	M82	NGC3034	特異銀河	11.2×4.3分角	9.3	09h 55m 52 s	+69°40′49″	1200万	おおぐま	スターバースト銀河
168	NGC 5128	ケンタウルス座A	NGC 5128	特異銀河	25.7×20.0分角	7.8	13h 25m 27.61s	-43°01′08.80″	1100万	ケンタウルス	AGN
169	NGC 1316	ろ座A	NGC 1316	楕円銀河	13.0×8.5分角	9.4	03h 22m 41.5s	-37°12′33″	7500万	ろ	
169	NGC 1569		NGC 1569	不規則矮小銀河	3.6×1.8分角	11.9	04h 30m 49s	+64°50′52″	1100万	きりん	スターバースト銀河
170	ブラックアイ(黒眼銀河)	M64	NGC 4826	渦巻銀河	6.8×3.9分角	9.4	12h 56m 43s.88	+21°41′00.1″	1700万	かみのけ	
171	NGC 1275	ペルセウス座A	NGC 1275	cD銀河	2.2×1.7分角	12.6	03h 19m 48.16s	+41°30′42.1″	2億3000万	ペルセウス	AGN
171	ESO 381-12			レンズ状銀河	0.7×0.5分角	13.4	12h 44m 04.61s	-34°11′58.48″	2億7000万	ケンタウルス	
172,174–175	子持ち銀河	M51	NGC 5194	渦巻銀河	11.2×6.9分角	8.4	13h 29m 52.4s	+47°11′40.8″	3100万	りょうけん	
172	NGC 4261		NGC 4261	楕円銀河	4.1×3.8分角	11.4	12h 19m 23.22s	+05°49′29.69″	9600万	おとめ	
172	NGC 6251		NGC 6251	楕円銀河	1.8×1.6分角	14.3	16h 32m 31.97s	+82°32′16.40″	3億4000万	こぐま	セイファート銀河
172	NGC 7052		NGC 7052	楕円銀河	2.5×1.4分角	13.4	21h 18m 33.05s	+26°26′48.65″	2億	こぎつね	電波銀河

ページ	名称	名称2	名称3	種別	見かけの大きさ	明るさ(等級)	位置-赤経	位置-赤緯	距離(光年)	星座	その他
173	ESO 137-001			棒渦巻銀河	1.2×0.6分角		16h 13m 27.30s	-60°45′50.59″	2億2000万	みなみのさんかく	
176	触角銀河		NGC 4038/4039	相互作用する銀河	5.2×3.1/3.1×1.6分角	11.2/11.1	12h 01m 53.18s	-18°52′52.4″	6200万	からす	
177	アープ273	UGC 1810&UGC 1813		相互作用する銀河		12.9(UGC 1810)	02h 21m 28.66s	+39°22′32.6″	3億4000万	アンドロメダ	
178	UGC 10214	オタマジャクシ銀河		特異銀河		14.4	16h 06m 11.89s	+55°25′51.61″	4億	りゅう	
179	NGC 6872		NGC 6872	相互作用する銀河		11.6/13.9	20h 17m 11.72s	-70°45′23.28″	3億	くじゃく	
179	NGC 3256		NGC 3256	相互作用する銀河		11.3	10h 27m 51.60s	-43°54′18.0″	1億	ほ	
180	Arp 274		NGC 5679	特異銀河			14h 35m 08.83s	+05°21′30″.80	4億	おとめ	
180	NGC 2207/IC 2163		NGC 2207/IC 2163	相互作用する銀河		11.2/11.6	06h 16m 24.9s	-21°22′26″	1億1400万	おおいぬ	
181	Arp 142		NGC 2936/2937	特異銀河		13.6	09h 37m 43.25s	+02°45′49.12″	4億	うみへび	
181	セイファートの六つ子	HCG 79	NGC 6027	コンパクト銀河群		15～17	15h 59m 12s	+20°45′31″	1億9000万	へび(頭部)	
181	NGC 7714		NGC 7714	相互作用する銀河	1.9×1.4分角	14.4	23h 36m 11.54s	+02°08′40.54″	1億	うお	LINER
182-183	マウス銀河		NGC 4676	相互作用する銀河		14.1	12h 46m 10.40s	+30°43′38.77″	3億	かみのけ	
184	NGC 3314		NGC 3314	特異銀河		12.5	10h 37m 13s	-27°41′04″	NGC 3314A1億1700万/NGC 3314B1億4000万	うみへび	
184-185	2MASX J00482185-2507365			特異銀河			00h 48m 19.59s	-25°08′51.2″	7億8000万	ちょうこくしつ	
186	HOAG天体			リング銀河		16	15h 17m 15s	+21°35′07″	6億	へび(頭部)	
187	AM 0644-741			リング銀河		14	06h 43m 16.59s	-74°14′22.23″	3億	とびうお	
188	車輪銀河			リング銀河		15.2	00h 37m 41.11s	-33°42′58.79″	5億	ちょうこくしつ	
188	Arp 147			リング銀河		14.3	03h 11m 18.90s	+01°18′52.99″	4億4000万	くじら	
189	NGC 7742		NGC 7742	渦巻銀河		12.4	23h 44m 15.94s	+10°46′4.42″	7200万	ペガスス	
189	NGC 4650A		NGC 4650A	極リング銀河		13.9	12h 44m 52s	-40°42′52″	1億3000万	ケンタウルス	
190	NGC 2623		NGC 2623	相互作用する銀河		11.9	08h 38m 24.11s	+25°45′15.25″	3億	かに	
190	HCG 90			コンパクト銀河群			22h 02m 05.62s	-31°58′00.44″	1億600万	みなみのうお	
190	IC 2184		IC 2184	相互作用する銀河		14	07h 29m 26.00s	+72°07′46.68″	1億3000万	きりん	
191	Arp 148	Mayall's Object		相互作用する銀河			11h 03m 53.89s	+40°50′59.89″	4億5000万	おおぐま	
191	UGC 9618	Arp 302		相互作用する銀河			14h 57m 00.4s	+24°36′44″	4億5000万	うしかい	
191	Arp 256			相互作用する銀河			00h 18m 50.90s	-10°22′36.49″	3億5000万	くじら	
191	NGC 6240		NGC 6240	相互作用する銀河	2.1×1.1分角	12.8	16h 52m 58.86s	+02°24′03.55″	4億	へびつかい	セイファート銀河
191	ESO 593-8			相互作用する銀河		14.7	19h 14m 31.14s	-21°19′09.00″	6億3900万	いて	
191	NGC 454		NGC 454	相互作用する銀河	1.8分角		01h 14m 22.93s	-55°23′55.4″	1億6000万	ほうおう	
191	NGC 6786		NGC 6786	相互作用する銀河	1.1×0.9分角	12.8	19h 10m 53.93s	+73°24′36.20″	3億5000万	りゅう	セイファート銀河
191	NGC 17		NGC 34	相互作用する銀河	2.2×0.8分角	15.3	00h 11m 06.61s	-12°06′28.33″	2億5000万	くじら	セイファート銀河
191	ESO 77-14			相互作用する銀河			23h 21m 03.70s	-69°13′01.24″	5億5000万	インディアン	
191	NGC 6670		NGC 6670	相互作用する銀河	0.7×0.4分角	14.3	18h 33m 35.40s	+59°53′19.7″	3億2600万	りゅう	
191	UGC 8335			相互作用する銀河	1.7×0.7分角	14.4	13h 15m 32.8s	+62°07′37″	4億	おおぐま	
191	NGC 6050	Arp 272	NGC 6050	相互作用する銀河			16h 05m 23.39s	+17°45′25.82″	4億5000万	ヘルクレス	
194	ステファンの五つ子	HCG 92		コンパクト銀河群	3.2分角		22h 35m 57.5s	+33°57′36″	2億9000万	ペガスス	
195	HCG 16			コンパクト銀河群	6.4分角		02h 09m 31.3s	-10°09′31″	1億8000万	くじら	
195	HCG 7			コンパクト銀河群	5.7分角		00h 39m 23.9s	+00°52′41″	2億	くじら	
196	じょうぎ座銀河団	Abell 3627		銀河団			16h 13m 34.23s	-60°52′34.12″	2億2000万	じょうぎ	グレート・アトラクター
197	Abell 2261			銀河団			17h 22m 27.27s	+32°07′58.00″	30億	ヘルクレス	
198-199	かみのけ座銀河団	Abell 1656		銀河団			12h 59m 48.70s	+27°58′50.00″	3億	かみのけ	
200	Abell 1413			銀河団			11h 55m 17.87s	+23°24′21.69″	20億	しし	
201	Abell 2744	パンドラ銀河団		重力レンズ			00h 14m 20.99s	-30°23′47.53″	40億	ちょうこくしつ	
202	Abell 68			重力レンズ	12分角	18.0*	00h 37m 05.40s	+09°10′03.21″	20億	うお	
203	Abell 1689			重力レンズ	13分角	17.6*	13h 11m 29.78s	-01°20′28.02″	20億	おとめ	
204	MACS J1206.2-0847	MACS 1206		重力レンズ			12h 06m 11.79s	-08°48′01.03″	40億	からす	
204	Abell 370			重力レンズ			02h 39m 49.90s	-01°34′26.70″	49億	くじら	
205	SDSSCGB 8842.3とSDSSCGB 8842.4	SDSS J1038+4849		重力レンズ			10h 38m 43.15s	+48°49′18.19″		おおぐま	
205	SDSS J1531+3414			重力レンズ			15h 31m 10.66s	+34°14′25.71″	45億	かんむり	
206-207	Abell 2218			重力レンズ			16h 35m 51.89s	+66°12′38.71″	20億	りゅう	
208	RCS2 032727-132623			重力レンズ			03h 27m 27.09s	-13°26′22.8″	50億	エリダヌス	
209	Abell 1703			重力レンズ			13h 15m 03.67s	+51°49′25.91″	30億	りょうけん	
210	MACS J1149+2223	MACS J1149.5+223		重力レンズ	12分角		11h 49m 35.09s	+22°24′10.94″	50億	しし	
211	SDSS J1004+4112			重力レンズ			10h 04m 11s.84	+41°12′50.4″	70億	こじし	
212-213	MACS J0717.5+3745			重力レンズ			07h 17m 33.80s	+37°45′20.02″	54億	ぎょしゃ	
214-215	MACS J0416.1-2403			重力レンズ			04h 16m 09.90s	-24°03′58.00″	40億	エリダヌス	
216	クエーサーのアインシュタイン・クロス	G2237+0305		アインシュタイン・クロス		16.78	22h 40m 30.3s	+03°21′31″	4億	ペガスス	
216	J1000+0221	J100018.47+022138.74		アインシュタイン・リング			10h 00m 18.47s	+02°21′38.74″	94億	りゅう	
216	H-ATLAS J142935.3-002836	H1429-0028		アインシュタイン・リング		14.6	14h 29m 35.25s	+00°28′35.00″		おとめ	
217	コズミック・ホースシュー	LRG 3-757		アインシュタイン・リング			11h 48m 33.5s	+19°29′40.1″		しし	
217	J073728.45+321618.5			アインシュタイン・リング			07h 37m 28.44 s	+32°16′18.7″	約60億	ふたご	
217	J095629.77+510006.6			アインシュタイン・リング			09h 56m 29.78 s	+51°00′06.4″		おおぐま	
217	J120540.43+491029.3			アインシュタイン・リング			12h 05m 40.44 s	+49°10′29.4″		おおぐま	
217	J125028.25+052349.0			アインシュタイン・リング			12h 50m 28.26 s	+05°23′49.1″		おとめ	
217	J140228.21+632133.5			アインシュタイン・リング			14h 02m 28.22 s	+63°21′33.3″		りゅう	
217	J162746.44 - 005357.5			アインシュタイン・リング			16h 27m 46.45s	-00°53′57.6″		へびつかい	
217	J163028.15+452036.2			アインシュタイン・リング			16h 30m 28.16 s	+45°20′36.3″		ヘラクレス	
217	J232120.93-093910.2			アインシュタイン・リング			23h 21m 20.93 s	-09°39′10.3″		みずがめ	
218	3C273			クエーサー		12.9	12h 29m 06.80s	+02°03′07.64″	19億	おとめ	
219	超高光度赤外線銀河			クエーサー							
219	過去のクエーサーの残光			クエーサー							
220	GOODS CDF-S						03h 32m 30 s	-27°48′20″		ろ	
221	HUDF2014						03h 32m 40.0 s	-27°48′00″		ろ	
222	オタマジャクシ銀河										

索引

[数字]

1998WW31	45
2MASX J00482185-2507365	184
3C 273	218
3C 461	119
30 Dor	90–92
73P	48

[A]

A2261-BCG	197
Abell 68	202
Abell 370	204
Abell 1413	200
Abell 1656	198, 199
Abell 1689	203
Abell 1703	209
Abell 2218	206, 207
Abell 2261	197
Abell 2744	201
Abell 3627	196
AGN	195, 235
AM 0644-741	187
Arp 116	157
Arp 142	181
Arp 147	188
Arp 148	191
Arp 256	191
Arp 273	177
Arp 274	180
Arp 284	181

[C]

C/1995 O1	46
C/1996 B2	46
C/1999 S4	47
C/2012 S1	49
C/2013 A1	49
CRL 2688	113

[D]

DDO 68	159
DEM L190	122

[E]

E 0102	124
ESO 77-14	191
ESO 121-6	149
ESO 137-001	173
ESO 137-002	196
ESO 243-49	155
ESO 350-40	188
ESO 381-12	171
ESO 498-G5	134
ESO 510-G13	165
ESO 593-8	191

[G]

G2237+0305	216
GOODS CDF-S	220
Gum 29	77

[H]

H-ATRAS J142935.3-002836	217
HCG 7	195
HCG 16	195
HCG 92	194
He2-47	117
Hen-1357	110
HH 2	82
HH 34	82
HH 47	82
HR 8799	52
HUDF 2014	221

[I]

IC 298	188
IC 335	164
IC 349	88
IC 418	106
IC 434	64, 65
IC 2163	180
IC 2184	190
IC 2497	97
IC 2944	57
IC 3568	110
IC 4406	117
IC 4593	117
IC 4970	179
IRAS 20324+4057	82
IRAS 23166+1655	89

[J]

J073728.45+321618.5	217
J095629.77+510006.6	217
J1000+0221	217
J120540.43+491029.3	217
J125028.25+052349.0	217
J140228.21+632133.5	217
J162746.44-005357.5	217
J163028.15+452036.2	217
J232120.93-093910.2	217

[K]

K 4-55	106
KBO	45

[L]

LBN 953	64, 65
LMC N49	122
LRG 3-757	216

[M]

M 1	118
M 2-9	112
M 8	62, 231
M 15	99
M 16	3, 58, 59, 231
M 20	60, 61, 231
M 22	232
M 31	130–133, 233, 235
M 33	96, 233
M 42	66–70
M 43	71
M 51	172, 174, 175, 235
M 57	108, 109
M 60	157
M 64	170
M 65	139
M 66	140
M 74	135
M 77	146
M 81	136, 137
M 82	166, 167
M 83	145
M 92	99
M 101	128, 161
M 104	152, 153
M 106	138
MACS J0416.1-2403	214, 215
MACS J0717.5+3745	212, 213
MACS J1149.5+223	210
MACS J1206.2-0847	204
MCG+04-28-097	200
MyCn 18	111
Mz 3	113

[N]

N 11	92
N 66	93
NGC 17	191
NGC 104	98, 99
NGC 121	99
NGC 192	195
NGC 196	195
NGC 197	195
NGC 265	92
NGC 281	56
NGC 290	92
NGC 346	93
NGC 454	191
NGC 524	162
NGC 602	94, 95
NGC 604	96

NGC 628	135
NGC 634	147
NGC 660	151
NGC 839	195
NGC 1073	145
NGC 1084	146
NGC 1097	144
NGC 1132	156
NGC 1275	171
NGC 1300	142, 143
NGC 1316	169
NGC 1569	169
NGC 1672	129
NGC 1952	118
NGC 1976	66–70
NGC 1982	71
NGC 1999	88
NGC 2074	92
NGC 2174	63
NGC 2207	180
NGC 2346	116
NGC 2366	159
NGC 2392	103
NGC 2440	116
NGC 2442/2443	141
NGC 2623	190
NGC 2736	121
NGC 2787	162
NGC 2841	138
NGC 2936	181
NGC 2937	181
NGC 3031	136, 137
NGC 3034	166, 167
NGC 3132	107
NGC 3256	179
NGC 3314	184, 185
NGC 3324	78, 79
NGC 3344	134
NGC 3370	139
NGC 3372	72–76
NGC 3603	81
NGC 3623	139
NGC 3627	140
NGC 3982	139
NGC 4038/4039	176, 235
NGC 4217	148
NGC 4261	172
NGC 4402	148
NGC 4449	158
NGC 4452	164
NGC 4522	150
NGC 4526	162
NGC 4603	139
NGC 4634	151
NGC 4647	157
NGC 4649	157
NGC 4650A	189
NGC 4676	182, 183
NGC 4696	157
NGC 4710	149

NGC 4762	165
NGC 4826	170
NGC 5010	155
NGC 5128	168, 235
NGC 5189	116
NGC 5194	174, 175
NGC 5195	175
NGC 5236	145
NGC 5307	117
NGC 5315	117
NGC 5474	161
NGC 5793	150
NGC 5866	154
NGC 6050	191
NGC 6217	146
NGC 6240	191
NGC 6251	172
NGC 6302	115
NGC 6357	84
NGC 6369	106
NGC 6503	151
NGC 6523	62
NGC 6537	116
NGC 6543	102
NGC 6670	191
NGC 6751	106
NGC 6786	191
NGC 6826	110
NGC 6861	162
NGC 6872	179
NGC 6960	120
NGC 6992-5	120
NGC 7009	114
NGC 7027	116
NGC 7049	163
NGC 7052	172
NGC 7090	150
NGC 7173	190
NGC 7174	190
NGC 7176	190
NGC 7293	52, 104, 105
NGC 7479	146
NGC 7635	87
NGC 7662	110
NGC 7714	181
NGC 7715	181
NGC 7742	189
NGC 7814	149
NICMOS	247

[O]

OGLE-2005-BLG-390Lb	228

[P]

P/2010 A2	50
P/2013 P5	50
P/2013 R3	51
PGC 39058	160

Pismis 24	84
Pismis 24-1	84
PN G054.2-03.4	117

[Q]

QSO2237+0305	216

[R]

RCS2 032727-132623	208
RCSGA 032727-132609	208

[S]

SDO	45
SDSSCGB 8842.3	205
SDSSCGB 8842.4	205
SDSS J531+3414	205
SDSS J1004+4112	211
Sh2-106	80
SN 1006	121
SN 1987A	125
SNR 0509-67.5	123
SuWt 2	116

[T]

Tuc 47	98

[U]

UGC 1810	177
UGC 1813	177
UGC 5340	159
UGC 5497	160
UGC 7242	160
UGC 8335	191
UGC 9618	191
UGC 10214	178

[V]

V838 Mon	86

[W]

Westerlund 2	77
WFPC1	226
WFPC2	244
WFPC3	247

[あ〜お]

IO銀河	188
アイソン彗星	49
アインシュタイン・クロス	210, 216
アインシュタイン・リング	13, 205, 216, 217
青い雪だるま	110

項目	ページ
アカエイ星雲	110
アフナ山	227
網状星雲	120, 230
アリスタルコス・クレーター	17
アリ星雲	113
暗黒エネルギー	238
暗黒星雲	12, 56–66, 73–75, 78, 80, 94
暗黒帯	147–151, 154, 155, 157, 162, 163, 165, 168–171, 179
暗黒物質	215, 238
アンドロメダ大銀河	130–133, 233, 235
イータ・カリーナ星	76, 231
イータ・カリーナ星雲	72–76, 231
イータ星	73, 76
イオ	28–30
インフレーション	11, 237
渦巻腕	128, 133, 134, 142, 187
渦巻銀河	13, 96, 97, 128, 130, 134–136, 138–141, 146–152, 164, 170, 174, 179, 181, 185, 187–189, 194, 195, 199, 229, 234
宇宙初期の銀河	222
宇宙の泡構造	236
宇宙の渦巻	89
宇宙のキャタピラー	82
宇宙の大規模構造	236
宇宙の天文台建設計画	242
宇宙の晴れ上がり	11
宇宙の膨張	242
宇宙背景放射	11
衛星	12, 29, 39, 43, 226, 227
エウロパ	29, 30
ACSカメラ	226
エキセントリック・プラネット	228
エスキモー星雲	3, 103
X線宇宙望遠鏡 XMM-Newton	220
エックス線源	124
エッグ星雲	113
エリス	45
エンケラドケス	39
円盤部	229
遠方の銀河の吹雪	212
オールトの雲	45, 225
オーロラ	29, 38
オシリスHD 209458b	228
オタマジャクシ銀河	178, 222
おとめ座銀河団	148, 150
オリオン座	66
オリオン大星雲	66–70
オリンポス山	19, 20

[か～こ]

項目	ページ
海王星	41, 42
解像度	246
カイパーベルト天体	43, 45, 225
カシオペヤ座A	119
ガス状天体	97
火星	18–23
カタツムリの角	61
カッシーニ探査機	226
活動銀河中心核	195, 235
カニ星雲	118
ガニメデ	28, 30
かみのけ座銀河団	198, 199
カリーナ星雲	73
カリスト	28–30
ガリレオ衛星	30
カロン	43, 227
岩石惑星	18, 224
ガンマ線バースト	122
逆行惑星	228
キャッツアイ星雲	102
球状星団	12, 98, 99, 155, 156, 230, 232
球面収差	244
キュリオシティ	226
局部銀河群	233
極リング銀河	13, 151, 189, 234
きょしちょう座47	98
巨星	229
虚像	202, 204, 209, 211, 216
巨大ガス惑星	26, 34, 224
巨大氷惑星	40, 42
巨大星形成領域	96
極冠	18, 20
銀河	13, 128–191, 205–212, 234
銀河群	13, 235
銀河系	13, 66, 228, 229
銀河団	13, 196–201, 203–209, 211, 212, 214, 235
銀河中心核	172, 218
銀河中心核ブラックホール	13, 232, 235
銀河の衝突	176
金星	225
近赤外カメラ及び多天体分光器	247
クエーサー	13, 211, 216, 218, 219, 235
クリュセ平原	20
クレーター	16, 17, 227
グレート・アトラクター	13, 196, 235
グレートウォール	236
グロビュール	12, 57
月面	16, 17
ケレス	24, 227
原始銀河	13
原始星	12, 61, 65, 74, 80, 82, 230
原始惑星系円盤	12, 70
原始惑星状星雲	89
ケンタウルス座A	168
ケンタウルス座銀河団	139
高温ガス	87, 173
恒星	12
降着円盤	232
光年	9
コウモリ星雲	57
氷惑星	225
コズミック・ホースシュー	216
コペルニクス・クレーター	16
コホーテク星雲	106
子持ち銀河	174, 175, 235
コンパクト銀河	178
コンパクト銀河群	13, 181, 190, 194, 195, 235

[さ～そ]

項目	ページ
サイディング・スプリング彗星	49
ザナドゥ	39
残骸円盤	52
散開星団	12, 77, 78, 81, 83, 84, 92–94, 230
散光星雲	12, 56, 60, 62, 63, 66, 71, 72, 77, 79, 81, 84, 87, 91, 93, 94, 96, 97, 124
散乱円盤天体	45, 225
三裂星雲	60, 61, 231
CCDセンサー	247
cD銀河	171
ジェット	61, 74, 75, 80, 218
シェル構造	171
子午線湾	20
質量の分布	215
車輪銀河	188
10銀河	188
シューメーカー・レビー第9彗星	31–33
SL-9彗星	31, 33
重力源天体	217
重力レンズ	13, 200–217, 238
主系列星	230
シュレーター谷	17
シュワスマン・ワハマン第3彗星	48
準惑星	12, 24, 43–45, 225
じょうぎ座銀河団	196
衝突銀河	176, 190, 191
衝突痕	31–33
小マゼラン銀河	92–95, 124, 233
小惑星	12, 25, 225
小惑星帯	24
触角銀河	176, 235
彗星	12, 31–33, 46–49, 225
彗星‒小惑星遷移天体	12, 50, 51, 225
スターバースト銀河	13, 145, 158, 169, 235
スターバースト現象	169
ステファンの五つ子	194
砂嵐	21
砂時計星雲	111
スピッツァー (ライマン・スピッツァー)	242
スピッツァー赤外線宇宙望遠鏡	213, 220
スピログラフ星雲	106
スペースインベーダー	202
スマイル	205
スローン・グレートウォール	236
星間物質	87, 229
セイファート銀河	13, 146
セイファートの六つ子	181
赤色巨星	230
赤色超巨星	230
双極型惑星状星雲	111–113, 115
相互作用する銀河	176, 177, 179, 181, 182, 190
創造の柱	3, 58, 231
ソンブレロ銀河	152, 153

[た～と]

- ダークエネルギー ……… 238
- ダークマター ……… 13, 203, 214, 215, 238
- 大質量星 ……… 83
- 大シルチス ……… 19, 20
- 大赤斑 ……… 26, 28
- 大接近 ……… 23
- タイタン ……… 39
- 大マゼラン銀河 ……… 91, 92, 122, 125, 233
- 大マゼラン型矮小銀河 ……… 158
- 太陽系 ……… 12, 224
- 太陽系外縁天体 ……… 12, 45
- 太陽系外惑星 ……… 12, 52, 53, 228
- 太陽湖 ……… 19
- 楕円銀河 ……… 13, 156, 157, 169, 172, 181, 197, 198, 200, 204, 209, 234
- タランチュラ星雲 ……… 90–92
- 探査車 ……… 226
- 小さな幽霊星雲 ……… 106
- 地球型惑星 ……… 18, 224
- チャンドラX線宇宙望遠鏡 ……… 213, 220
- 中間質量ブラックホール ……… 232
- 柱状暗黒星雲 ……… 75
- 中心核 ……… 131, 145, 165, 172, 186
- 中性子星 ……… 13, 118, 230
- チュリュモフ・ゲラシメンコ彗星 ……… 227
- 超巨星 ……… 229
- 超巨大ブラックホール ……… 172, 219, 232
- 超銀河団 ……… 13, 235
- 超高光度赤外線銀河 ……… 219
- 超光度赤外線銀河 ……… 155
- 超新星 ……… 210, 239
- 超新星残骸 ……… 13, 118–125, 230
- 超新星爆発 ……… 12, 118, 119, 121, 125, 166
- 蝶の羽根星雲 ……… 112
- ツインジェット星雲 ……… 112
- 月 ……… 16, 17, 226
- ディオネ ……… 39
- デブリ円盤 ……… 12, 52
- 天王星 ……… 40, 41
- 天王星型惑星 ……… 40, 42, 225
- 天王星の雲 ……… 40
- 電波銀河 ……… 13
- 天文単位 ……… 18
- 特異銀河 ……… 13, 165, 166, 168, 178, 180, 181, 184
- 土星 ……… 34–39, 226
- 土星状星雲 ……… 114, 231
- とも座RS星 ……… 85
- ドラゴン ……… 204
- トラペジウム ……… 69
- トランプラー16 ……… 83

[な～の]

- 南極冠 ……… 19
- 人形星雲 ……… 76
- ネックレス星雲 ……… 117

[は～ほ]

- バーナードのメローペ星雲 ……… 88
- ハービッグ・ハロー天体 ……… 12, 74, 82
- 白色矮星 ……… 13, 103, 106–108, 111, 123, 230
- 爆発銀河 ……… 166, 167
- バタフライ星雲 ……… 115
- ハッブル（エドウィン・ハッブル）……… 234, 242
- ハッブル宇宙望遠鏡 ……… 240–247
- ハッブル・ウルトラ・ディープ・フィールド ……… 221
- ハッブルの分類 ……… 234
- 馬頭星雲 ……… 64, 65
- ハニー天体 ……… 97
- ハビタブルゾーン ……… 228
- バブル星雲 ……… 87
- バルジ ……… 128, 134, 135, 144, 161, 187, 229
- ハロー ……… 98, 229, 232
- 伴銀河 ……… 13, 144, 148, 161, 233
- 反射星雲 ……… 12, 88
- パンドラ銀河団 ……… 201
- 干潟星雲 ……… 62, 231
- ビッグクランチ ……… 239
- ビッグチル ……… 239
- ビッグバン ……… 11
- ビッグリップ ……… 239
- ヒトデ星雲 ……… 117
- 百武彗星 ……… 46
- ピンホイール銀河 ……… 128
- フィラメント ……… 120, 171
- フィラメント構造 ……… 118
- フィルターワーク ……… 247
- フォーマルハウト ……… 53
- 不規則銀河 ……… 13, 158, 234
- 不規則矮小銀河 ……… 169
- ブラックアイ銀河 ……… 170
- ブラックホール ……… 13, 155, 172, 230
- プレヤデス星団 ……… 88
- フロンティア・フィールド観測プロジェクト ……… 212–214
- 分解能 ……… 246
- ヘール・ボップ彗星 ……… 46
- ペガスス座LL星 ……… 89
- ベスタ ……… 25
- ヘラス盆地 ……… 19, 20
- ペルセウス座A ……… 171
- 変光星 ……… 12, 85, 230
- ボイド ……… 236
- ホイヘンス・クレーター ……… 19
- 棒渦巻銀河 ……… 13, 129, 142, 144–146, 173, 181, 229, 234
- ぼうえんきょう座銀河群 ……… 162
- HOAG天体 ……… 186
- ほ座超新星残骸 ……… 121
- 星形成領域 ……… 12, 62, 64, 66, 71, 72, 77, 78, 80, 91–93, 95, 96, 140
- ホット・ジュピター ……… 228
- ホモンキュラス星雲 ……… 76

[ま～も]

- マウス銀河 ……… 182, 183
- マリネリス渓谷 ……… 20
- ミスティック・マウンテン ……… 74
- 南のリング星雲 ……… 107
- ミマス ……… 39
- 無人探査機 ……… 226
- 冥王星 ……… 43, 44, 227
- メタンの雲 ……… 28, 41
- メローペ ……… 88
- 木星 ……… 26–33
- 木星型惑星 ……… 26, 34, 224
- 木星の大気 ……… 26–29
- モンキー星雲 ……… 63
- モンスター銀河 ……… 197
- モンスター星 ……… 84

[や～よ]

- ヤヌス ……… 39
- ユートピア平原 ……… 20
- 羊毛状渦巻銀河 ……… 138
- 横倒しの惑星 ……… 40
- 四つ葉のクローバー天体 ……… 216

[ら～ろ]

- ライト・エコー ……… 12, 85, 86
- ラニアケア超銀河団 ……… 236
- らせん星雲 ……… 52, 104, 105
- リトル・ソンブレロ ……… 149
- リニア彗星 ……… 47
- リング銀河 ……… 13, 186–188, 234
- リング構造 ……… 144, 189
- リング星雲 ……… 108, 109
- レッド・レクタングル ……… 113
- レフスダール ……… 210
- レンズ状銀河 ……… 13, 154, 155, 162–165, 171, 179, 189, 195, 198, 234
- 連星 ……… 12, 76, 107, 230
- 連星系 ……… 112
- ローカルボイド ……… 151
- ローバー ……… 226
- ろ座A ……… 169
- ろ座銀河団 ……… 164

[わ]

- 環 ……… 34–37
- 矮小銀河 ……… 159, 160, 232, 234
- 矮小楕円銀河 ……… 160
- 矮小特異銀河 ……… 161
- 矮小不規則銀河 ……… 159
- 矮星 ……… 229
- 惑星 ……… 12, 224
- 惑星状星雲 ……… 12, 52, 102–117, 230
- わし星雲 ……… 58

[著者]

沼澤茂美　Numazawa, Shigemi

新潟県神林村の美しい星空の下で過ごし、小学校の頃から天文に興味をもつ。上京して建築設計を学び、建築設計会社を経て、プラネタリウム館で番組制作を行う。1984年、日本プラネタリウムラボラトリー（JPL）を設立する。天文イラスト・天体写真の仕事を中心に、執筆、NHKの天文科学番組の制作や海外取材、ハリウッド映画のイメージポスターを手がけるなど、広範囲に活躍している。近著に『星座写真の写し方』『NGC・IC天体写真総カタログ』『星降る絶景』『HST ハッブル宇宙望遠鏡のすべて』（以上誠文堂新光社）、『宇宙の事典』『星座の事典』（以上ナツメ社）、『見てわかる・写真で楽しむ天体ショー』（成美堂出版）などがある。

脇屋奈々代　Wakiya, Nanayo

新潟県長岡市に生まれ、幼い頃から天文に興味をもつ。大学で天文学を学び、のちにプラネタリウムの職に就き、解説や番組制作に携わりながら、太陽黒点の観測を行ってきた。1985年、JPLに参入して、プラネタリウム番組シナリオ、書籍の執筆、翻訳などの仕事を中心に、NHK科学宇宙番組の監修などで活躍。近著に『NGC・IC天体写真総カタログ』『ビジュアルでわかる宇宙観測図鑑』『四季の星座神話』『HST ハッブル宇宙望遠鏡のすべて』（以上誠文堂新光社）、『宇宙の事典』（ナツメ社）、『星空ウォッチング』（新星出版社）、『ずかん いろいろな星』（技術評論社）などがある。

装幀・デザイン：大崎善治（SakiSaki）
校正：北原清彦
編集：小学館クリエイティブ 書籍編集部

ハッブル宇宙望遠鏡25年の軌跡

2016年2月2日　初版第1刷発行
2021年3月15日　初版第2刷発行

著　者：沼澤茂美　脇屋奈々代
発行者：宗形 康
発行所：株式会社小学館クリエイティブ
　　　　〒101-0051 東京都千代田区神田神保町2-14 SP神保町ビル
　　　　電話　0120-70-3761（マーケティング部）

発売元：株式会社小学館
　　　　〒101-8001 東京都千代田区一ツ橋2-3-1
　　　　電話　03-5281-3555（販売）

印刷・製本：図書印刷株式会社

©2016 Numazawa, Shigemi Wakiya, Nanayo　Printed in Japan
ISBN 978-4-7780-3518-1

造本には十分注意しておりますが、印刷、製本など製造上の不備がございましたら、小学館クリエイティブマーケティング部（フリーダイヤル0120-70-3761）にご連絡ください（電話受付は、土・日・祝休日を除く9:30～17:30）。

本書の一部または全部を無断で複製、転載、複写（コピー）、スキャン、デジタル化、上演、放送等をすることは、著作権法上での例外を除き禁じられています。代行業者等の第三者による本書の電子的複製も認められておりません。